Comentários sobre *Compaixão para casais*

"Revelações impressionantes. A abordagem de Michelle Becker nos ajudou a encontrar uma conexão mais profunda e a parar de tentar mudar um ao outro — paradoxalmente aprendendo a ser gentis conosco. Os exercícios de 'Valores fundamentais' nos arrancaram da estagnação rotineira do casamento e nos lembraram de por que estamos juntos. Somos imensamente gratos."

— **Becky e Tim P.**, Fort Wayne, Indiana

"Este livro ajudará os casais a levar seus relacionamentos de uma posição de dor e culpa para uma postura de amor e aceitação. Baseando-se em exercícios de autocompaixão com comprovação prática, a autora eapresenta ferramentas concretas para ajudar as pessoas a abrirem seu coração a si mesmas, a fim de que possam abrir-se totalmente a seus parceiros."

— **Kristin Neff**, Ph.D.,
coautora do livro Manual de mindfulness e autocompaixão

"A abordagem passo a passo deste livro faz com que seja fácil mergulhar nos exercícios. Gostei particularmente da prática 'Toque de mãos', em que meu parceiro e eu experimentamos como é quando um de nós se retira. Definitivamente, este é o livro para quem deseja superar padrões negativos de relacionamento e trabalhar em prol do amor."

— **Lynn H.**, Pleasanton, Califórnia

"A partir de sua vasta experiência como terapeuta e instrutora, Michelle Becker escreveu uma obra-prima para todo casal, esteja ele em busca de maior intimidade ou de ajuda em conflitos sérios. Seus conselhos são fundamentados na ciência, com diversos exemplos realistas e muitos exercícios simples e poderosos. Belo, oportuno e relevante."

— **Rick Hanson**, Ph.D.,
autor do livro *O poder da resiliência*

"Todos queremos relacionamentos em que encontremos apoio e que sejam empáticos e divertidos — mas, infelizmente, as coisas nem sempre são assim. Ter compaixão um pelo outro nos possibilita resolver conflitos, enfrentar decepções, aceitar acordos e aprender a difícil arte de pedir desculpas e perdoar. Para todos aqueles interessados em desenvolver relacionamentos baseados na coragem, na sabedoria e na amizade profunda, este é um guia ideal e inspirador."

— **Paul Gilbert**, Ph.D., FBPsS, OBE,
autor do livro *The Compassionate Mind*

"Michelle Becker é a terapeuta que todo casal queria ter a sorte de encontrar ao se deparar com uma situação difícil — ela é sábia, prática e não julga ninguém. *Compaixão para casais* vai transformar seu relacionamento."

— **Susan M. Pollak**, MTS, EdD,
autora do livro *Self-Compassion for Parents*

COMPAIXÃO para casais

Michelle Becker, MA, LMFT, terapeuta de casais e famílias com consultório particular em San Diego, dedica-se a ajudar as pessoas a prosperarem em relacionamentos saudáveis e bem conectados. Ela é a desenvolvedora do programa Compaixão para Casais e cofundadora da Wise Compassion (*www.wisecompassion.com*). Ela também é cofundadora do programa de treinamento de instrutores do Center for Mindful Self-Compassion e instrutora sênior de Treinamento de Cultivo de Compaixão (TCCO, Compassion Cultivation Training). Por meio de *workshops*, cursos *on-line* e *podcasts*, ela compartilha conhecimentos e ferramentas necessárias para que as pessoas se relacionem melhor.

B395c   Becker, Michelle.
        Compaixão para casais : desenvolvendo as habilidades da conexão amorosa / Michelle Becker ; tradução : Maiza Ritomy Ide ; revisão técnica : Carolina Fischmann Halperin. Porto Alegre : Artmed, 2025.
        xviii, 275 p. ; 23 cm.

        ISBN 978-65-5882-304-9

        1. Compaixão. 2. Casais. 3. Emoções. I. Título.

CDU 159.922

Catalogação na publicação: Karin Lorien Menoncin – CRB 10/2147

MICHELLE BECKER

COMPAIXÃO PARA casais

desenvolvendo as habilidades da conexão amorosa

Tradução
Maiza Ritomy Ide

Revisão técnica
Carolina Fischmann Halperin
Psicóloga clínica com formação em Terapia Focada na Compaixão pela Compassionate Mind Foundation (UK) e pelo Center of Mindful Self-compassion (EUA), supervisora e professora convidada em diversos cursos de terapia focada na compaixão no Brasil e no exterior. Especialista em Terapia Cognitivo-comportamental pela Wainer Psicologia Cognitiva com formação e certificação internacional standard em Terapia do Esquema (ISST-Wainer).

artmed

Porto Alegre
2025

Obra originalmente publicada sob o título *Compassion for Couples: Building the Skills of Loving Connection*, 1st Edition

ISBN 9781462545155

Copyright © 2023 The Guilford Press
A Division of Guilford Publications, Inc.

Gerente editorial
Alberto Schwanke

Coordenadora editorial
Cláudia Bittencourt

Capa
Paola Manica | Brand&Book

Preparação de originais
Cecilia Beatriz Alves Teixeira

Leitura final
Adriana Lehmann Haubert

Editoração
AGE – Assessoria Gráfica Editorial Ltda.

Reservados todos os direitos de publicação, em língua portuguesa, ao
GA EDUCAÇÃO LTDA.
(Artmed é um selo editorial do GA EDUCAÇÃO LTDA.)
Rua Ernesto Alves, 150 – Bairro Floresta
90220-190 – Porto Alegre – RS
Fone: (51) 3027-7000

SAC 0800 703 3444 – www.grupoa.com.br

É proibida a duplicação ou reprodução deste volume, no todo ou em parte, sob quaisquer formas ou por quaisquer meios (eletrônico, mecânico, gravação, fotocópia, distribuição na Web e outros), sem permissão expressa da Editora.

IMPRESSO NO BRASIL
PRINTED IN BRAZIL

AGRADECIMENTOS

Este livro é um exemplo de nossa interconexão e interdependência. Embora as palavras e as ideias sejam minhas, elas não teriam surgido sem o apoio e a influência de diversas pessoas que passaram pela minha vida. Mas vou além do meu tempo de vida e proponho um reconhecimento a toda a linhagem de instrutores que já existiu: meus instrutores, aqueles que influenciaram meus instrutores e os instrutores dos meus instrutores. Sou apenas um canal para a sabedoria e a compaixão que eles desenvolveram, e espero que os benefícios desses conceitos e práticas fluam até você. Quaisquer erros são exclusivamente meus e quaisquer benefícios são certamente decorrentes da sabedoria coletiva e da compaixão daqueles que caminharam antes de mim e ao meu lado.

Meus pais, Marilyn e John (mamãe e papai para mim), foram meus primeiros instrutores e moldaram minha personalidade. Obrigada por me amarem por toda a minha vida.

Sou grata por ter amigas que me conhecem praticamente a vida inteira, com quem ainda me encontro sempre que possível: Laura, Lauren, Lina, Lynn (P. L.) e Colleen. Vocês sabiam quem eu era antes de mim mesma e por meio de vocês eu descobri minha própria gentileza.

Há também aqueles que me ensinaram muito e me deram confiança durante o processo, incluindo meus instrutores, mentores, supervisores e colegas de graduação e pós-graduação, bem como aqueles que me acompanharam em meu trabalho como terapeuta de casais e famílias. Vocês sabem quem são. Obrigada!

Aqueles que me estimularam ao longo do caminho, me dando atenção quando surgiam sentimentos difíceis, e que me garantiam que estava tudo bem, mesmo quando as coisas desmoronavam, são especialmente queridos em meu coração. A capacidade de mergulhar profundamente na natureza do meu próprio sofrimento tem sido minha maior lição. Com isso, consegui encontrar um alicerce em meio às dificuldades e manter um coração aberto àqueles que estão sofrendo, o que me deu a capacidade de compreender a natureza do sofrimento e de acompanhar os que estão em sofrimento. Ao se dedicar a mim, vocês me possibilitaram desenvolver a capacidade de me dedicar ao próximo.

Ao longo dos anos, fui aprendendo com os ensinamentos de muitos instrutores, especialmente Sylvia Boorstein, Tara Brach, Pema Chödrön, Roshi Joan Halifax, Thich Nhat Hanh, Thupten Jinpa, Wendy Johnson, Jack Kornfield, Sua Santidade o Dalai Lama, Joanna Macy, Sharon Salzberg e Gina Sharpe. Minha profunda reverência de gratidão a cada um de vocês. A Frank Ostaseski, cujos ensinamentos tocaram profundamente meu coração e inspiram e apoiam minha prática, minha gratidão infinita.

Aos amigos e colegas que me incentivaram (e, às vezes, me empurraram) a ensinar sobre compaixão e depois a ensinar instrutores a ensinar sobre compaixão, obrigada por tudo, especialmente pelas risadas e pela alegria durante o processo. A Steve Hickman, que me incentivou a ensinar sobre redução do estresse baseada na atenção plena no Center for Mindfulness da University of California San Diego (UCSD), que me impulsionou a tentar a autocompaixão consciente (MSC) e depois se tornou meu companheiro constante na jornada, obrigada por sempre garantir que eu me mantivesse animada e com o motor funcionando. Chris Germer e Kristin Neff, que reconheceram os frutos da minha prática, convidaram-me a ajudá-los no aprimoramento do programa MSC e a codesenvolver (junto com Steve Hickman) o treinamento de instrutores de MSC, valorizando minhas contribuições, surpreenderam-me e aliviaram meu coração com seus ensinamentos, e sempre me incentivaram a oferecer meus dons ao mundo. Pela sua amizade, pelos seus ensinamentos e, especialmente, pelo seu incentivo e apoio enquanto eu desenvolvia o programa Compaixão para Casais — e um dos mais importantes foi me encorajar a usar o programa MSC como ponto de partida —, minha profunda e imensa apreciação e gratidão.

Aos meus formadores de instrutores do Treinamento de Cultivo da Compaixão (TCCO, Compassion Cultivation Training) — Erika Rosenberg, Margaret Cullen, Monica Hanson, Leah Weiss e Kelly McGonigal —, obrigada por mergulhar profundamente na pedagogia da compaixão, incorporando-a com habilidade. E aos meus colegas do TCCO — vocês sabem quem são —; considero-me afortunada por fazer parte de uma comunidade tão maravilhosa.

Sou especialmente grata pela irmandade de instrutores de compaixão e amigos queridos a quem sempre posso recorrer em busca de compreensão, conselhos e apoio, especialmente Susan Pollak, Beth Mulligan e Dawn MacDonald. Vocês me mantêm com os pés no chão e inspirada. Considero-me afortunada por estar entre vocês. E ao grupo de colegas que se apoiam mutuamente na mentoria: Tina Gibson, Vanessa Hope, Judith Soulsby, Christine Braehler, Dawn MacDonald e Susan Pollak. Vocês são muito mais sábias do que imaginavam, e sua vulnerabilidade e compaixão deixaram uma marca duradoura em mim. Sou grata por tudo o que aprendemos juntas.

Aos meus amigos e colegas do Center for Mindfulness da UCSD, especialmente à equipe original — Lorraine Hobbs, Noriko Harth, Livia Walsh, Megan Prager, Sara Schairer, Renee Lewis, Luis Morones, Allen Goldstein, Deborah Rana e Steve Hickman —, foi um prazer trabalhar com vocês.

Também quero agradecer e honrar Lorri Hilbert, com quem fui cofundadora do San Diego Center for Well Being e com quem aprendi e ensinei o Daring Way™; e Cassondra Graff, com quem explorei e pratiquei a integração de habilidades de atenção plena à psicoterapia para casais. Foi um prazer aprender e colaborar com vocês.

Uma reverência de gratidão àqueles que, com sua experiência, contribuíram para o desenvolvimento do programa Compaixão para Casais ao longo do processo: Sean Cook, por sua colaboração inicial; Pittman McGehee, por ensinar comigo e por sua amizade — trabalhar com você sempre me fez sorrir, Pittman; Aimee Eckhardt, por suas incríveis habilidades tecnológicas, incentivo, sugestões e profundidade; Ann Bowles, por seu talento, apoio e amizade; e Megan Prager, minha amiga e atual coinstrutora do programa Compaixão para Casais. E à equipe de pesquisa da Florida State University: Myriam Rudaz, Thomas Ledermann, Amelia Welch e Greg Seibert. Adoro sua criatividade, dedicação e seus *insights*.

Há aqueles que compartilharam comigo suas experiências com generosidade, especialmente meus pacientes, com quem aprendi mais do que jamais imaginei ser possível, e os alunos dos diversos cursos que ministrei. Vocês foram meus instrutores e me comovi profundamente com sua coragem, vulnerabilidade e resiliência. Obrigada por confiarem em mim. Carrego suas histórias comigo.

Cada pessoa listada, à sua maneira, ajudou a desenvolver a base deste livro — e sou grata por isso e por tudo mais.

Um grupo especial de pessoas apoiou a produção deste livro, principalmente:

Kirsten Ritter, que devorou cada capítulo, habilmente sugeriu modificações e foi fundamental para fazer com que *Compaixão para casais* chegasse ao mundo. Seu entusiasmo e gentileza são incríveis. Obrigada!

Lorraine Hobbs, amiga, colega e companheira de redação, cuja visão e amizade são fundamentais. Obrigada por acreditar em mim, escrever ao meu lado e ouvir o que eu escrevia, semana após semana. Seu apoio e incentivo foram definitivamente um ponto alto desse processo, e não consigo me imaginar escrevendo este livro sem você.

Meus talentosos editores e a equipe da The Guilford Press, especialmente Kitty Moore (editora), que acreditou no livro e me incentivou a escrevê-lo, ao mesmo tempo em que o orientava (repetidas vezes) na direção certa; e Christine Benton (editora de desenvolvimento), cujo olhar atento e edições talentosas estiveram sempre presentes para que os leitores tivessem uma boa experiência de leitura. Este livro é muito melhor por causa do envolvimento de vocês. Sou grata por seu talento, dedicação e trabalho (muito!) árduo. Agradeço especialmente pelo acompanhamento de vocês enquanto eu contava minhas histórias e por me apoiarem enquanto eu falava dos diversos desafios que enfrentava. Vocês são uma equipe compassiva!

Minha família foi um ponto forte durante todo esse processo. Meus filhos, agora adultos, me ensinaram o significado do amor e da compaixão. Palavras não podem expressar o quanto me orgulho de cada um de vocês e que presente são ao meu mundo. Aprendi muito com vocês. É um prazer ser sua mãe.

E meu querido marido, Steve, com quem estou casada há 38 anos. Nosso casamento tem sido o maior campo de treinamento para a compaixão para casais à medida que avançamos pelos três estágios do nosso relacionamento. Mesmo quando estou debruçada escrevendo, sei que você está sempre ao meu lado. Obrigada por todo o amor, massagens nos pés, suporte técnico, preparo de refeições, incentivo e por acreditar em mim. Seu amor e apoio em tantos níveis tornaram este livro possível.

Que todos os seres encontrem a alegria de amar e ser amados.

* * *

As editoras a seguir generosamente deram permissão para reproduzir materiais de obras protegidas por direitos autorais:

"Kindness" em *Words Under the Words: Selected Poems*, de Naomi Shihab Nye, 1995. Usado com permissão da Far Corner Books.

The Book of Awakening (20th anniv. ed.), de Mark Nepo, 2020. Usado com permissão da Red Wheel/Weiser.

"Prayer before the prayer" em *The Book of Forgiving,* de Desmond Tutu e Mpho Tutu, 2014. Usado com permissão da HarperCollins Publishers and HarperCollins Publishers, Ltd.

"Hold out your hand" em *Staying in Love*, de Julia Fehrenbacher, 2021. Reproduzido com permissão da autora.

APRESENTAÇÃO

É uma honra escrever a apresentação deste livro inovador. Michelle Becker é uma terapeuta de casais e de famílias talentosa, uma instrutora de *mindfulness* (atenção plena) experiente e uma líder no emergente campo do treinamento da compaixão. Tive o privilégio de ministrar com ela o seu curso de compaixão para casais e experimentei pessoalmente a profundidade e a beleza desse programa. Como psicólogo clínico e terapeuta de casais, também estou ciente das armadilhas em que os casais podem cair e de como pode ser difícil sair delas. Neste livro, Michelle expõe sua inovadora abordagem de maneira muito clara e vai direto ao cerne da questão — ajudar os casais.

Pesquisas mostram que a compaixão é um recurso poderoso. A compaixão aumenta a felicidade e a satisfação com a vida, diminui o estresse e a ansiedade, melhora a saúde física e o bem-estar e, o mais importante para este livro, melhora relacionamentos. A compaixão também é multidimensional. Pode ser direcionada a outros ou a nós mesmos (autocompaixão). Pode ser terna ou forte. Normalmente pensamos na compaixão como sendo terna e afetuosa, mas não é também um tipo de compaixão enfrentar uma injustiça com um firme "não!"? Michelle revela as muitas nuanças da compaixão e mostra como elas podem ser aplicadas, de maneira segura e eficaz, para melhorar relacionamentos íntimos.

Sou um grande fã da abordagem positiva e não patológica de Michelle no trabalho com casais. Quando um casal está passando por dificuldades, a última coisa que se precisa é focar nas falhas que percebem um no outro. Em vez disso, a compaixão está relacionada a aceitação e cuidado. Isso não significa que devemos aceitar comportamentos inaceitáveis, forçar-nos a nos importar ou desistirmos da ideia de mudança. Em vez disso, a compaixão analisa a mudança de maneira distinta — aceitação radical. Como escreveu o psicólogo Carl Rogers, "o curioso paradoxo é que quando me aceito como sou... a mudança parece acontecer quase sem que se perceba". Isso também se aplica ao parceiro. Quando ele se sente aceito, tem maior probabilidade de mudar. Os leitores que tentaram em vão mudar padrões "rígidos" em seus relacionamentos vão desfrutar muito desta nova abordagem.

Nem sempre é fácil encontrar aceitação nos relacionamentos. Afinal, nosso parceiro é um ser humano condicionado, assim como nós, com preferências e aversões. Em geral, a pessoa mais difícil de se aceitar somos nós mesmos. Pesquisas mostram que as pessoas, pelo menos a maioria delas, são mais compassivas com os outros do que consigo mesmas. Felizmente, a autocompaixão pode ser praticada e aprendida. Quando estamos com problemas, podemos nos perguntar: "Do que eu preciso?". Se precisamos de aceitação, podemos aprender a nos aceitar. Se precisamos de validação, podemos nos validar. Não vamos desistir de conseguir o que precisamos do parceiro. Em vez disso, a autocompaixão aumenta a probabilidade de esse parceiro nos aceitar como somos e atender às nossas necessidades, porque há menos pressão para que ele o faça.

Michelle é uma grande especialista em autocompaixão. Ela contribuiu substancialmente para o currículo do Mindful Self Compassion (MSC), que foi ensinado a mais de 250 mil pessoas em todo o mundo. Geralmente, próximo do final de um curso de MSC, os participantes estão ansiosos para aplicar a autocompaixão aos desafios de suas vidas. Uma das perguntas mais comuns é "Como posso incorporar a autocompaixão ao relacionamento com meu parceiro?". Este livro responde brilhantemente a essa pergunta. Por exemplo, tudo o que funciona em relação a você pode ser estendido ao seu parceiro. Se você se pergunta: "Do que eu preciso?", também pode perguntar ao seu parceiro: "Do que *você* precisa?". Se você deseja viver em harmonia com seus valores fundamentais (*core values*) e gostaria que seu parceiro apoiasse seus esforços, também pode perguntar quais são os valores fundamentais do seu parceiro e o que você pode fazer para apoiar os esforços *dele*. Experimentei esse processo em primeira mão e funciona como mágica para unir um casal.

Outro aspecto único do modelo de Michelle é como ela combinou o MSC com a terapia focada na compaixão (TFC). O MSC e a TFC são as duas abordagens da psicologia focadas na compaixão mais difundidas no mundo atualmente. No cerne da TFC está a consciência dos sistemas motivacionais que fundamentam tudo o que dizemos e fazemos. Podemos estar motivados a evitar uma ameaça, a alcançar um objetivo ou a nos conectar e cuidar. Cada sistema motivacional tem sua própria fisiologia. De modo geral, quando nos sentimos ameaçados, ou quando temos como objetivo mudar o parceiro, a interação terminará em frustração. No entanto, quando estamos em um estado de espírito de cuidado, tudo o que dizemos ou fazemos provavelmente trará um desfecho positivo. Como diz Michelle: "É mais uma questão do estado em que nos encontramos do que das palavras que usamos". Este livro nos mostra como cultivar um estado de espírito afetuoso e compassivo com nosso parceiro íntimo, muitas vezes a pessoa mais desafiadora de nossas vidas!

Não existe relacionamento de casal sem desafios. Como brincou o terapeuta familiar Salvador Minuchin: "Todo casamento é um erro; a diferença está em como se lida com ele". A compaixão provavelmente é a opção mais sábia para lidar com as dificuldades de um relacionamento. Ela pressupõe que todos somos seres humanos imperfeitos, que cometemos erros, sofremos e desejamos nos livrar do sofrimento. A compaixão nos dá a oportunidade de resolver nossos problemas de relacionamento considerando a condição humana que compartilhamos. Ao ler este livro, você perceberá como a autora é justa com os dois parceiros no casal, não favorecendo um em detrimento do outro, ao mesmo tempo em que oferece ferramentas valiosas para enfrentarem os inevitáveis desafios.

Este livro foi elaborado para ajudar casais a se curar e a prosperar. A compaixão faz as duas coisas. Trata-se de uma motivação positiva. Ela traz energia e felicidade às nossas vidas. Portanto, quando envolvemos nosso parceiro e a nós mesmos na compaixão, o sofrimento se transforma em algo diferente, até mesmo em alegria. É como uma alquimia, mas que precisa ser experimentada individualmente para ser compreendida. Por favor, vá em frente e tente. Veja o que acontece em seu relacionamento.

Christopher Germer, Ph.D.
Harvard Medical School

SUMÁRIO

Apresentação xi
Christopher Germer

Introdução 1

PARTE I
Comece de onde está
*Compreendendo como as coisas dão errado e
como elas melhoram nos relacionamentos*

1	Todos precisam ser amados	13
2	"Por que você não pode estar aqui por mim?": Compreendendo o que atrapalha	28
3	"Queria poder consertar isso!": Como resistir à dor tentando resolver os problemas	42
4	"Você se importa?": Como encontrar uma conexão confiável	61
5	"Quem vai me amar?": Garantindo que a compaixão esteja sempre disponível para si	80

PARTE II
Construindo uma base para a compaixão nos relacionamentos
Atenção plena, humanidade compartilhada e gentileza

6 Estando presente: Habilidades de atenção plena para ver com clareza e reagir com calma 101

7 Cultivando conexão: Força na humanidade compartilhada....... 126

8 Conseguindo o que precisamos: Gentileza em três direções....... 147

PARTE III
Colocando em prática
Adaptando as habilidades de compaixão ao relacionamento

9 "O que é realmente importante para nós?": Enraizando o relacionamento em seus valores 173

10 "Como podemos realmente nos dar bem?": Usando habilidades de comunicação compassiva 189

11 "Podemos curar nossas feridas?": Cultivando as condições para o perdão................................. 215

12 "Como manter nosso amor vivo?": Celebrando juntos experiências positivas 233

Recursos 251

Notas 255

Índice 263

Lista de áudios (em inglês) 276

LISTA DE EXERCÍCIOS

Capítulo 1
Encontrando força e suavidade* 26

Capítulo 2
Descobrindo suas estratégias de sobrevivência* 38
Como suas estratégias de sobrevivência afetam seu parceiro* 39

Capítulo 3
Descobrindo o que é útil ou não quando estamos com problemas 50
Detectando nossa tendência de tentar corrigir* 51
Descobrindo o que está por trás da necessidade de controle* 54
O que seu parceiro sente quando você tenta controlá-lo* 55
Falando a partir de uma posição de vulnerabilidade* 55
Detectando a vulnerabilidade por trás das críticas* 59

Capítulo 4
Sentindo-se conectado de maneira confiável 64
Encontrando as costas fortes da compaixão* 68
Encontrando a frente suave da compaixão* 70
Passando do sistema de impulso para o de cuidado 77

Capítulo 5
Descobrindo como tratamos a nós mesmos e aos outros* 83
Colocando a autocompaixão em prática, Parte I — Atenção plena* 87
Colocando a autocompaixão em prática, Parte II — Humanidade
  compartilhada* 89
Colocando a autocompaixão em prática, Parte III — Gentileza* 91
Encontrando apoio por meio do toque* 93

Capítulo 6
Percebendo o mundo exterior 108
Planta dos pés* 109

Consciência da respiração*..110
Consciência dos sons*..113
STOP*..119
Ver seu parceiro..121
Toque de mãos*...122
Sentindo-se conectado.. 124

Capítulo 7
Descobrindo a humanidade compartilhada*...131
Pertencendo*..139
Amor-gentileza para casais*...144

Capítulo 8
Motivando-se com compaixão*..153
Suavizar, acalmar e permitir*..159
Atendendo às nossas necessidades*...162
Descobrindo o que é verdadeiramente gentil 165

Capítulo 9
Descobrindo seus valores fundamentais pessoais*.......................................179
Discutindo os valores fundamentais do parceiro 181
Observando os valores fundamentais do parceiro..181
Falando sobre o que você descobriu 183
Falando sobre o relacionamento 186
Observando o relacionamento...186

Capítulo 10
STOP e LOVE*... 202
Ouvir tentando entender — Desenvolvendo a habilidade de ouvir
    compassivamente 208
A coisa dos 5 minutos — Comunicação compassiva......................................211

Capítulo 11
Perdoando os outros*.. 228
Perdoando a si mesmo*.. 230

Capítulo 12
Sentir e saborear uma caminhada 238
Caminhada com o parceiro 239
Gratidão pelo parceiro*.. 241
Apreciação do parceiro 244

---

* Os compradores deste livro podem baixar arquivos de áudio (em inglês) dos exercícios marcados com * em *www.guilford.com/becker2-materials* ou no *site* da autora (*https://wisecompassion.com/cfcbookaudios*) para uso pessoal ou com clientes.

INTRODUÇÃO

Em minha experiência pessoal e profissional, eu me impressionei com o poder dos relacionamentos em nos ferir e nos curar. Não há nada tão doloroso quanto desejar ser amado e não se sentir amado. E não há nada tão reconfortante quanto sentir-se visto, aceito e amado exatamente como somos. É ainda mais doloroso quando entramos em um relacionamento que parece curativo e depois se transforma em uma fonte de angústia. Nós ficamos nos perguntando o que deu errado. "Há algo de errado comigo?" "É difícil me amar?" "Há algo de errado com meu parceiro?" Na maioria das vezes, mesmo que tenhamos uma dúvida implícita se de fato somos dignos de amor, concentramo-nos no que há de errado com nosso parceiro. Não é que *queiramos* que haja algo de errado com ele — muito pelo contrário. É que já tentamos tudo o que podíamos imaginar e achamos que, se apontarmos seus defeitos, ele vai mudar e se tornar o parceiro que esperávamos. Talvez o parceiro que pensávamos ter. É uma estratégia muito comum — frequentemente inconsciente. No entanto, ao utilizá-la, estamos colocando todo o poder nas mãos do outro, não nas nossas. Tudo seria muito mais fácil se ele se comportasse de uma maneira que nos ajudasse a nos sentirmos seguros e amados. Isso pode não acontecer, mas ainda assim é possível mudar o padrão do relacionamento. Como? Mudando nosso lado da equação.

O que poderia acontecer se, em vez de ficarmos presos nessa espiral descendente no relacionamento, parássemos por um momento e dedicássemos tempo para entender o que realmente está acontecendo? Não na superfície das coisas, em que a reatividade brinca conosco, mas mais profundamente, onde começamos a compreender o terreno dos relacionamentos e como nossa fisiologia nos influencia. No meu trabalho com casais, este é um momento crucial. Quando as pessoas começam a realmente entender que esses problemas e padrões são normais e que têm mais a ver com nossas respostas ao estresse do que com o amor pelo parceiro, o alívio inunda seus corpos. E a porta para a esperança se abre.

DA PAIXÃO AO AMOR MADURO

Os relacionamentos seguem uma trajetória previsível. Na primeira fase, que eu poderia chamar de fase da "paixão", o corpo é inundado por um coquetel hormonal que nos infunde felicidade. Nessa fase, muitas vezes sentimos que encontramos o elo perdido da vida, que o parceiro trouxe felicidade a nossas vidas. Só conseguimos ver o que há de bom no outro e acreditar que essa pessoa é responsável pela nossa felicidade. Os contos de fadas sempre param aqui, seguidos pela frase "e viveram felizes para sempre". Só que não é isso o que normalmente acontece na vida real. Essa primeira fase da paixão é importante; os hormônios nos ajudam a conectar-nos e nos relacionarmos com outro ser humano, o que pode ser maravilhoso. Mas, infelizmente, esse coquetel uma hora acaba.

Entramos, então, na segunda fase, que é quando percebemos e muitas vezes nos fixamos nas qualidades indesejáveis do nosso parceiro — aqueles aborrecimentos aparentemente pequenos que, com o tempo, se transformam em ressentimentos maiores. Talvez, como um dos casais descritos neste livro, você se encontre discutindo com seu parceiro sobre como colocar a louça na máquina — e então aprende que essas aparentes trivialidades são, na verdade, um sinal da angústia que o parceiro vem sentindo no relacionamento. Ou talvez discutam sobre quem está fazendo mais pela família, o que acaba afastando vocês, quando o que ambos precisam é de uma resposta compassiva às suas necessidades. Quando ficamos presos nesse ciclo de reatividade, com o tempo há prejuízos na conexão e no amor, até que sentimos uma grande angústia no relacionamento e começamos a nos perguntar como não percebemos essas falhas, agora óbvias, em nosso parceiro. O que começou como qualidades indesejáveis passa a parecer falhas de caráter, e nos perguntamos se o relacionamento está condenado. Às vezes, nos afastamos do parceiro em um esforço para evitar conflitos, e isso também aumenta o distanciamento no relacionamento. Para piorar a situação, a vida nos impõe desafios inevitáveis, mesmo que sejam positivos e desejados, como o estresse de criar os filhos e construir carreiras. É claro que nossos desafios não se limitam ao positivo e ao desejado; também nos vemos desafiados pelas dificuldades da vida. Tudo isso pode nos fazer temer que o relacionamento esteja condenado, o mesmo relacionamento que recentemente parecia ser uma resposta às nossas preces.

Nesse exato momento, fazer uma pausa e olhar mais profundamente para o que está realmente acontecendo pode nos ajudar a compreender e a aceitar a nós e a nosso parceiro. Podemos aprender habilidades de atenção plena e compaixão que podem então se tornar hábitos que nos ajudam a atender às nossas necessidades, oferecer apoio ao parceiro, promover a intimidade e aprofundar e solidificar nossa conexão. Desenvolver habilidades específicas para nós mesmos, nosso parceiro e nosso relacionamento pode fornecer um roteiro sólido sobre como lidar conosco e com o parceiro com compaixão, em vez de cair em padrões de reatividade que estão enraizados na velha fisiologia projetada para nos manter seguros — e que, na verdade, causa estragos em nossos relacionamentos.

A atenção plena, conforme a exploramos no contexto dos relacionamentos, tem dois aspectos benéficos. Primeiro, nos ajuda a sair da reatividade e a ter uma visão honesta de onde estamos e do que precisamos. Em segundo lugar, é um recurso que podemos usar para nos aterrar sempre que começarmos a nos sentir atraídos pela reatividade e pela sobrecarga. Isso nos possibilita viver nossos relacionamentos tendo cultivado a sabedoria, em vez de sermos pressionados pela reatividade.

A compaixão é uma maneira de lidarmos conosco e com nosso parceiro com gentileza — ainda mais quando as coisas não estão indo bem para nós — exatamente quando mais precisamos. Quando aprendemos a direcionar nossa gentileza a nós mesmos — em outras palavras, a usar a autocompaixão —, não dependemos mais de um parceiro para nos confortar e acalmar. Temos o que precisamos, quando precisamos, e isso muda tudo. Saber disso quando as coisas estão difíceis, principalmente quando não há mais ninguém por nós, nos dá coragem para enfrentar o que está surgindo interiormente, em nosso parceiro e em nosso relacionamento. Com a autocompaixão, podemos nos confortar e nos acalmar quando precisarmos e temos a força para estabelecer limites e fronteiras com gentileza, conforme necessário. Tendo uma rede de proteção — a autocompaixão —, podemos correr o risco de nos vulnerabilizar em segurança caso as coisas não corram bem. E quando estamos vulneráveis, é muito mais fácil para nosso parceiro se aproximar de nós.

Como já aprendemos a lidar com nosso parceiro com compaixão quando está em sofrimento (incluindo quando está em um padrão de reatividade), ele também começa a se sentir mais seguro conosco. Também pode correr o risco de ficar vulnerável, e isso é fundamental, porque não existe intimidade sem vulnerabilidade. Como poderíamos nos sentir amados se não deixamos nosso parceiro saber quem realmente somos? Em vez de nos cobrirmos com escudos protetores, quando edificamos a compaixão em nosso relacionamento, podemos realmente baixar a guarda. Então poderemos nos aproximar e desenvolver um relacionamento verdadeiramente satisfatório.

Essas habilidades de atenção plena e compaixão são a base para que seu relacionamento avance para a (muitas vezes dolorosa) terceira fase, que chamarei de "amor maduro". Nessa fase, somos mais plenamente nós mesmos e estamos conectados de forma mais sólida. Esses relacionamentos são caracterizados tanto pela aceitação quanto por um profundo sentimento de amor. Na primeira fase há conexão, mas não vemos a nós ou ao parceiro com clareza; na fase madura, somos mais plenamente nós mesmos, e a conexão é mais sólida. O caminho para essa fase de amor maduro muitas vezes passa por aquela difícil segunda fase, e é disso que trata este livro — como podemos aprender e usar as habilidades da atenção plena e da compaixão nos relacionamentos para atender nossas necessidades, apoiar-nos mutuamente e crescer no relacionamento.

É claro que você não precisa passar por um relacionamento doloroso para se beneficiar deste livro. Na minha prática de psicoterapia com casais, descobri que o treinamento da compaixão é o que mais ajuda os casais a desenvolver essa base de carinho nos relacionamentos e a passar para a fase de amor maduro, na qual nos sentimos vistos, aceitos, amados e seguros. A compaixão, por sua vez, também irá aprofundar e solidificar seu já satisfatório relacionamento para que ele resista aos desafios do tempo.

MINHA TRAJETÓRIA PROFISSIONAL

Quando me tornei terapeuta de casais e famílias licenciada, descobri que a carreira era muito empolgante — ela colocava a importância dos relacionamentos em primeiro plano. Trabalhei com pessoas de 4 a 94 anos e me senti atraída pelo poder dos relacionamentos ao longo da vida. Mas, para mim, o trabalho mais gratificante tem sido lidar com casais. A maioria dos colegas dirá que a terapia de casal é o tipo mais desafiador de terapia. No início do meu trabalho com casais, eu também achava isso. Embora meu trabalho se baseasse nas teorias da época, percebia que o tratamento não tinha tanto sucesso com os casais quanto eu esperava. Mesmo quando eu tinha um "sucesso" com um casal na sessão, eles muitas vezes achavam difícil manter o relacionamento entre as sessões. Uma ou outra coisa acontecia e eles se viam novamente presos em um padrão de reatividade.

Nessa época, descobri a atenção plena. Gostei muito do modo como ela promovia a sabedoria, ajudando as pessoas a enxergar com mais clareza e diminuindo o potencial de serem sequestradas pela reatividade. Foi em um retiro de atenção plena que descobri a autocompaixão. No treinamento de atenção plena e autocompaixão (MSC), aprendi o que ensino agora — como me relacionar com as *experiências* com mais sabedoria e menos reatividade e como me relacionar *comigo mesma* e *com os outros* com mais gentileza e compreensão.

Os doutores Christopher Germer e Kristen Neff, desenvolvedores do MSC, me convidaram para começar a ministrar seu curso. Então, em 2014, os doutores Germer, Neff, Steve Hickman e eu desenvolvemos juntos o treinamento de instrutores do MSC. Foi em um desses treinamentos de instrutores que tive a ideia de adaptar o currículo do MSC para a aplicação com casais. Meu interesse era duplo. Em primeiro lugar, havia muito sofrimento nos relacionamentos primários entre as pessoas, e eu via um caminho claro para aliviá-lo. Em segundo lugar, aplicar o treinamento da compaixão aos relacionamentos primários nos leva além do alívio do sofrimento, isto é, nos leva para o território de ter um lugar seguro no qual podemos crescer como pessoas, nos tornar mais plenamente nós mesmos e encontrar nosso lugar no esquema mais amplo das coisas. Podemos correr riscos e ir atrás do que o coração deseja porque temos um lugar seguro como base.

Quando apresentei a ideia aos doutores Germer e Neff, eles imediatamente me incentivaram a prosseguir com o empreendimento e autorizaram o uso do currículo do MSC para desenvolver o currículo para casais. Por fim, desenvolvi o programa Compaixão para Casais e comecei a ensiná-lo a esse público em 2017. O programa tem suas raízes no MSC, mas vai além da autocompaixão ao treinar seu uso como base para avançar para a prática da compaixão pelo parceiro e para construir uma base segura de gentileza e compaixão nos relacionamentos.

Desde o início fiquei impressionada com o poder do programa Compaixão para Casais em transformar relacionamentos. Os participantes relataram uma sensação renovada de cordialidade, gratidão, amizade e segurança em suas relações, muito mais compreensão e gentileza mútuas e novas habilidades de comunicação que enriqueceram suas vidas juntos. Alguns descobriram que a compaixão tinha colocado seus relacionamentos — sempre tão importantes para eles — de volta ao centro de suas vidas. Muitos ficaram surpresos com a rapidez com que essas novas habilidades melhoraram seus relacionamentos.

Acho ainda mais comoventes os comentários de casais que já tinham relacionamentos saudáveis. Eles relataram como o curso os fortaleceu e possibilitou que mostrassem mais de si ao parceiro, além de se sentirem mais conectados do que nunca. E tem sido especialmente maravilhoso trabalhar com casais de noivos, cujo trabalho os colocou no caminho de um relacionamento longo e satisfatório, mesmo em face a dificuldades.

O programa Compaixão para Casais foi aprimorado conforme foi sendo aplicado aos grupos, com a contribuição de meus coinstrutores e colaboradores e, principalmente, com o *feedback* dos próprios casais. No momento em que escrevo este livro, a Florida State University está realizando uma pesquisa sobre o programa.

SOBRE O LIVRO

Por alguma razão, você pode não conseguir fazer o curso de Compaixão para Casais com seu parceiro. É por isso que escrevi este livro. Quero que você tenha acesso às habilidades de atenção plena e compaixão que podem ajudar a encontrar o caminho para a fase do amor maduro de um relacionamento. Quero ajudar a descobrir o que acontece de errado quando vocês caem na reatividade; enxergar isso no contexto do que acontece quando nosso modo sobrevivência é ativado e como isso nos atrapalha nos relacionamentos; como nossos esforços para sair da dor muitas vezes levam a mais dor. Eu gostaria de ajudar vocês a ver tudo isso através das lentes da compaixão, porque isso realmente muda nossa experiência. Acima de tudo, quero ajudar a construir um sistema de cuidado em seu relacionamento. Cuidar de si *e* do seu parceiro e do relacionamento. O que a maioria de nós deseja um do outro é, acima de tudo, uma presença gentil e amorosa.

Este livro está repleto de exercícios e de outras oportunidades para você encontrar e fortalecer as qualidades que promovem dentro de si as ferramentas que levarão a um relacionamento mais satisfatório. Com essas ferramentas, você aumentará sua capacidade de compaixão, por si mesmo e por seu parceiro. E então irá além de promover suas próprias habilidades e aprenderá como personalizar a compaixão com base no que você, seu parceiro e seu relacionamento mais precisam. Quando esses conceitos se tornam práticas e essas práticas se transformam em hábitos, nossos relacionamentos são inundados por amor. E isso muda tudo.

Este livro vem do programa Compaixão para Casais e muitos dos exercícios são deste programa. Além disso, diversos exercícios desse programa vêm do programa MSC, embora a maioria tenha sido adaptada para uso com casais. Quero homenagear e honrar meus amigos e colegas doutores Germer e Neff e o Center for Mindful Self-Compassion por permitirem o uso das práticas do MSC e por sua habilidade ao desenvolverem o programa do MSC, eficaz em ensinar a autocompaixão e que conta com suporte empírico. Recomendo-o de todo o coração e coloquei informações sobre o programa e diversas outras maneiras de aprender a ter autocompaixão na seção Recursos deste livro. A MSC e o programa Compaixão para Casais, que são programas independentes, são altamente complementares.

As histórias deste livro vêm da minha experiência com casais na psicoterapia, no ensino e na vida. Para proteger a confidencialidade desses casais e para ilustrar os conceitos de maneira mais clara, as histórias são uma amálgama de casais, cujos nomes foram alterados. Aprendi muito com eles e acho que você também aprenderá.

Este livro é para todos, independentemente de idade, condição socioeconômica, nível de escolaridade, raça e etnia, identidade de gênero ou orientação sexual. Também independe da fase do relacionamento; se seu relacionamento está "em perigo" e precisando encontrar o caminho de volta para o que é curativo e saudável, ou se você está feliz com seu parceiro e querendo construir uma base sólida para o futuro; ou, ainda, se você está em um novo relacionamento ou em uma união de décadas. Para tirar o máximo proveito deste livro, é útil estar em um relacionamento sério. Saiba que esta obra não substitui a psicoterapia e, em caso de problemas de uso abusivo de substâncias, violência doméstica (física ou emocional) ou infidelidade, isso muitas vezes precisa ser resolvido antes que se possa cuidar do relacionamento. Um bom terapeuta pode ser especialmente útil nessas situações. Estabilidade e segurança são prioridade.

COMO USAR O LIVRO

Ao longo do livro, há explicações, histórias e práticas para ajudá-lo a compreender os conceitos e as habilidades, mas, acima de tudo, para que você os aplique à sua própria situação e desenvolva práticas e hábitos que apoiem e deem suporte ao seu relacionamento. Ao praticar os exercícios "Experimente", sua compreensão vai da cabeça para o coração. Não é a teoria da compaixão que é útil; pelo contrário, é a prática da compaixão que traz os benefícios associados. Aplicar o que você aprende, à medida que aprende, ancora o aprendizado mais profundamente e pode de fato motivar você para o desenvolvimento de suas práticas de compaixão.

Pode ser útil manter um diário para registrar suas respostas aos exercícios, bem como para anotar conceitos importantes que você gostaria de se lembrar. Embora seja ideal que ambos os parceiros leiam o livro e façam os exercícios, isso não é necessário para que você e seu relacionamento sejam beneficiados. Como acontece comigo, quando você trabalha em sua própria prática de compaixão, ela certamente afetará seu relacionamento. Espero que este livro possibilite que todos possam ter acesso aos meios de promover as habilidades de compaixão.

Esta obra está organizada em três partes. Na Parte I, começamos introduzindo e entendendo em que ponto você está agora. Adaptei o trabalho de Paul Gilbert sobre os sistemas de regulação emocional para ajudar na identificação e na compreensão de seus padrões de relacionamento e nos de seu parceiro e como esses padrões se inter-relacionam. Conforme vocês os analisam, também compreenderão como é normal e humano ficar preso nesses padrões de reatividade e começarão a vislumbrar como se libertar.

Na Parte II, continuamos explorando os fundamentos da compaixão por si mesmo e pelos outros através das lentes da atenção plena, da humanidade comum e da gentileza. Essa seção ajuda a abrir o coração e a construir laços sólidos e fundamentais com seu parceiro, baseados na gentileza, no carinho e na compaixão.

Na Parte III, voltamos nossa atenção a como colocar em ação essas habilidades de compaixão nos relacionamentos. Embora você possa, é claro, começar esta leitura a partir de onde quiser, obterá o máximo benefício ao ler as partes em ordem. Assim como na construção de uma casa, a edificação de uma base de compreensão leva a uma maior estabilidade, seguida da edificação de uma estrutura de cuidado mútuo, antes de colocarmos o telhado da ação compassiva.

Enquanto lê, tenha em mente que, sejam quais forem nossas diferenças, estamos conectados pela nossa necessidade de pertencer e de nos sentirmos amados e conectados. Ao trabalhar com o ensino da compaixão e com a psicoterapia, pratico, da melhor maneira que posso, a aceitação e a inclusão. Acho que os cursos ficam melhores quanto maior é a diversidade da turma. Fico com o coração partido quando os pacientes tentam reunir coragem para me dizer que são *gays* ou trans, enquanto prendem a respiração e se perguntam se serão aceitos ou rejeitados. E, claro, muitas pessoas que foram marginalizadas não se sentem confortáveis em falar. Qualquer que seja a sua experiência de marginalização no mundo, saiba que aqui nestas páginas você é querido e aceito tal como é. Fiz o melhor que pude ao escolher pronomes, palavras e exemplos que sejam inclusivos (sinta-se à vontade para mudar o pronome em sua mente para o pronome correto para você.) Sem dúvida, há lugares onde não consegui fazê-lo em alguns momentos. Peço desculpas antecipadamente por quaisquer omissões que façam alguém sentir que não é bem-vindo ou não ter a sensação de pertencimento. É meu sonho que todos conheçam o seu valor e se sintam pertencentes. Seja você quem for, é querido e bem-vindo nestas páginas.

PARTE I
COMECE DE ONDE ESTÁ

Compreendendo como as coisas dão errado *e* como elas melhoram nos relacionamentos

Os primeiros cinco capítulos deste livro lhe oferecem uma oportunidade de se abrir e compreender em que ponto do relacionamento você está agora. Você obterá ótimos *insights* sobre o quão poderosa é a reatividade nos relacionamentos e por que todos nós nos comportamos assim sem nos darmos conta, de maneira muito automática. Ao compreender quantas vezes esse automatismo nos leva ao erro, você pode começar a vislumbrar como pode tomar uma direção diferente. Você aprenderá como identificar seus padrões de relacionamento e os de seu parceiro e como esses padrões se conectam. Conforme você entende esses padrões de reatividade, também começa a ver como é normal e humano ficar preso neles, e começará a vislumbrar como se libertar.

1
Todos precisam ser amados

A vida é uma flor e o amor é seu mel.
— Victor Hugo

A sala estava transbordando de gentileza, conexão, amor. Senti o zumbido, estimulante e calmante ao mesmo tempo, animador. Havia vulnerabilidade, alegria, tristeza, perdão, saudade. Mas, acima de tudo, havia um sentimento palpável de amor. O tempo parou. Foi um daqueles momentos que pareciam sem começo nem fim, daqueles em que você simplesmente fica feliz por estar lá, sem querer absolutamente nada mais. "Isto é que é produzir amor", disse Chris. Meus olhos se encheram de lágrimas e senti um nó na garganta. A única coisa que consegui fazer foi concordar com a cabeça. O momento me tirou o fôlego, semelhante a quando se vira uma esquina e se depara com uma vista panorâmica incrivelmente deslumbrante.

Mas não começou assim. Estávamos há cerca de 24 horas no programa Compaixão para Casais. Meu colega Chris Germer e eu recebemos onze casais em uma pequena pousada pitoresca nas montanhas. Tínhamos diversos tipos de casais; alguns estavam juntos há muito tempo, uns estavam noivos, outros tinham um casamento feliz e alguns eram infelizes, muito infelizes. Casais mais velhos e mais jovens. Casais heterossexuais, casais *gays*, casais de diversas etnias, raças e identidades. Nada disso importava. O que compartilhamos era muito mais valioso. No fundo, todos desejávamos ser amados.

Já havíamos nos aberto à dificuldade e à imperfeição, às maneiras como protegemos a nós e a nossos relacionamentos e como isso é absolutamente humano e pode, muitas vezes, causar danos reais e duradouros. Havíamos nos aberto às nossas dores e às de nossos entes queridos. E, acima de tudo, abrimo-nos à nossa própria capacidade de sermos gentis diante da dor e das dificuldades. Ver e aceitar, até mesmo amar, uns aos outros como somos — totalmente humanos, com imperfeições e tudo. E aqui estávamos nós, Chris e eu, em meio à corajosa vulnerabilidade do amor, testemunhando ser saciada a sede — às vezes prolongada e intensa — por uma gota de amor, enquanto palavras de gentileza e afeto caíam como gotas de chuva do céu. Uma chuva suave e quente, do tipo que limpa, nutre e satisfaz a terra seca e ressequida. Os casais estavam sussurrando essas palavras de gentileza e amor um para o outro.

Como chegamos aqui? Não foi fácil. E, no entanto, também não foi tão difícil quanto parecia. E todos sabíamos a preciosidade do momento porque sabíamos que nem sempre fora assim, nem sempre tinha sido assim, nem sempre seria assim. Nesse momento, optamos por nos abrirmos um ao outro, aceitando quem era o parceiro, não quem queríamos que ele fosse, ou quem pensávamos que "deveria" ser. Pudemos ver a beleza neles e em nós mesmos. Não poderíamos consertar a dor ou fazê-la desaparecer, mas poderíamos amar a pessoa além dela. E isso era tudo o que todos nós realmente precisávamos.

AMAR UM AO OUTRO EM PERÍODOS DIFÍCEIS: A HISTÓRIA DE SUE E GEORGE

É o que desejamos, no final: sermos vistos, aceitos, apreciados, amados, especialmente quando a dificuldade bate diretamente à nossa porta, como aconteceu com Sue e George. Eles se encontraram mais tarde na vida, depois de já terem tido outras mágoas e de serem enternecidos e fortalecidos por elas. E tiveram sorte de encontrar o amor novamente. A história deles, porém, não terminou aí; não tiveram o "...e viveram felizes para sempre". Depois que se encontraram, ambos tiveram câncer e a casa deles pegou fogo. A vida deles parecia uma dificuldade depois da outra.

Justamente quando pensavam que estavam em outra, de repente se viram no meio de um novo e terrível susto de saúde, do tipo que faz você cair repentinamente em queda livre, desorientado, como se tivesse acordado e descoberto que o mundo inteiro havia virado de cabeça para baixo enquanto você tirava um cochilo. O tipo que você sabe que pode matar, embora ainda não saiba o que realmente é. Houve idas ao pronto-socorro, exames, consultas, dor e medo — até terror. E houve, também, o tempo na UTI com seus bipes e zumbidos, máquinas por toda parte, fios, monitores e enfermeiros e médicos respondendo aos alertas.

No entanto, em meio a tudo isso, houve momentos de certeza, a única certeza que lhes estava disponível. Um olhar, um encontro de olhares, e eles sabiam, sem dúvida, que eram amados. Profundamente, totalmente amados. Eles compartilharam o momento, a dor, o medo, e o que os sustentou durante todo esse tempo foi o amor. Eles chamaram esses instantes de "momentos verdes", que proporcionaram uma rede de segurança em uma situação de vida ou morte. A única segurança que Sue e George tinham, seu único refúgio enquanto se equilibravam na corda bamba entre viver ou morrer.

A BOA NOTÍCIA: A COMPAIXÃO PODE SER CULTIVADA

Você pode estar lendo e pensando: "Isso funciona para eles, mas nunca sentirei o mesmo. É realmente muito difícil amar meu parceiro. Acreditem em mim, eu tentei". Ou "Se meu parceiro fosse diferente, menos exigente, mais disponível, menos crítico [insira aqui sua reclamação favorita sobre seu parceiro], eu poderia amá-lo. Teríamos um relacionamento muito melhor". Sim, você provavelmente está certo. Seria mais simples se fosse mais fácil amar seu parceiro.

Quero que você saiba que a compaixão nos relacionamentos não depende do parceiro — é uma escolha que você faz repetidamente. Aquela que você não é capaz de fazer, então respira fundo e tenta de novo. Com o tempo, a escolha se torna um hábito, e nossos relacionamentos se tornam mais seguros, mais íntimos, mais satisfatórios. E isso é uma boa notícia! A compaixão pode melhorar um relacionamento, mesmo que o parceiro nunca mude. Verdade seja dita, quando demonstramos compaixão em nossa relação, ela se espalha para o relacionamento em si e para o parceiro. O que trazemos para o relacionamento pode mudar todo o seu rumo. Em vez de esperar que o parceiro mude para que a compaixão venha, nós mesmos podemos ir atrás dela. E isso faz toda a diferença.

Também é uma habilidade. Eu costumava pensar que era apenas algo com que nascemos ou não. É verdade que estamos programados de maneira diferente, e algumas pessoas simplesmente têm uma capacidade natural de sentir compaixão. Sorte a delas! E para a sorte de todos nós, a compaixão é uma habilidade que pode ser cultivada, como se você fosse um garoto magrelo que foi à academia, levantou pesos e agora é um fisiculturista. Claro, houve momentos em que você se feriu enquanto tentava; então, descansou, se cuidou, pediu ajuda e *tentou outra vez*. Cada vez que você falhou ou se feriu, aprendeu algo que precisava saber sobre como agir de maneira mais segura e eficaz. Saber o que funciona, o que não funciona. Quando for profundamente importante para você, continue tentando.

O fracasso é apenas parte do processo. Se permitirmos, ele pode nos aprofundar e nos fortalecer. Como terapeuta licenciada, às vezes me perguntam como saber se um relacionamento específico é adequado a alguém. Sempre pergunto se eles já tiveram dificuldades e desentendimentos e, em caso afirmativo, como foram abordados e resolvidos. Precisamos saber que podemos lidar juntos com dificuldades e decepções. Precisamos saber que podemos contar um com o outro, em vez de nos voltarmos um contra o outro. A maioria dos casais em minha prática de psicoterapia está trabalhando em como viver de modo que o parceiro possa se sentir confiante de que será abordado com cuidado e compreensão, em vez de ser rotulado como o problema. Francamente, o que a maioria das pessoas quer de mim é que eu conserte seu parceiro. Na verdade, o que realmente capacita meus pacientes e os ajuda a curar seus relacionamentos é cuidar dos pontos em que eles próprios estão feridos e aprender a cuidar de si mesmos e um do outro, enraizados na gentileza e na compaixão, em vez de deixar a reatividade comandar o espetáculo.

Nossos relacionamentos principais são o marco zero para a reatividade. Mesmo que sejamos compassivos na maioria dos aspectos da vida, para quase todos nós é mais difícil sê-lo em nosso relacionamento principal. Quanto mais importante é o parceiro para nós, mais profundo é o medo de perdê-lo, mais desesperado é o desejo de sermos amados por ele e mais ativo se torna nosso sistema de ameaça/defesa. (Exploraremos o sistema de ameaça/defesa no Capítulo 2.) Podemos cair em um dilema do tipo "não consigo viver com ele, não consigo viver sem ele", com medo de ir embora e com medo de se aproximar. Aprender como nos fortalecer com compaixão nos dá a coragem e a motivação para enfrentarmos nossos medos e cuidarmos de nós mesmos e de nossos relacionamentos de uma maneira que realmente torne mais seguro sermos vulneráveis um com o outro, a fim de nos aproximarmos, permitir-nos ser conhecidos e amados. Também nos dá coragem para enxergar quando nosso relacionamento é tóxico e precisamos deixá-lo.

O AMOR FAZ DIFERENÇA

A verdade é que todos nós queremos ser amados, mesmo que tenhamos fechado a porta e tapado as janelas para o amor, gritando o tempo todo "vá embora!" por medo de nos ferirmos novamente. Não há como fugir disso. Os seres humanos precisam pertencer. Precisamos de conexão. Está em nossa fisiologia. Algo em nós sabe que não sobreviveremos sozinhos. Desde pequenos, trabalhamos para que alguém se importe conosco. Precisamos ser alimentados e mantidos aquecidos, protegidos de perigos, nutridos e amados. Choramos quando estamos angustiados. Felizmente, nosso choro também provoca angústia em nossos cuidadores, o que os leva a cuidar de nós. Por estarmos conectados, estamos programados para dar colo, confortar e acalmar nosso bebê. Quando nosso bebê está contente, nós ficamos contentes. Quando olhamos em seus olhos e o ninamos para frente e para trás, nosso encéfalo e o do bebê são banhados em oxitocina, que é, na verdade, a base para a massa cinzenta, responsável pela capacidade de estabelecermos relacionamentos no futuro. A conexão — uma conexão boa, segura e saudável — literalmente estabelece a base para a capacidade de nos conectarmos bem ao longo da vida.

É óbvio que, sem ser alimentado, abrigado e protegido, nenhum bebê seria capaz de sobreviver. O que nem sempre é tão óbvio é que a conexão em si também nos mantém vivos.

Quando meus filhos eram pequenos, eu era amiga de outra mãe, Danae. Ela tinha uma vida profissional agitada, e ela e o marido tiveram dificuldade para engravidar. Depois de algum tempo, eles adotaram uma criança. A filha deles, cheia de vida, era muito exigente, física e emocionalmente. Ela estava o tempo todo ativa ou experimentando. Os altos eram muito altos e os baixos também eram intensos. Eu gostava bastante de estar com essa garotinha, Lisa, mas não por muito tempo. Ela era como um delicioso tornado de energia que explodia na casa deixando tudo fora de ordem, mesmo que o que explodisse fosse uma rajada de puro sol. Sua mãe era incrível com ela. Tanta paciência e gentileza, e ainda assim você podia sentir o preço que isso cobrava dela, a qualidade desgastada e cansada de sua presença.

Em algum momento no caos de criar Lisa e prosseguir com a carreira, Danae engravidou naturalmente, de maneira inesperada, e nasceu Aaron. O menino tinha a mesma idade do meu filho do meio, mas era *muito* pequeno. Com o passar das semanas e dos meses, ele não cresceu e não começou a engatinhar ou a andar como nossos outros filhos. Quanto mais velho meu filho ficava, mais ele se desenvolvia e Aaron parecia menor. Ele não causava nenhuma confusão, raramente chorava ou exigia qualquer tipo de atenção e, ainda assim, era alarmante. Seus pais o levaram ao pediatra, que fez vários exames. No final, ele foi diagnosticado com déficit de crescimento. Suas necessidades físicas estavam sendo atendidas de maneira confiável, mas Aaron não recebia atenção suficiente. Não é que Danae e o marido não quisessem tomar conta de Aaron; eles tomavam, é claro! Acontece que não lhes sobrava energia alguma depois de cuidar de Lisa. Eles estavam fazendo tudo o que precisava ser feito para atender às necessidades do menino — trocar fraldas, alimentar, dar banho —, mas restava tão pouco deles que não havia alegria e conexão nas ações. Aaron precisava receber colo, ser abraçado, ser amado e que cantassem para ele. Ele precisava pertencer, saber que era amado. Meus amigos eram pais afetuosos e amavam Aaron, mas o que o menino carecia no momento era de cuidados emocionais. Ele precisava se *sentir* amado.

> Em nossos relacionamentos primários, precisamos de mais do que comida, abrigo e outros itens básicos — precisamos nos sentir amados.

E o mesmo ocorre em nossos relacionamentos primários: precisamos de mais do que o básico. Mais do que comida e abrigo, mais do que alguém que cozinha, tira o lixo para fora ou leva o cachorro ao veterinário. Precisamos nos *sentir amados*. É a diferença entre sobreviver e prosperar. Você assumiu o papel de cuidar do básico e perdeu o contato com a sensação de ser amado? Isso é fácil de ocorrer em nossas vidas lotadas de compromissos. Você não é o único. Ou talvez você esteja se sentindo rodeado de amor, e seja sábio o suficiente para saber que isso não é salvaguardado a ninguém. Você quer fazer tudo o que puder para construir uma base sólida que possa ampará-lo durante as tempestades da vida, sustentá-lo e conectá-lo. Qualquer que seja o *status* do seu relacionamento, exploraremos e desenvolveremos entendimento, além de estratégias práticas e exercícios para manter seu relacionamento na zona saudável ou ajudá-lo a voltar para lá novamente.

O PODER DA CONEXÃO SEGURA

Além de nossos relacionamentos primários, também precisamos de conexão. Na verdade, a conexão tem sido associada a muitos benefícios à saúde. Um estudo realizado em instituições para idosos descobriu que aqueles que tinham uma planta para cuidar apresentavam melhores desfechos de saúde do que aqueles que não cuidavam de nada. Vários estudos analisaram o que torna a psicoterapia eficaz e descobriram que a aliança terapêutica entre o terapeuta e o paciente é um preditor consistente de desfechos positivos no tratamento. Pacientes que tinham um ente querido segurando sua mão durante um procedimento doloroso sentiam menos dor. O que mais precisamos, especialmente quando estamos em dificuldades, é de outra pessoa.

Quando temos bons relacionamentos, temos melhores desfechos, e os eventos dolorosos de nossas vidas são mais toleráveis. Há uma razão pela qual temos rituais que nos unem quando perdemos um ente querido, por exemplo. Quando a comunidade considera a perda e apoia as pessoas que a sofrem, o fardo é partilhado. É como aquela velha história didática sobre a mulher que perdeu o filho e procurou conselhos sobre como trazê-lo de volta à vida. Primeiro, ela foi instruída a pedir um grão de mostarda a cada pessoa da comunidade. Enquanto ela ia de porta em porta recolhendo as sementes, as pessoas perguntavam por que ela precisava das sementes e ela explicava sobre seu filho. Então as pessoas compartilhavam com ela suas próprias histórias de perda. Depois de ouvir muitas histórias sobre perdas, essa mãe começou a entender que a perda fazia parte da vida e que ela, assim como eles, poderia sobreviver a isso. Semelhantemente, quanto mais conectados estivermos, maior será a rede que nos sustenta.

Lembro-me de quando estava em trabalho de parto do meu primeiro filho e o processo não estava evoluindo. Chegou um momento em que minha mãe olhou gentilmente em meus olhos e me disse: "Eu gostaria de poder ter este bebê por você". E ela falou de coração. Ela desejou poder me poupar da dor suportando-a sozinha. Foi uma das coisas mais gentis que alguém já me falou. É claro que isso não mudou o curso do meu trabalho de parto, mas tornou-o mais suportável. Outra vez, tive vários problemas de saúde ao mesmo tempo e não entendia o que estava acontecendo com meu corpo jovem e saudável. Não tínhamos um diagnóstico, mas meu médico, um homem paternal, deu um tapinha gentil em minha mão e me tranquilizou: "Não sabemos o que é, mas vamos descobrir". Tudo em mim relaxou quando me senti vista, cuidada e segura sabendo que ele estava no meu time e me ajudaria.

Havia uma qualidade específica nesses relacionamentos: a compaixão. A compaixão percebe quando nós ou outra pessoa está sofrendo, abre-se a isso, reconhece que isso faz parte de nossa condição humana compartilhada mais ampla, abraça a pessoa que sofre e oferece gentileza.

COMPAIXÃO: CONEXÃO GENTIL EM MOMENTOS DIFÍCEIS

A compaixão não desvia o olhar; pelo contrário, volta-se para o sofrimento, oferece uma presença gentil e conectada. Não se trata de resolver o problema ou fazê-lo desaparecer — embora certamente haja momentos para isso. Trata-se de acompanhar quem está na jornada. Uma das minhas poetisas favoritas, Naomi Shihab Nye, descreve maravilhosamente a compaixão em seu poema "Gentileza", escrito a partir da sua própria experiência viajando à noite de ônibus, em lua de mel, quando o veículo foi atacado por bandidos. Depois que tudo foi dito e feito, ela se viu na praça da cidade, dependendo da gentileza de estranhos.

> A compaixão se volta para o sofrimento; ela não desvia o olhar.

> **Gentileza**
> Antes de saber o que é realmente a gentileza,
> você precisa perder coisas,
> sentir o futuro dissolver-se em um piscar de olhos

como o sal em uma sopa rala.
O que você segurou na mão,
o que contou e guardou com cuidado,
tudo isso precisa lhe ser tirado para que você saiba
o quão desolada pode ser a paisagem
entre as regiões da gentileza.
Porque você anda e anda
achando que o ônibus nunca vai parar,
que os passageiros que comem milho e frango
vão ficar para sempre olhando pela janela.

Antes de descobrir a tenra importância da gentileza,
Você precisa passar por onde o índio de poncho branco
jaz morto à beira da estrada.
Você precisa se dar conta de que esse no chão poderia ser você,
e como ele também era alguém
que viajava pela noite com planos
e uma simples respiração o mantinha vivo.

Antes de conhecer a gentileza como a coisa mais profunda dentro de nós,
você precisa conhecer a tristeza como a segunda coisa mais profunda.
Precisa acordar com tristeza.
Precisa dialogar com ela até que sua voz
capte o fio de todas as tristezas
e você veja o tamanho do pano tecido por esses fios.

Então será apenas a gentileza a ainda fazer sentido,
apenas a gentileza que amarra seus sapatos
e o tira de casa para ir aos correios e comprar pão,
é apenas a gentileza que levanta a cabeça
no meio da multidão do mundo para dizer:
É a mim que você esteve procurando,
e então vai com você a todos os lugares
como uma sombra ou um amigo.

Como Nye observa em seu poema, "Antes de saber o que é realmente a gentileza, você precisa perder coisas". A compaixão não se afasta. Ela se abre, ela percebe, ela vivencia o sofrimento... a maneira como você pode estar vivenciando sentimentos dolorosos em relação ao seu relacionamento. É importante fazer algo mais além de apenas seguir em frente, nos entorpecendo ou amortecendo, mas nos permitir conhecer a verdade sobre nosso relacionamento, tanto as tristezas quanto os pontos fortes. E esse conhecimento efetivamente abre as portas para que a gentileza e a compaixão se tornem "a coisa mais profunda dentro de nós".

Quando você se abre para a verdade da experiência do seu relacionamento, o que você vê? Quais são os pontos fortes? E as tristezas?

Mais adiante, no poema, Nye escreve: "Você precisa passar por onde o índio de poncho branco jaz morto à beira da estrada". Nye aponta para outro aspecto específico da compaixão: a humanidade compartilhada. Precisamos considerar nossas experiências e as de nossos entes queridos, levando em consideração as experiências compartilhadas por sermos humanos. Ser humano significa que doenças, perdas, fracassos e até a morte são esperados de nós. Não há como fugir. Isso não significa que haja algo errado conosco ou com nosso ente querido quando temos essa dificuldade. Isso não faz de nós os únicos problemáticos — não mesmo, embora em nossas estratégias de defesa possamos querer reivindicar inocência para nós ao culparmos nosso parceiro ou nos criticarmos por não nos sentirmos amados. Isso também é humano. A verdade é que todos passamos por dificuldade e todos nos comportamos de maneiras inábeis quando estamos sofrendo, em maior ou menor grau. Quem disse que devemos ser perfeitos e nosso parceiro também? Que situação! Quando, com coragem, somos capazes de pensar "poderia ser eu", isso nos suaviza, nos conecta, nos ajuda a reconhecer que somos todos humanos, ninguém melhor ou pior. Estamos nisso juntos.

Você consegue ver a humanidade compartilhada em seu relacionamento? Consegue ver como seu parceiro também deseja ser amado, por mais imperfeito que seja? Até que ponto por trás desse comportamento que você não gosta está algum tipo de dor e sofrimento que seu parceiro encobriu com raiva ou ausência?

Aí a poetiza diz: "Então será apenas a gentileza a ainda fazer sentido... é apenas a gentileza que levanta a cabeça no meio da multidão do mundo para dizer [,] É a mim que você esteve procurando, e então vai com você a todos os lugares como uma sombra ou um amigo".

O resultado natural de nos abrirmos à dor sem afastá-la (quer negando-a, culpando os outros ou fingindo que isso não pode ter acontecido conosco) é a gentileza. A compaixão é simplesmente a gentileza que contém a dor.

Quando aprendemos a abraçar a nós e a nosso parceiro com compaixão, estamos realmente produzindo amor, tão certo quanto o alquimista transforma chumbo em ouro. Nós também podemos usar as inevitáveis dores da vida e dos

> O resultado natural de se abrir à dor sem afastá-la é a gentileza.

relacionamentos para produzir amor nestes. Esta é a alquimia da compaixão e o segredo dos bons relacionamentos. Quando compreendemos nosso poder de transmutar o sofrimento, desenvolvemos o hábito de nos voltarmos a nós e a nossos entes queridos em momentos de sofrimento, em vez de nos afastarmos. Os especialistas e pesquisadores em relacionamento John e Julie Gottman consideram esse hábito de voltar-se ao parceiro como um dos principais hábitos dos relacionamentos saudáveis. A compaixão, para com os outros *e* para conosco, muda a qualidade de nossos relacionamentos. Em um estudo, pessoas que foram capazes de demonstrar compaixão consigo mesmas (chamada aqui de *autocompaixão*) foram descritas por seus parceiros como tendo maior conexão emocional, sendo mais aceitadoras e "apoiadoras da autonomia", e como sendo menos distantes, menos controladoras e menos agressivas verbal ou fisicamente do que aquelas sem autocompaixão. A autocompaixão também foi associada a uma maior satisfação no relacionamento e no apego seguro. Quando podemos confiar um no outro, mesmo em momentos difíceis, nossos relacionamentos passam a ser caracterizados por um "apego mais seguro"; e essa segurança emocional é a base para a saúde física e emocional pessoal e para um relacionamento feliz. John Gottman ensina que ser amigo do parceiro é o verdadeiro segredo para um relacionamento feliz.

ALÉM DO CASAL: OS BENEFÍCIOS DE UMA BOA CONEXÃO NO RELACIONAMENTO SE DISSEMINAM

E essa conexão saudável se dissemina. Crianças de famílias cujos pais têm um apego seguro crescem em um ambiente mais saudável e têm maior probabilidade de ter um apego mais seguro com seus cuidadores. Sue Johnson, fundadora da terapia focada nas emoções, escreve: "Quando um casal está unido por um vínculo forte e seguro, isso faz mais do que melhorar a conexão entre eles. O círculo de resposta afetuosa se amplia como as ondulações causadas por uma pedra jogada em um lago. Estar em um relacionamento afetuoso aumenta nosso carinho e nossa compaixão pelo próximo, pela nossa família e pela comunidade".

A conexão saudável em nosso relacionamento principal vai além da nossa família e abrange um círculo social mais amplo, pois nossa presença tem impacto positivo em nossas amizades e forma para nós uma base que vai além do nosso relacionamento principal. Nossa rede torna-se mais ampla e profunda e tornamo-nos mais corajosos e dispostos a correr riscos. Podemos lançar a rede em águas mais profundas e correr o risco de viver uma vida plena e significativa, independentemente do que isso signifique para cada um de nós.

Assim, isso também se aplica à vida profissional. Percebendo a base segura de um relacionamento saudável, podemos sair pelo mundo e nos arriscar. Podemos buscar esse objetivo profissional, confiando que se e quando falharmos (lembre-se, o fracasso faz parte da vida!), teremos uma rede sólida de compaixão à qual recorrer. Penso nisso como aquela rede sob os acrobatas em um circo. Pode-se correr o risco de voar alto quando se sabe que há um lugar seguro para pousar caso necessário.

O hábito da compaixão também se aplica ao local de trabalho. O "Projeto Aristóteles" do Google descobriu que a "segurança psicológica" era, de longe, a dinâmica-chave mais importante em equipes eficazes. A compaixão promove exatamente essa segurança psicológica. Quando estamos conectados de maneira confiável a outras pessoas, nosso impacto no mundo aumenta exponencialmente. Além de afetar o local de trabalho, a compaixão em nosso relacionamento principal estabelece a base para uma sociedade mais compassiva.

A compaixão como valor e hábito na vida muda todas as nossas relações, inclusive o modo como experimentamos a vida. Ter compaixão no relacionamento principal repercute no restante da vida. Um relacionamento compassivo funciona como o leme de um navio, conservando-nos firmes por nos manter em contato com o que é profundamente significativo, ao mesmo tempo em que nos orienta na direção certa. Oferece-nos força e vulnerabilidade.

> A compaixão como valor e hábito muda o modo como experimentamos a vida.

COMPAIXÃO: FORTE E SUAVE

Às vezes, as pessoas ficam desanimadas com a compaixão, pois acreditam que ela é meiga e sensível. Acham que isso as tornará fracas, preguiçosas e "capachos". Este é um equívoco comum. A verdadeira compaixão tem a força necessária para fazer escolhas difíceis, estabelecer limites, enfrentar o mal, agir. Essa força torna seguro ser vulnerável, abrir-se à dor, senti-la, pedir ajuda, confortar, acalmar e nutrir. Tem, como aponta a instrutora de meditação Joan Halifax, costas fortes e frente suave. As costas fortes, assim como a coluna vertebral, dão força para ficarmos eretos, para nos endireitarmos quando uma dificuldade nos derruba, ajudando-nos a defender o que valorizamos. Mas isso também requer uma frente suave. Sem essa suavidade, a força torna-se frágil e os ventos fortes podem nos quebrar. É o espaço nas vértebras que possibilita que a coluna se dobre em vez de quebrar. E sem uma frente suave não somos capazes de tolerar a vulnerabilidade de nos abrirmos aos sentimentos — por isso mantemos a nós e a nossos entes queridos à distância quando se trata de conhecer verdadeiramente nossos sentimentos, e nos isolamos de nós mesmos e de nosso parceiro.

Assim como costas fortes exigem uma frente suave, a frente suave também precisa de costas fortes. Sem conhecer nossa força e capacidade de enfrentar o mal, de estabelecer limites e de fazer escolhas difíceis, podemos sentir-nos dominados por nossas emoções, completamente sobrecarregados, incapazes de agir ou, até mesmo, de funcionar.

A compaixão tem dois lados, duas faces, as quais precisam uma da outra. Juntas, as costas fortes e a frente suave nos levam a uma vida sincera, do mesmo modo que a compaixão entre casal nos dá a vulnerabilidade corajosa para desenvolver uma vida mais sincera. Totalmente nós mesmos.

Relacionamentos saudáveis precisam tanto de costas fortes quanto de uma frente suave. Qual dos dois você precisa cultivar mais para viver plenamente?

Experimente

Encontrando força e suavidade

Áudio 1 (disponível em inglês)

Reserve agora um momento para sentir seu corpo:

- Comece sentando-se em uma posição confortável. Permita que seus olhos se fechem se isso for confortável para você. Sinta o apoio da cadeira ou do chão sob seu corpo.
- Sabendo que está apoiado, permita-se descansar nesse apoio, encontrando uma postura que equilibre o estado de alerta com o relaxamento, liberando qualquer tensão desnecessária.
- Atente para suas costas fortes. Sinta como elas o apoiam e o mantêm em pé. Mesmo que você tenha problemas ou dores nas costas, elas ainda estão lá, mantendo-o, apoiando-o.
- Permita-se sentir sua própria força interna. Se parecer certo, você pode dizer a si mesmo: "Sim, sinto minha própria força". Leve o tempo que precisar.
- Agora preste atenção em sua frente suave. Sinta como o tórax e o abdome se expandem e se contraem suavemente com o movimento da respiração. É esta frente suave que nos possibilita ser vulneráveis, conhecer nossos sentimentos e ser impactados pelos sentimentos e ações dos outros. A frente suave nos possibilita conhecer o mundo interior e exterior, o modo como nossa respiração nos relaciona com o mundo, absorvendo o que necessitamos e liberando o que as árvores necessitam.
- Sinta a suavidade, a abertura e a vulnerabilidade da frente. Saiba que atrás dessa frente suave há costas fortes. Leve o tempo que precisar.
- Se quiser, sinta a relação entre as costas fortes e a frente suave. Observe como o coração repousa no espaço entre as costas fortes e a frente suave. Sentindo a força das costas, que quantidade de suavidade no ventre parece adequada agora? Sentindo a frente suave, que quantidade de força nas costas dá suporte?
- Reserve um momento para brincar com a relação entre os dois, sabendo que você já tem capacidade para ter ambos. Eles estão em equilíbrio? Existe um fluxo fácil entre os dois ou você acha um dominante e o outro menos familiar?
- Reserve um momento para perceber qual você gostaria de conhecer melhor. Você pode definir a intenção de notar mais as costas fortes ou a frente suave ao longo do dia.
- Reserve um momento para perceber sua totalidade. Você tem força e vulnerabilidade. Agradeça a si mesmo por existir e perceber.

CONEXÕES SEGURAS: DA SOBREVIVÊNCIA À PROSPERIDADE

A força e a vulnerabilidade são a base para a capacidade de ser cooperativo. Elizabeth Pennisi é escritora da revista *Science*, com formação em Biologia e redação científica. Ela aponta que o conceito de "sobrevivência do mais apto" frequentemente é creditado a Charles Darwin, por seu inovador livro *A origem das espécies*; sua teoria evoluiu para "a sobrevivência do mais cooperativo" na época em que escreveu *A descendência do homem*. Pennisi escreve: "A capacidade de trabalhar em grupo deu aos nossos primeiros antepassados mais comida, melhor proteção e melhores cuidados infantis, o que por sua vez proporcionou sucesso reprodutivo". E o mesmo ocorre nos relacionamentos — sobrevivem os mais cooperativos. Quando trabalhamos juntos em prol de objetivos comuns, temos uma probabilidade muito maior de alcançá-los. Quando nos sentimos seguros, é mais provável que estejamos abertos à conexão e à cooperação. A compaixão é exatamente o que proporciona essa segurança. Ter uma conexão compassiva indica que quando estivermos mais vulneráveis, não estaremos sozinhos. Alguém nos verá, se preocupará conosco e atenderá às nossas necessidades. Temos maior probabilidade de sobreviver — para além de sobreviver, temos maior probabilidade de prosperar.

> Ter uma conexão compassiva indica que não estaremos sozinhos quando estivermos mais vulneráveis — temos maior probabilidade de sobreviver e, inclusive, de prosperar.

Este livro é um guia prático para cultivar a compaixão nos relacionamentos. Ter conexões saudáveis nos torna mais resilientes e isso nos ajuda a ter coragem de sair pelo mundo e realizar nossos sonhos. Uma boa conexão não é algo que se possa possuir; ela nos capacita a nos tornarmos mais plenamente nós mesmos. Exploraremos e desenvolveremos a capacidade de sermos fortes e vulneráveis em nossos relacionamentos, a fim de nos permitirmos ser vistos — verdadeira e profundamente — e amados. E ver e amar nosso parceiro, verdadeira e profundamente. Podemos amar uns aos outros ao longo das dez mil alegrias e dez mil tristezas da vida.

2

"Por que você não pode estar aqui por mim?"

Compreendendo o que atrapalha

Não é o estresse que nos mata, é nossa reação a ele.
— Hans Selye

Há algum tempo, quando meus filhos eram pequenos, eu estava no carro com uma de minhas amigas, Valerie. Ela estava em uma situação muito difícil. Seu marido tinha um problema de dependência tão grave que acabou saindo de casa, foi completamente dominado pelo vício e faleceu. Naquele momento, ele ainda morava na casa deles, mas seu vício estava causando estragos na família. Passamos de carro por algumas casas muito chiques, situadas em bairros requintados. Diminuímos a velocidade para perscrutá-las. Estava escuro e o interior das casas estava iluminado, com seu paisagismo maravilhosamente brilhante. Eu me vi imaginando quem moraria lá quando ouvi Valerie dizer: "Essas pessoas são tão felizes". "Como você sabe disso?" Perguntei. "Basta olhar para essas casas magníficas", disse ela. Eu ri e acrescentei: "Tudo bem, já que estamos inventando histórias, aquela casa ali tem uma mulher que bebe demais, e nesta aqui eles maltratam os filhos, e o pessoal daquela outra ali está endividado até o pescoço e não consegue dormir à noite". É da natureza humana supor que quando as condições melhorarem, seremos felizes. Mas a felicidade não funciona assim. Podemos estar rodeados daquilo que nossa sociedade e nós mesmos consideramos como bênçãos e, ainda assim, estar infelizes.

A verdade é que a vida tem estressores inevitáveis. Embora uma certa quantidade de riqueza e privilégios possa proteger as pessoas de alguns — ou *muitos*! — fatores de estresse, não há riqueza que as proteja de ficarem estressadas. Na verdade, o estresse e a capacidade de responder a ele estão embutidos em nossa fisiologia, sendo realmente importantes para a sobrevivência. Nossos ancestrais que estavam desatentos e sem nenhuma preocupação no mundo foram os devorados quando o predador chegou. O estresse tem um aspecto protetor; ele nos alerta do perigo e nos dá a energia para adotar atitudes que aumentam a probabilidade de sobrevivência física, como lutar e fugir. Portanto, a resposta ao estresse é necessária em algumas condições — principalmente quando há risco à vida. Por essa razão, sempre que nos sentimos inseguros, este sistema de reatividade torna-se o sistema dominante. O problema é que, no mundo moderno, o que nos faz sentir inseguros em geral é uma ameaça ao senso de identidade, ao senso emocional de segurança ou ao senso de estarmos seguros no relacionamento com o próximo, em vez de uma ameaça real à vida. Quando uma resposta ao estresse é ativada em nossos relacionamentos, tendemos a reagir de maneiras que criam menos segurança e mais danos, em vez de mais segurança. Apesar dos danos que causam, isso é muito comum e humano.

John e Roberta são um exemplo disso. Casados há mais de 30 anos, eles tiveram duas filhas que estavam bem, que tinham verdadeiramente "decolado" e eram prósperas. John era um médico cuja longa e gratificante carreira lhes proporcionou uma bela casa, férias relaxantes e uma aposentadoria bem tranquila. Roberta era jornalista antes de ter as crianças e depois pôde ficar em casa e criá-las. De muitas maneiras, pode-se dizer que eles tinham uma vida abençoada. Então por que estavam em meu consultório fazendo terapia de casal? Desde a recente aposentadoria de John, eles se viram oscilando entre um distanciamento frio e algumas brigas realmente feias, nas quais cada um deixava claro que sua infelicidade era resultado diretamente do outro. E ambos estavam desesperados para que eu consertasse... seu parceiro.

Longe de se sentirem abençoados pelo sucesso material e pelas duas filhas, eles estavam é muito estressados. John sentiu o afastamento da esposa e sabia que ela estava infeliz com ele. O marido se sentia um fracasso e não estava acostumado a falhar, especialmente em algo tão importante como fazer a mulher feliz. John também se sentia ressentido. Ele não tinha sido um bom provedor? Roberta não tinha conseguido ficar em casa com as filhas e podia comprar o que quisesse? Como ela ousava fazê-lo se sentir um fracasso? Ele odiava se sentir assim. Claro, ele tentou algumas vezes dar à esposa o que ela queria, mas todas as vezes isso o deixava se sentindo pior do que antes. Parecia que, aos olhos dela, ele nunca conseguiria acertar, então John tendia a manter distância. O trabalho o ocupava bastante, e ele passava os sábados jogando golfe. Mas, após se aposentar, precisava encontrar novas maneiras de se ocupar. Na maior parte do tempo, o médico se sentia profundamente solitário e estava muito zangado com Roberta por "fazê-lo se sentir assim". Eles deveriam estar desfrutando de uma vida sexual ótima e tirando longas férias juntos, pensou ele. Então, quando a esposa criticou a maneira como ele colocou as louças na máquina, isso foi "a palha que quebrou as costas do camelo", como diz o provérbio. John explodiu de raiva e vociferou à Roberta que era impossível conviver com ela, que ele nunca seria capaz de atender às suas exigências e que ela nunca lhe dava o que ele precisava.

Roberta, por sua vez, já se sentia um fracasso. Ela pensava: por qual outro motivo ele não a via nem a amava? A solidão não era novidade para ela. Certa vez, sua terapeuta lhe disse que a considerava uma mãe solteira. Enquanto Roberta criava as meninas, estava quase sempre sozinha. Sim, John lhes fornecia tudo do que precisavam no sentido material, mas estava sempre trabalhando quando ela realmente precisava dele. Mesmo quando não estava trabalhando, estava jogando golfe aos sábados ou assistindo programas esportivos na televisão aos domingos. Ela tentou conversar com ele algumas vezes sobre como se sentia solitária e como era difícil criar as meninas sozinha, mas John apenas lhe dizia que estava fazendo sua parte sustentando a família. Ele achou que ela talvez estivesse precisando de um *hobby* — que tal tênis? Quando Roberta continuou se queixando, ele disse que ela talvez precisasse de um antidepressivo. No final, ela acabou se sentindo ainda mais solitária e quebrada. Como sentia que não podia encontrar apoio emocional nele, suas conversas com o marido centravam-se nos detalhes práticos de criar a família e cuidar de um lar. Muitas vezes, ela expressava sua frustração dizendo que ele não estava fazendo as coisas corretamente.

À sua maneira, ela também se tornou menos disponível emocionalmente e menos vulnerável a ele. Hoje em dia, ser vulnerável parecia apenas levar à dor. Roberta quase nunca se permitia pensar em quanto queria que ele a notasse e, com algum grande gesto romântico, a surpreendesse. Ela esperou por todos esses anos até que ele se aposentasse. O trabalho, sempre a prioridade, às vezes parecia quase uma amante com quem ela não conseguia competir. Roberta dizia a si mesma que quando ele se aposentasse, ela finalmente teria sua atenção; e agora o marido parecia evitá-la. Ela se culpava por ter se conformado por tanto tempo com alguém que não parecia valorizá-la, e se perguntava se precisaria deixá-lo para ter a chance de encontrar outra pessoa e, por fim, se sentir amada. De vez em quando, depois de algumas taças de vinho, ela dizia que ele estava falhando com ela e que "havia arruinado sua vida". Roberta até lhe contou que se perguntava se seria sensato continuar casada.

Na noite em que ela lhe disse que os pratos precisavam ser enxaguados antes de serem colocados na lava-louça, tudo transbordou. Roberta não pretendia ser crítica, mas talvez houvesse um tom de frustração em sua voz. Quando, nas outras cinquenta vezes, ela tinha dito a ele que queria que a louça fosse enxaguada primeiro, isso tinha mais a ver com não se sentir vista nem valorizada. Sobre colocar a louça na máquina, ela estava longe de o ver como incompetente. A esposa sabia que ele *poderia* fazê-lo corretamente, mas o ponto é que achava que o marido não *se importaria o suficiente com ela* para fazer do jeito que ela preferia. Afinal, este tinha sido o seu domínio todos esses anos. Roberta se sentia grata pela ajuda, mas na verdade não parecia uma ajuda se ela precisasse tirar a louça e enxaguá-la depois que John a tivesse colocado na máquina. Ela estava realmente pedindo o mínimo, pensou ela. Tendo desistido de querer alguém de quem pudesse se sentir próxima, estava se contentando em receber um pouco de ajuda com as tarefas domésticas.

John não conseguia acreditar no que ouvia. Naquela manhã, ele acordou novamente com aquela sensação de depressão e solidão. Queria muito estar perto de Roberta, mas quando estendeu a mão para abraçá-la, ela já havia saído da cama e se vestido. Ele pensou que talvez, apenas talvez, se hoje prestasse mais atenção em fazer as vontades dela, a esposa seria um pouco mais afetuosa com ele. John dobrou as roupas na lavanderia e preparou o jantar para a esposa sem que ela percebesse. Então, quando ela argumentou que ele não estava colocando a louça na máquina corretamente, John simplesmente perdeu o controle — sua sensação foi que ela lhe disse que não valia a pena amá-lo porque ele não colocou as louças na máquina *do jeito dela*, que ele era apenas um perdedor e esta era a prova, e que a esposa nunca o consideraria bom o suficiente e nunca ia querer se aproximar dele. Então ele lançou seu contra-ataque. Primeiro, argumentou que a *lava-louças* tinha sido feita para lavar a louça, de modo que era ridículo ela querer que ele lavasse a louça antes de colocá-la na máquina. Roberta se sentiu atacada, então respondeu na mesma moeda. Ela se perguntou, em voz alta, como o marido pode ter administrado um consultório médico sem nem saber como cuidar de si mesmo adequadamente, ferindo-o no único ponto em que ele sempre se sentiu competente. Em seguida, John revelou à esposa que ela estava falhando com ele e que achava que havia realmente algo errado com ela. Ele disse que a esposa era "um peixe frio" e "impossível de agradar", perguntando-se em voz alta como alguém poderia suportar ficar perto dela.

Agora profundamente ferida, Roberta saiu furiosa da cozinha e foi para a segurança do quarto deles. Depois de trancar a porta, ela mergulhou na cama e ficou ali chorando. Ela estava farta dele. John dormiu no sofá da sala naquela noite. De manhã, sentindo-se ainda pior e sabendo que o ataque a Roberta lhe custara a pouca proximidade que tinham, foi pedir desculpas. Ela disse que ele era horrível e, em um esforço para tornar as coisas seguras entre eles novamente, John concordou com tudo o que ela afirmou e pediu desculpas. Ambos se perguntaram como chegaram a esse ponto.

A história de John e Roberta é mais comum do que você imagina. A parte trágica é que ambos desejam ser vistos e amados pelo parceiro, mas ambos têm um escudo protetor que impede o parceiro de se aproximar com segurança. Para muitos de nós, esse escudo protetor inclui culpar o outro, retirar-se e apaziguar as coisas. Rick Hanson, psicólogo especializado em cultivar a felicidade por meio de mudanças positivas no cérebro, fala sobre nosso viés de negatividade. De acordo com Hanson, as pessoas tendem a "usar velcro para emoções negativas e *teflon* para emoções positivas". Ele observa que estamos programados para a sobrevivência, não para a felicidade. Estamos programados para examinar o ambiente em busca de ameaças! De acordo com Barbara Fredrickson, especialista em emoções positivas, quando encontramos uma ameaça, todo o nosso mundo se reduz a apenas esse problema. Esse sistema tem como objetivo nos ajudar a sobreviver. Fazer uma pausa para observar o lindo pôr do sol não ajuda muito quando há um tigre nos perseguindo. Em nossas vidas, contudo, a maioria dos problemas não envolve uma ameaça à vida, e a sobrevivência física não está em risco. A ameaça é contra a vida emocional, e o modo como reagimos muitas vezes piora a situação.

QUANDO O SISTEMA DE AMEAÇA/DEFESA ENTRA EM AÇÃO

O psicólogo Paul Gilbert, fundador da terapia focada na compaixão, observa que temos três sistemas de regulação do afeto — três modos principais de gerenciar nossas emoções. Um deles é o sistema de defesa-ameaça, aquele em que John e Roberta foram aprisionados. Você já deve estar familiarizado com esse sistema; sempre que há uma ameaça, é o sistema dominante no qual entramos automaticamente. É caracterizado pela reatividade, ou seja, não precisamos pensar em como responderemos; pelo contrário, na verdade *não conseguimos* pensar. A parte do encéfalo responsável por pensar e planejar (em outras palavras, responder em vez de reagir), que é chamada de *córtex pré-frontal*, na verdade, está desligada. Perdemos o acesso à parte do nosso encéfalo que nos ajudaria a raciocinar. Em vez disso, alimentado pela amígdala, nosso corpo recebe os hormônios adrenalina e cortisol enquanto se prepara para nos proteger por meio da luta, da fuga ou do congelamento. Sabemos que estamos neste sistema quando sentimos raiva, ansiedade ou repulsa.

Quando se trata de relacionamentos, muitas vezes a ameaça é contra si mesmo. Todos desejam se sentir e ser vistos como uma boa pessoa. Frequentemente, estamos lutando não um contra o outro, mas contra... a vergonha. Nosso parceiro pode estar dizendo que cometemos um erro, mas a sensação é que ele está dizendo que *somos* um erro. Como discutimos no Capítulo 1, por causa da importância dos relacionamentos, especialmente os principais, quando há uma perturbação nessa área, a *sensação* é de risco de vida. Então lançamos nossas estratégias de defesa, entramos no sistema de ameaça/defesa.

Vamos examinar mais atentamente como essas estratégias de proteção atuaram no caso de John e Roberta. Quando Roberta viu como John estava colocando as louças na máquina sem enxaguar, ela

> Nos relacionamentos, todos desejam se sentir e ser vistos como uma boa pessoa. Frequentemente, estamos lutando não um contra o outro, mas contra a vergonha.

se sentiu não vista, negligenciada e, até mesmo, insegura emocionalmente. O modo como as louças eram colocadas na máquina era importante para ela, e Roberta já havia pedido a ele muitas vezes que enxaguasse a louça primeiro. Quando ela viu que ele não estava fazendo isso, sentiu uma ameaça ao seu próprio bem-estar e ao relacionamento. Como ela poderia se conectar de maneira confiável se John não a via nem se importava com ela? Ela sentiu a dor da desconexão e seu sistema de ameaça/defesa foi ativado. Portanto, embora as palavras que ela usou com John fossem perfeitamente gentis, o tom usado revelou sua irritação. Ela não estava criticando John; em vez disso, estava *protestando contra a desconexão*. Ela estava em modo luta.

O modo luta

John sentiu a irritação por trás das palavras de Roberta. Sentiu também a "energia de luta"; contudo, sem entender o que a ocasionou, interpretou isso como uma ameaça à sua autoestima e ao relacionamento. Ele presumiu que ela devia estar pensando que ele não era capaz de fazer nada certo e que achava que não valia a pena se conectar com ele. Caramba, isso também foi doloroso! Analise o sistema de ameaça/defesa de John. Ele ficou furioso e atacou Roberta, dizendo que era "impossível agradá-la" e que ela parecia um "peixe frio". Culpá-la também era um sinal de que ele estava em modo luta. Por trás daquela raiva e culpa, o que realmente estava acontecendo era que ele se sentia incompetente como marido e incapaz de agradá-la. John estava desesperado para que Roberta gostasse dele, para que pudesse sentir que tinha algum valor. Afinal, ele não tinha mais a única área em que se sentia competente — o trabalho. Então, quando atacou Roberta e a culpou por seus sentimentos, ele estava apenas tentando proteger sua autoimagem de uma pessoa boa e digna de amor. Estava tentando afastar a vergonha de se sentir uma pessoa má por decepcioná-la. Na verdade, não se tratava de Roberta em si; ela apenas foi quem acionou o botão. Da mesma maneira, quando ela reclamou que ele não estava colocando as louças na máquina corretamente, ela não estava se referindo à competência de John. Na verdade, isso tinha a ver com seu desejo de se sentir vista, ouvida, valorizada e amada. Ambos cometeram o erro de achar que o comportamento do parceiro tinha a ver com eles, e ambos reagiram à ameaça de uma maneira que criou uma espiral negativa descendente no relacionamento.

O modo fuga

Quando John atacou Roberta, o que ele disse a feriu profundamente. Instintivamente, ela entendeu que se continuasse ali e lutasse com John, seria ferida ainda mais e não ia dar conta. Então, acionou o modo fuga: saiu furiosa e buscou segurança em seu quarto. A retirada é outra estratégia de autoproteção. Ocasionalmente, fazemos isso para nos proteger e, às vezes, para proteger o relacionamento. Sabemos que continuar brigando prejudica o relacionamento, por isso optamos por nos afastar em um esforço para protegê-lo. Esta pode ser uma estratégia importante que possibilita que o sistema de ameaça/defesa seja ativado; mas, quando é utilizada de um modo que soa como abandono para a outra pessoa, acrescenta lenha à fogueira e atiça ainda mais o sistema de ameaça/defesa. A outra pessoa passa a se sentir desesperada para se conectar, como John se sentiu, trancado para fora do quarto e incapaz de se conectar com Roberta.

> Ocasionalmente, nós nos retiramos para nos proteger e, às vezes, para proteger o relacionamento.

O modo congelamento

O sistema de ameaça/defesa de John estava em alerta vermelho. Parecia uma espiral mortal. Como ele não conseguiu sair da situação lutando ou fugindo, foi acionado o último modo do sistema de ameaça/defesa — o apaziguamento. Em um esforço para preservar a conexão com Roberta, ele decidiu agradá-la. Bem, não exatamente agradá-la, mas sim acalmá-la. Se pudesse acabar com a sensação de ameaça que ela estava sentindo, então talvez eles pudessem se conectar novamente. Este não foi um processo pensado; tinha mais a ver com a reatividade do sistema de ameaça/defesa. John se viu concordando com tudo o que ela disse e se desculpando. Se concordasse com a esposa em relação a tudo, ela se acalmaria. O problema era que ele, na verdade, não concordava com tudo o que ela dizia. Por exemplo, o marido não concordava que a louça precisava ser enxaguada primeiro. John achava que sabia mais sobre isso do que Roberta, e foi por isso que não cumpriu suas promessas prévias de enxaguar a louça antes. Na verdade, ele mal se lembrava dessas conversas, pois não estava realmente prestando atenção quando elas ocorreram. O que aconteceu foi que ele não decidiu simplesmente dar as caras, com vulnerabilidade e tudo, correr o risco de se sentir ainda pior antes de eles por fim conseguirem se entender. John também não concordava com a avaliação de Roberta de que ele não se importava com ela. Na verdade, ela era a pessoa mais importante do mundo para ele. Mas, para acalmá-la, ele pediu desculpas por não se importar o suficiente com ela. Desse modo, sem querer confirmou para a esposa o que ela achava sobre não ser importante nem amada por ele. Roberta percebeu que esse pedido de desculpas tinha como objetivo deixá-la mais calma, em vez de realmente abordar a dor que estava sentindo, o que apenas aumentou sua sensação de não ser vista e não ser amada.

Você consegue ver a fisiologia do sistema de ameaça/defesa atuando aqui? Este sistema é caracterizado por luta/fuga/congelamento e é ativado quando nos sentimos ameaçados. Portanto, seu objetivo principal é buscar proteção e segurança. Queremos estar seguros. É nosso instinto de sobrevivência em jogo aqui. Pense nisso por um momento: se você estivesse em um campo de batalha, haveria três estratégias principais que poderia utilizar. Primeiro, você poderia lutar e derrotar seu oponente — isso o protegeria da ameaça. Uma segunda estratégia seria fugir; se você pudesse correr mais que seu oponente, também poderia se proteger e ficar em segurança. Se nenhuma dessas estratégias parecesse possível, então, como último recurso, você poderia congelar, fingir-se de morto — você não soaria mais como uma ameaça ao oponente, e ele poderia seguir em frente e deixá-lo, o que também poderia restaurar sua segurança. O sistema de ameaça/defesa salva vidas; se você estiver em um campo de batalha, este é *o* sistema de que precisa. Portanto, não é um sistema ruim; no entanto, não funciona tão bem quando o usamos para lidar com nosso parceiro.

EXPLORAR SEU PRÓPRIO ESTILO

Como John e Roberta, muitos casais frequentemente se encontram no sistema de ameaça/defesa. A sua situação pode não ser exatamente igual à deles, já que todos temos nossos mecanismos de defesa preferidos. Alguns relacionamentos são caracterizados por lutas explosivas, como o de John e Roberta, enquanto outros são caracterizadas por algo que meu colega Chris Germer chama de "inferno gelado" — muito distanciamento e pouco calor. Neste caso, os dois lados estão retraídos. Outras situações podem ser caracterizadas por simpatia e cordialidade superficiais, mas com ausência de uma conexão verdadeira, o que gera a sensação de profunda solidão e confusão, uma vez que a relação parece calorosa na superfície. Esses relacionamentos são caracterizados pelo apaziguamento, um esforço para se preservar sem agitar a situação. Quando nos escondemos um do outro, não nos sentimos vistos e amados.

> Esconder-nos um do outro impede que nos sintamos vistos e amados.

Quando o sistema de ameaça/defesa está ativo em nossos relacionamentos, podemos utilizar alguns destes comportamentos:

Lutar: criticar, argumentar, negar, defender, franzir a testa, revirar os olhos, culpar.

Fugir: sair furioso da sala, fingir que não ouviu, retirar-se.

Congelar: pedir desculpas profusamente, concordar com tudo o que o parceiro diz, aplacar.

Em geral, todos desenvolvemos uma estratégia principal a ser utilizada pelo sistema de ameaça/defesa, com base em nossas experiências pregressas. Podemos estar dispostos a lutar se acharmos que podemos vencer. Se não pensarmos assim, ou se acharmos que seria demasiadamente prejudicial, podemos tentar nos retirar. Se nenhuma dessas opções parece possível, o congelamento se tornará nossa estratégia padrão. Na verdade, esta estratégia é caracterizada pela rendição decorrente da incapacidade de fazer qualquer outra coisa. O corpo está em alerta vermelho e imobilizado. Isso se torna o habitual; assim, o modo como nos comportamos tende a se basear em nossos comportamentos e experiências pregressas. Sim, também existem influências situacionais. Quando nossos padrões principais não estão disponíveis, muitas vezes recorremos a outras estratégias.

Como essas estratégias são habituais e provavelmente se tornaram automáticas, é útil conhecer cada um desses estados, para que você tenha mais chances de reconhecer quando está em um deles. Quando estão no sistema de ameaça/defesa, as pessoas podem se sentir conforme descrito a seguir. Você pode se sentir diferente. O objetivo é familiarizar-se com seus próprios sinais de que está no sistema de ameaça/defesa.

Luta: rosto quente, coração acelerado, músculos tensos, voz elevada.

Fuga: impaciente, energia nas pernas, incapaz de ouvir, retraído.

Congelamento: pisando em ovos, prendendo a respiração, confuso, rendendo-se.

Experimente

Descobrindo suas estratégias de sobrevivência

Áudio 2 (disponível em inglês)

Reserve um momento para pensar em uma ocasião de desentendimento com seu parceiro.

Lembre-se, se puder, de como o problema começou. Em seguida, repita a situação em sua mente, passo a passo, como se estivesse reproduzindo um vídeo do incidente em câmera lenta.

Use o botão de pausa para se lembrar dos seus sentimentos no momento e identificar quais estratégias você utilizou.

Cada uma dessas estratégias de defesa tem uma sensação específica.

Você pode fazer uma pausa por um momento e ver o que acontece em seu corpo ao se lembrar do momento em que estava em cada um desses estados. Observe como é a sensação em *seu corpo* quando você está no modo luta, fuga ou congelamento. Isso o ajudará a reconhecer quando estiver em cada modo no futuro.

Veja agora se você consegue analisar detalhadamente as estratégias de defesa e perceber qual sentimento mais suave e vulnerável está subjacente a elas. Do que você estava *realmente* tentando se proteger? Você estava lutando para não se sentir uma pessoa má (vergonha)? Sentindo-se desagradável? Sentindo-se solitária? Sentindo-se não vista? Veja como se sentia. Este é um sentimento familiar?

Agora imagine que um amigo seu estava se sentindo assim. O que você diria a ele?

Tente oferecer a si mesmo as mesmas palavras. Talvez algo como "Estou aqui para ajudá-lo" ou "Estou te vendo" ou "Você é importante para mim e estarei ao seu lado". Veja o que isso significa para você e ofereça a si mesmo sua própria gentileza.

Se for capaz, poderá também receber suas próprias palavras gentis. Receba-as.

Como você se sente agora? Você pode fazer uma anotação para si mesmo sobre:

- quais estratégias utilizou;

- qual foi a sensação em seu corpo em cada estratégia;
- do que essa estratégia o estava protegendo (o sentimento mais suave subjacente);
- do que você precisava (do que suas palavras o lembraram que foi útil).

Você pode usar essas notas para ajudá-lo a ter mais consciência do que realmente precisa quando estiver no modo de ameaça/defesa.

Você percebeu que por trás da estratégia de defesa havia dor? Você é capaz de identificar a pessoa ferida lá? Por trás de suas estratégias de proteção, há uma pessoa que está sofrendo. Em todo momento, quando nosso sofrimento excede nossos recursos, o resultado provável é um comportamento indesejável ou inábil. É a natureza humana! Isso não nos torna maus, embora nossas ações possam realmente prejudicar os outros, e sim humanos. Todos nós nos comportamos de maneiras que às vezes são prejudiciais, o que pode não nos tornar maus, mas produz danos. Vamos explorar isso mais profundamente agora.

Experimente
Como suas estratégias de sobrevivência afetam seu parceiro

Áudio 2 (disponível em inglês)

Imagine que você estava do outro lado do comportamento de defesa identificado no exercício anterior. Seu parceiro o culpou, saiu de perto ou lhe pediu desculpas vazias, por exemplo. Veja se você consegue sentir como seria ser alvo desse comportamento.

- O que você sente?
- Qual é a sensação em seu corpo?
- Você quer se aproximar do seu parceiro?
- Você está disposto a ser vulnerável?

Você consegue ver o dano que o comportamento de defesa causa ao seu parceiro e ao relacionamento? Você consegue ver como isso atrapalha a conquista do tipo de relacionamento que você deseja? Novamente, é útil lembrar que estamos programados dessa maneira. Esses são comportamentos comuns e você não é o único a passar por isso! Estamos programados para a sobrevivência, não para a felicidade. A menos que sua vida esteja em perigo, o que infelizmente às vezes acontece, este não é o melhor sistema a ser usado quando você tiver um conflito com seu parceiro. Também salientei que é automático, então qual é a esperança que se pode ter?

A resposta é que este sistema entra em ação quando nos sentimos ameaçados e foi concebido para restaurar a segurança. Quando se trata de ameaças relacionais, existem maneiras muito melhores de restaurar a segurança.

> Quando nosso sofrimento excede nossos recursos, o resultado provavelmente será um comportamento ruim ou inábil.

Assim, temos a responsabilidade, para conosco e para com nossos entes queridos, de desenvolver competências que aprimorem nossos recursos, para que possamos criar condições de segurança em nossos relacionamentos e desenvolver relações mais saudáveis e gentis. Tais condições são caracterizadas por uma presença segura e conectada, como exploraremos mais à medida que o livro se desenrola.

NOSSO PARCEIRO TAMBÉM É HUMANO

Enquanto analisamos como um comportamento ruim ou inábil tem suas raízes na dor e no sentimento de ameaça, temos a oportunidade de ver que ele se aplica a nosso parceiro. Quando essa pessoa se comporta de maneira inábil e nos fere, precisamos ter em mente que seu comportamento é, na verdade, um reflexo *dele*. Bem diferente de dizer que é porque ele é mau, queremos, na verdade, dizer que ele está em sofrimento no momento. Isso não significa que devamos tolerar o mau comportamento. Na verdade, todos temos também a responsabilidade de não tolerar danos, o que pode significar estabelecer um limite rígido para ele. (Se o comportamento do seu parceiro *ameaça* sua vida, o sistema de ameaça/defesa pode ser uma escolha melhor; nos Estados Unidos, o telefone da Linha Direta Nacional Contra a Violência Doméstica é 800-799-7233*.)

---

* N. de T.: No Brasil, o telefone da Linha Direta Nacional Contra a Violência Doméstica é 180.

Como dissemos, isso não significa que você precise tolerar o mau comportamento do seu parceiro, mas que você comete um erro ao levá-lo para o lado pessoal. O comportamento não tinha necessariamente a ver com você, mesmo que seu parceiro diga isso. Na verdade, é um reflexo da dor em si, isto é, fala muito sobre como *ele está se sentindo* no momento. Se John tivesse sido capaz de fazer uma pausa quando se sentiu criticado e ver que não se tratava dele ou de como ele tinha colocado as louças na máquina, o desfecho teria sido diferente. Se John pudesse ter sentido aquela energia extra no comentário de Roberta e enxergado isso como uma dica de que *ela estava sofrendo*, teria tido a oportunidade de querer saber mais sobre esse sofrimento. Isso teria enviado uma mensagem totalmente diferente a ela. Em vez de se sentir não vista, Roberta teria se sentido vista e cuidada, e um padrão ascendente e curativo no relacionamento teria começado. Se Roberta pudesse ter visto os insultos de John como uma pista de que *ele estava sofrendo*, poderia ter dito a ele que insultá-la não ajudava e querer saber mais sobre seu sofrimento — mais uma vez, criando uma espiral ascendente no relacionamento. Gentileza gera gentileza. Compreender que o comportamento inábil do seu parceiro é uma pista de que *ele* está sofrendo, em vez de levá-lo para o lado pessoal, muda tudo e pode ser o início de um padrão de relacionamento melhor.

3

"Queria poder consertar isso!"

Como resistir à dor tentando resolver os problemas

> *Não medite para se consertar, para se curar, para melhorar,*
> *para se redimir, mas o faça como um ato de amor,*
> *de amizade profunda e calorosa consigo mesmo.*
> — Bob Sharples

No meu trabalho com casais e famílias, frequentemente falo sobre como "pegamos gripe" um do outro. O que quero dizer é que quando uma pessoa fica com raiva, a outra frequentemente também fica com raiva. Ou quando um acha algo engraçado, o outro muitas vezes capta o sentimento. Os cientistas têm um nome para isso: contágio emocional. O contágio emocional tem suas raízes no sistema de neurônios-espelho, uma rede do encéfalo que nos ajuda a compreender os outros e constitui a base para a empatia.

Quando penso no contágio emocional, vem à minha mente uma memória específica. Foi há muito tempo. Meu filho mais velho era pequeno e seu irmão tinha só uns 3 meses. Eles eram de idades tão próximas que eu tinha um carrinho duplo, em que eles ficavam um de frente para o outro. O mais velho precisava usar um sapato ortopédico especial. Tínhamos acabado de chegar da loja de sapatos e nos deram um balão de hélio, que amarramos ao carrinho. O mais velho puxava a fita que prendia o balão ao carrinho, e o balão saltava para cima e para baixo. O bebê começou a rir. É incrível ver um bebê tão pequeno rindo. Então o mais velho começou a rir. Aí fui contagiada, junto com meu marido. E lá estávamos nós quatro andando pelo *shopping*, rindo muito... de nada, na verdade. Não achei engraçado o balão saltitante, mas ouvi as risadas dos meus filhos e não conseguia parar de rir. Lágrimas correram pelo meu rosto, minha barriga e minhas bochechas doíam de tanto rir. Minha risada estava reforçando a deles, e a deles reforçando a minha. É uma lembrança prazerosa para mim.

Infelizmente, também captamos emoções indesejáveis uns dos outros. Você já ficou com raiva de alguém que está com raiva de você ou sentiu uma tristeza avassaladora quando estava com alguém que acabou de passar por uma perda? Goste ou não, também sentimos os sentimentos dos outros. Muitas vezes, podemos facilmente compreender e sentir empatia pela pessoa que está tendo esses sentimentos. Esta capacidade de sentir as emoções dos outros, chamada ressonância empática, é importante, pois constitui a base da compaixão. Contudo, a empatia sem o amortecimento dado pelos sentimentos de amor (que surgem no sistema de cuidado, explorado mais adiante neste livro) apenas nos deixa marinados na dor e pode ser insuportável de sentir. A pessoa que está sofrendo pode não ter escolha na situação. Perder alguém, por exemplo, é doloroso; não há como fugir disso. No entanto, como captamos as emoções uns dos outros, estar perto de pessoas tristes (ou zangadas, assustadas etc.) pode fazer com que nos sintamos tristes (ou zangados, assustados etc.) — e a maioria de nós preferiria evitar situações que aumentam nossas próprias emoções indesejáveis.

Se não conseguirmos tolerar os sentimentos deles (e os nossos), podemos adotar estratégias para fazer com que eles parem de sentir aquela emoção indesejada perto de nós — podemos tentar interromper a emoção envergonhando-os ou culpando-os. Em outras palavras, *resistimos* a nos abrir às coisas como elas são e ao nosso parceiro como ele é. Ou podemos ficar tentados a passar menos tempo com eles — evitá-los para evitar desencadear sentimentos indesejados em nós — outra maneira de *resistirmos* a estar com nosso parceiro como ele é. Mas não queremos abandonar nossos entes queridos quando eles precisam de nós. Afinal, queremos estar com *eles* — apenas não queremos ter que sentir suas emoções dolorosas. Desenvolvemos estratégias para tirá-los da dor que sentem, para que possamos estar com eles sem sentir sua dor. Isto ativa outro dos três sistemas de regulação do afeto: o sistema de impulso (*drive system*).

O SISTEMA DE IMPULSO

O sistema de impulso é outro sistema de regulação emocional descrito por Paul Gilbert que nos ajuda a acessar os recursos de que precisamos — comida, roupas e abrigo, por exemplo —, e é este sistema que utilizamos para nos ajudar a reunir recursos e resolver problemas. Quando alcançamos nosso objetivo de resolver um problema ou conseguir algo que precisamos ou desejamos, somos "recompensados" com uma dose de dopamina (hormônio e neurotransmissor do prazer). É bom resolver problemas e reunir recursos. Assim como o sistema de ameaça/defesa, é ótimo ter e poder acionar o sistema de impulso. Trata-se também de um sistema de ativação. O sistema nervoso simpático é ativado, atuando como o pedal do acelerador de um carro, nos dando energia para conseguir o que precisamos. Precisamos sim resolver problemas e acessar recursos; isso faz parte de nos mantermos vivos. O problema surge quando usamos o sistema de impulso na tentativa de escapar da dor *emocional*.

O sistema de impulso não é bom em nos ajudar a evitar a dor emocional. É claro que há momentos em que precisamos buscar recursos que nos permitirão resolver nossos problemas. No entanto, quando sentimos dor emocional, o que geralmente precisamos primeiro é não sentir dor sozinhos. Buscamos o conforto de "outras pessoas confiáveis". Precisamos que outras pessoas nos amparem enquanto sentimos dor. Quando contamos a alguém que estamos passando por momentos difíceis, é horrível quando essa pessoa não reconhece nossa dor e, em vez disso, apenas nos diz como resolver o problema — ou como *ela acha* que poderíamos resolver o problema. Sentimo-nos não vistos e não amados. Por fim, se sentirmos que a pessoa não é confiável, podemos chegar à conclusão de que preferimos não estar com mais ninguém e corremos o risco de acrescentar dor relacional à dor emocional já existente.

Quando o sistema de impulso é bem utilizado nos relacionamentos, ele nos ajuda a tomar atitudes como comprar uma casa, constituir família e planejar férias. O sistema de impulso pode realmente ser satisfatório em termos de relacionamento, pois nos ajuda a realizar tarefas juntos, como uma equipe, e a alcançar objetivos em comum. No entanto, muitas vezes usamos o sistema de impulso para evitar sentir a dor emocional do parceiro, e isso nunca dá certo. Nos relacionamentos, há pelo menos três maneiras principais de nos comportarmos quando envolvemos o sistema de impulso para resistir à dor: consertar, controlar e criticar. Analisaremos mais detalhadamente cada um deles.

> Frequentemente, usamos o sistema de impulso para evitar sentir a dor emocional de outra pessoa, o que nunca dá certo.

Estratégia 1: Tentar consertar

Uma de nossas estratégias fundamentais é tentar consertar. Esse comportamento tem suas raízes nas boas intenções. Se pudermos ajudar a livrar a outra pessoa da dor, será bom para todos. O que poderia haver de errado nisso? O problema é que tentar consertar também tem raízes na resistência. Uma definição de resistência que gosto é "desejar que as coisas fossem diferentes do que são". Quando afastamos a realidade da situação, involuntariamente também descartamos a pessoa que está vivenciando essa realidade. Apesar das boas intenções, tentar consertar geralmente piora a situação.

Mônica e Jason se viram nesse dilema. Ela estava passando por momentos terríveis no trabalho. Quando era criança, sua mãe fazia faxinas e seu pai trabalhava como faz-tudo. Seus pais se esforçavam muito e a família sempre tinha o suficiente, mas às vezes parecia pouco. Mônica era inteligente e, graças ao trabalho árduo dos pais, conseguiu frequentar uma escola decente e se concentrar nos estudos. Sua professora, a Sra. Faust, percebeu que ela era inteligente e estava disposta a dar tudo de si, então a incentivou a ir para a faculdade. Mônica tinha orgulho de ser a primeira da família a obter um diploma universitário. Embora tenha enfrentado muitos desafios ao longo do caminho, ela se deu muito bem em sua carreira profissional. Saiu-se tão bem que, quando os filhos nasceram, o pai pôde ficar em casa com as crianças enquanto ela sustentava a família. Jason tinha muito orgulho do sucesso da esposa e adorava poder ficar em casa com as crianças.

Em determinado momento, a empresa em que Mônica trabalhava passou por uma reestruturação. Seu departamento foi transferido para outro grupo, e ela passou a se reportar a uma nova chefe, Stacey. Foi aí que o problema começou. Não importava o que ela fizesse, parecia que nunca era possível agradar a nova chefe. Essa situação já perdurava há dois anos. Mônica estava infeliz!

Jason estava muito preocupado. Mônica costumava voltar feliz para casa, mesmo depois de trabalhar o dia todo. Ela falava dos projetos do trabalho e ele a ouvia. Adorava ver a alegria e a satisfação no rosto da esposa enquanto ela contava sobre seu dia. Mesmo que tivesse tido um dia difícil, ele se via sorrindo e se alegrando com o sucesso dela. Isso o lembrava da vida além das fraldas e da louça. Mas, nos últimos dois anos, Jason percebeu Mônica ficando cada vez mais desanimada e deprimida. A esposa já não queria mais falar sobre o trabalho, mas, quando falava, desatava a chorar descrevendo como tudo era desmotivador e como ela se sentia. Mônica parecia aprisionada pela chefe; em um sentido mais amplo, sentia-se aprisionada por ser a única provedora da família, em uma pressão de manter o estilo de vida. Jason podia senti-la desmoronando e isso o assustava.

Mônica também estava com medo porque se sentia incapaz de não decepcionar todo mundo. Quanto mais o tempo passava, mais desanimada ela ficava e mais dificuldade tinha para realizar seu trabalho. Ela se via saindo da empresa mais cedo e se sentindo terrivelmente culpada por isso. Estava o tempo todo cansada e parecia não aproveitar mais a vida. Até começou a comer mais guloseimas e a ganhar peso.

Quanto mais retraída a esposa ficava, mais Jason tentava consertá-la. Quando Mônica reclamou do ganho de peso, ele disse que ela precisava tentar a dieta cetogênica. Quando ela se queixou de que estava cansada o tempo todo, ele respondeu que ela precisava ir ao médico e passar por um exame físico. Jason imaginou que talvez a esposa estivesse com um desequilíbrio na tireoide. Quando Mônica se queixou de não aproveitar a vida, o que aconteceu apenas uma ou duas vezes, ele concluiu que ela estava deprimida e precisava consultar um psiquiatra. Ai, isso doeu demais! No final, ela estava se sentindo uma louca, além de tudo. Quando reclamou da chefe, o marido argumentou que ela precisava encontrar um novo emprego. Como posso fazer isso, pensou ela, quando mal consigo dar conta deste? Jason sempre parecia ter soluções para tudo, mas nenhuma delas a ajudava.

Ele estava ficando muito cansado de ouvir sempre as mesmas queixas e estava cada vez mais desesperado para que Mônica fizesse algo a respeito. Ele podia sentir a dor dela, que era opressora e assustadora. Ela tinha sido sua rocha. No fundo, de maneiras que ele não tinha consciência, ele estava se sentindo muito vulnerável. O que aconteceria se Mônica não cuidasse da saúde e ele a perdesse? Essa era uma dor que ele não queria imaginar nem podia suportar. O que aconteceria se Mônica perdesse o emprego ou pedisse demissão? Jason também crescera em um lar em que se lutava para sobreviver e não queria passar por isso novamente. Também não queria voltar ao mercado de trabalho e ter que enfrentar a ameaça de precisar lidar com um ambiente difícil. Assim, mesmo sem ter consciência da sua própria vulnerabilidade e dos seus medos, ele descobriu que não podia deixar de dizer a Mônica como ela deveria resolver seus problemas. Para a maioria das pessoas, é mais fácil focar nos problemas dos outros, a fim de não precisar se concentrar nos seus.

> O que muitas vezes precisamos é que nosso parceiro fique conosco em nossa vulnerabilidade e nos ame durante esses períodos desafiadores.

Para Mônica, o conselho dele parecia mais um lembrete de que ela era um fracasso. O que ela realmente precisava — e que deixou claro a Jason — era que ele a ouvisse e lhe dissesse que a amava. Ela só queria que ele ficasse vulnerável a ela e a amasse durante esse período desafiador. Quando Jason tentou consertá-la, ela sentiu que era um fardo ou um problema a ser resolvido. A esposa se sentia não vista e não amada, e isso a deixou totalmente desesperada. Mônica *desejava* sentir que era amada e que, independentemente do que acontecesse, ela não teria que enfrentar tudo sozinha. E, sim, ela também queria que todos os problemas fossem resolvidos.

Talvez você esteja lendo isto e pensando que se identifica com tudo. Se sim, de que lado você está? Quem sabe, como Jason, você se identifique com a frustração de saber que poderia resolver o problema, que seu parceiro só precisava ouvir e seguir seus conselhos. Então você não teria que continuar ouvindo queixas. Você está cansado de sentir a dor do parceiro e sabe que existe uma solução simples e eficaz para sair dessa dor. Talvez você nem perceba que, por trás de suas soluções, você se sente mais vulnerável do que gostaria.

Ou, quem sabe, você se identifique mais com a Mônica. Você está tentando descrever o momento difícil que está passando e seu parceiro continua tentando lhe dizer como consertar tudo isso. Embora perceba que tem um problema e que, eventualmente, gostaria de resolvê-lo, no momento você precisa apenas que seu parceiro a ouça. Você não precisa dele para resolver o problema; simplesmente quer que ele se importe com o fato de que você está tendo um problema e depois cuidará dele sozinha.

Qualquer que seja o lado com o qual você se identifica, aposto que é capaz de sentir a frustração e a estagnação. Se seu parceiro fizesse diferente, as coisas seriam melhores. Se ela conseguisse um novo emprego.... Se ele a ouvisse...

O que está acontecendo aqui?

Este cenário tem suas raízes no sistema de ameaça/defesa. Mônica está claramente se sentindo deprimida, desmotivada e sem esperança. Sentimos a dor uns dos outros, especialmente a de quem somos mais próximos. Então, ela não é a única com dor. Jason também está sentindo dor. É difícil ver Mônica lidar com as dificuldades do trabalho. E é ainda mais difícil ouvi-la descrever o quão doloroso é e todos os problemas que isso está causando. Ele está sentindo *a dor da esposa* e *sua própria vulnerabilidade*. Ele não quer que Mônica sinta dor e não quer ficar vulnerável a coisas que lhe causariam mais dor. Então, ele tenta *consertar e fazer desaparecer a dor da esposa*. Eu chamo isso de rota tortuosa. Em vez de cuidar de sua própria dor para poder estar presente para ela, ele tenta consertar a raiz da dor consertando Mônica. Se conseguir isso, ambos ficarão livres da dor. Uma boa solução, ao que parece. Afinal, a vida era boa antes dessa mudança no emprego — e pode ser novamente!

Mas Mônica não está feliz com nada disso. Na verdade, ele a está irritando! Portanto, agora, além dos problemas causados pelo trabalho e pela saúde, há uma camada adicional de frustração com Jason — a dor relacional somada a todo o restante. Conseguir um novo emprego e passar por um exame físico pode, de fato, ser o que ela precisa na prática, mas primeiro ela deseja ser atendida no aspecto relacional. A esposa então provavelmente estará aberta a soluções para sua situação profissional e seus problemas de saúde física.

Outra maneira de ver isso seria que ela está se sentindo vulnerável e navegando em meio aos sentimentos. Você se lembra das costas fortes/frente suave do Capítulo 1? Ela está diretamente na frente suave em contato com sua vulnerabilidade, percebendo seus sentimentos e olhando para o relacionamento em busca de conforto e tranquilização. Ela está buscando as costas fortes de Jason para *ajudá-la a lidar com a dor*, então precisa que ele também seja capaz de se abrir à vulnerabilidade. Jason, no entanto, preferiria *pular* a parte da dor e da vulnerabilidade da frente suave e ir direto para as costas fortes. Ele quer agir e resolver o problema sem precisar ter que lidar com a frente suave. Isso deixa Mônica se sentindo abandonada.

Nenhum deles está errado! É muito importante reconhecer isso. Qualquer que seja o lado com o qual você se identifique, você não está errado, nem seu parceiro. A resposta está na ordem em que procedemos. Neste caso, Mônica primeiro precisa ser vista e validada, precisa sentir a presença amorosa e conectada de Jason. Sua frente suave precisa primeiro da frente suave dele. Se o marido puder atendê-la, seu sistema de ameaça/defesa se acalmará. Quando ela se sentir calma, conectada e mais segura, seu córtex pré-frontal voltará a funcionar, e Mônica será mais capaz de resolver os problemas. Ela pode então até receber bem as ideias e as costas fortes de Jason. Acontece que este é um padrão comum para a maioria de nós. Quando inevitavelmente nos encontramos no sistema de ameaça/defesa, passamos para o sistema de impulso. É a nossa tentativa de ter costas fortes; mas, sem uma frente suave simultânea, isso acaba por se tornar um "tentar consertar".

Primeiro, ofereça sua presença gentil e conectada

Como já observamos, a situação de Mônica e Jason ilustra o que acontece quando se tenta consertar as coisas. Percebe-se que a estratégia de tentar consertar não funciona quando Jason a utiliza. Ninguém quer se sentir um problema a ser resolvido ou um fardo a ser carregado. Ninguém quer sentir que precisa ser consertado antes de poder pertencer. Como Bob Sharples explica na citação do início deste capítulo, existe "a agressão sutil do autoaperfeiçoamento". Quando um parceiro tenta melhorar o outro, isso também pode parecer uma agressão sutil (ou não tão sutil). Quando estamos em dificuldades e recorremos a outra pessoa em busca de apoio, procuramos uma resposta que se baseie em sua presença gentil, com um senso de compreensão da condição humana que compartilhamos. Buscamos o reconhecimento de que é normal nos sentirmos assim e que não estamos sozinhos.

> Quando estamos em dificuldades, procuramos o apoio de outras pessoas — a compreensão da condição humana que compartilhamos e o reconhecimento de que se sentir assim é normal.

Não acredite apenas na minha palavra. Veja o que acontece com você ao tentar o exercício a seguir.

Experimente

Descobrindo o que é útil ou não quando estamos com problemas

Pense em uma ocasião em que você procurou seu parceiro ou amigo porque tinha um problema e queria apoio, mas ele lhe ofereceu soluções.
 Como você se sentiu com isso?
 O que você precisava dessa pessoa?

Assim como no caso de Mônica, você provavelmente só queria que a pessoa a ouvisse. Quando alguém nos ouve, oferecendo-nos sua presença gentil e conectada, começamos a nos sentir mais seguros, cuidados e conectados. Sentimo-nos aceitos e aceitáveis tal como somos. Paramos de sentir que estamos sozinhos, e esse sentimento de afiliação e pertencimento começa a acalmar nossa fisiologia. Quando estamos em dificuldades e recorremos a alguém em busca de apoio, geralmente buscamos três coisas, quer tenhamos consciência disso ou não: atenção plena, humanidade compartilhada e gentileza. Precisamos de alguém que esteja conosco como estamos. Em outras palavras, precisamos da presença da outra pessoa (essa é a parte da atenção plena). Também precisamos da sensação de que estamos conectados e de que a pessoa que buscamos para nos ouvir não se considere superior a nós — em vez disso, que ela é capaz de se relacionar conosco. A pessoa sabe que nossa situação também pode acontecer com ela, pois enxerga a condição humana compartilhada (essa é a parte da humanidade compartilhada). O resultado natural de nos abrirmos à nossa dor e do sentimento de conexão é o cuidado. Seu cuidado se parece com amor (essa é a parte da gentileza).

Parece fácil, não? Quando treinamos a mente e o coração para a compaixão, isso pode acontecer. No entanto, não é aí que a maioria de nós começa. Não são apenas os outros que entram no modo de tentar consertar. É da natureza humana, ou seja, todos nós fazemos isso. Vamos explorar nossa própria tendência de tentar consertar.

Quando recorremos a alguém em busca de apoio em um momento difícil, geralmente buscamos atenção plena, humanidade compartilhada e gentileza.

Experimente

Detectando nossa tendência de tentar corrigir

Áudio 3 (disponível em inglês)

Pense em uma ocasião em que um ente querido estava em dificuldades e você sentiu a angústia dessa pessoa. Talvez você tenha sentido tanto a angústia dela que isso lhe pareceu quase insuportável.

Você lhe ofereceu soluções? Contou-lhe como resolveu um problema semelhante ou o que ela precisa fazer para resolver o problema?

Que efeito isso teve sobre ela?

Você consegue perceber que, apesar de suas boas intenções, isso pode ter sido ruim para seu ente querido?

Como no caso de Jason, é provável que sua tentativa de ajudar um ente querido a resolver um problema tenha sido um ato de amor. Você pode ter se sentido oprimido pela dor dele e queria parar de vê-lo sofrendo, queria ter algum controle sobre a situação dolorosa e tentou ajudar buscando interromper a dor, tanto a sua quanto a dele. Nesse caso, você também sabe como é acionar o sistema de impulso ao tentar consertar as coisas para evitar uma dor. Isso deu certo com você? A outra pessoa gostou quando você tentou consertá-la?

Agora que você explorou como é a sensação em ambos os lados quando se tenta consertar, talvez esteja percebendo que, mesmo que haja boas intenções, a tentativa de consertar utilizada como uma maneira de escapar da dor geralmente apenas a piora.

Estratégia 2: Controlar

Mencionei antes que tentar corrigir pode ter suas raízes no desejo de ter algum controle sobre a situação. Na verdade, o controle é outra das estratégias muito utilizadas no esforço de evitar uma dor. Muitas vezes, essa estratégia é utilizada de forma preventiva. Existe a ilusão de que se nós e nossos entes queridos fizermos tudo certo, poderemos evitar reveses. Há uma fantasia de onipotência aí. Podemos até querer ser assim poderosos, mas na verdade não o somos. De qualquer modo, infortúnios acontecem, mesmo quando nos esforçamos para fazer tudo certo. Deveríamos tentar fazer coisas que melhorem nossas chances de sucesso? Com certeza! Também temos que estar atentos ao nosso apego ao desfecho. Quando sabemos que não estamos 100% no controle desse desfecho e mesmo assim fazemos algo, estamos usando o sistema de impulso de modo saudável. Quando tentamos, de maneira frenética e obsessiva, controlar a situação para *evitar uma dor*, passamos a usar o sistema de impulso de maneira pouco saudável e nossos esforços provavelmente só causarão mais problemas.

Veja o caso de Katie e Sarah. Katie cresceu no centro-oeste dos Estados Unidos com um pai alcoólatra. Quando criança, ela se lembra de ser próxima do pai, e eles trabalhavam juntos consertando carros. Contudo, mais para a frente, o hábito de beber do pai se tornou um problema, pois, quando bebia, se tornava uma pessoa má. Katie e suas irmãs o ouviam, bêbado, agredindo a mãe verbalmente e, às vezes, fisicamente. Mas não parou por aí. Ele também passou a agredi-las emocionalmente. Ele era assustador e elas ficavam aterrorizadas. Por fim, a mãe de Katie levou as meninas para um abrigo para vítimas de violência doméstica e, juntas, recomeçaram sem o pai. Elas se mudaram para a Califórnia e começaram uma nova vida.

Algum tempo depois, em uma ida à região onde cresceu para visitar parentes, Katie conheceu Sarah. Katie adorava seu senso de humor e aventura. Sarah era cheia de vida e foi como uma lufada de ar fresco para Katie. Sarah adorava a confiabilidade de Katie e a maneira como ela parecia saber exatamente o que fazer em todos os momentos. Ela sentiu que realmente podia contar com a presença de Katie, e que esta se preocupava com ela. Sarah devolveu vida, diversão, prazer e uma sensação de vitalidade à vida de Katie, e Katie trouxe segurança e estabilidade de volta à vida de Sarah. Elas se apaixonaram intensamente. Era um relacionamento a distância e elas viajavam com frequência para passar um tempo na casa uma da outra. Parecia a realização de um sonho e elas começaram a explorar como poderiam fazer para morar juntas.

Mas, durante o processo, Katie começou a notar o hábito de beber de Sarah. Katie havia parado de beber totalmente, pois o vício já causara muitos danos à sua família. Ela se sentia, francamente, desconfortável perto de pessoas que bebiam. Katie tentou manter a mente aberta; sabia que nem todas as pessoas que tomavam uma taça de vinho tinham problemas de alcoolismo. Ainda assim, só ver a taça de vinho era um gatilho para ela. Katie se viu prestando muita atenção ao hábito de beber de Sarah. Ela analisava quão cheio estava o copo, por exemplo. Não estaria transbordando?, ela ponderava. O que Sarah considerava uma dose, para Katie mais pareciam duas. Quando Sarah serviu-se de uma segunda dose, Katie registrou que eram quatro doses, e seu sistema agora estava em alerta vermelho. Quando ela tocou no assunto com Sarah, o tom foi um pouco carregado. Ela disse que Sarah enchia demais o copo. Expôs que, na realidade, ela tinha tomado quatro taças de vinho e que isso não era certo. Katie não pretendia insultá-la — na verdade, estava assustada. Sarah era muito importante para ela e estava com medo de perdê-la — e com mais medo ainda de sentir-se insegura novamente. Então ela analisou detalhadamente o que Sarah consumia e tentou controlar isso.

Sarah não conseguia acreditar no que estava ouvindo. Ela normalmente tinha a sensação de ser amada e apoiada por Katie, e agora a namorada parecia não acreditar nela. Katie sentiu a necessidade de monitorar cada gota de vinho que Sarah bebia, a qual achou isso um insulto. Katie não confiava mais nela? De repente, sentiu-se mais como se a namorada fosse uma inimiga, apenas esperando para perceber o quão má ela era. Sarah sentiu-se diminuída pelo comportamento controlador de Katie. Era difícil para ela perceber que esse comportamento estava enraizado em seu amor por ela e nos medos do passado de Katie. Se Sarah tivesse enfim percebido isso, ela poderia estar disposta a limitar seu consumo de álcool, não para agradar a namorada ou tirá-la do seu pé, mas por um sentimento de amor e carinho. Neste caso, o esforço de Katie para controlar Sarah levou a uma espiral descendente de desconfiança. Katie não confiava em Sarah para administrar sua bebida; Sarah, sentindo a desconfiança, não confiava que Katie estivesse do seu lado e só quisesse o bem dela. As coisas evoluíram a partir daí.

Quanto maior for a importância de alguém ou algo para nós, maior será a probabilidade de o controle surgir como estratégia para garantir a segurança. Isso geralmente acontece em relacionamentos em que uma pessoa tem padrões muito elevados em relação ao trabalho doméstico ou ao cuidado com os filhos, por exemplo. Às vezes, os padrões são tão elevados que é difícil para um parceiro atendê-los. O parceiro, sentindo-se frequentemente corrigido ou criticado por não cumprir os padrões, muitas vezes teme o fracasso e, em algum momento, desiste de tentar corresponder às expectativas e evita responsabilidades nestas áreas. À medida que esse parceiro faz menos na tentativa de evitar o fracasso crônico, o parceiro de padrões elevados faz mais. Sempre que um parceiro atua de forma excessiva, é provável que o outro parceiro atue mal. Aquele que atua demais não apenas corre o risco de esgotamento e frustração, mas também é provável que se sinta mal-amado quando todo o trabalho é deixado a seu encargo. É difícil para o superfuncionante ver que o subfuncionamento do outro não tem a ver com amor. Trata-se de querer se ver livre do controle e de temer o fracasso.

Quando usamos o controle como estratégia para evitar dificuldades, ignoramos a outra pessoa. Ninguém quer se sentir controlado e ninguém quer falhar com o parceiro. Ambos são desfechos dolorosos de uma estratégia destinada a evitar a dor.

Experimente
Descobrindo o que está por trás da necessidade de controle

Áudio 4 (disponível em inglês)

Pense em uma ocasião em que você quis que seu parceiro mudasse um comportamento.

Como você comunicou esse desejo de mudança a ele? O tom foi um pouco carregado ou havia, talvez, um tom de afronta? Seu parceiro pode ter se sentido criticado?

Em caso afirmativo, veja se você consegue mergulhar nesse desejo de mudança de comportamento e identificar seu medo ou vulnerabilidade subjacente. O que você temia que acontecesse se seu parceiro não mudasse?

Talvez você precise continuar se perguntando e mergulhando nas camadas do medo para ver a verdadeira vulnerabilidade que estava tentando evitar.

Este não é um exercício fácil, certo? É difícil enxergar nossas principais vulnerabilidades. Quando enxergamos, podemos apenas tranquilizar-nos de que faz sentido ter esse medo, que é o que diríamos a um amigo querido. Também podemos ter certeza de que atenderemos às nossas necessidades da melhor maneira possível, mesmo (e especialmente) quando nosso parceiro nos decepcionar. No próximo capítulo, exploraremos como cuidar mais plenamente de nós mesmos e um do outro. Por enquanto, basta ver como os esforços para evitar a vulnerabilidade podem soar ao parceiro como uma crítica.

Experimente

O que seu parceiro sente quando você tenta controlá-lo

Áudio 4 (disponível em inglês)

Agora, imagine que você estava do outro lado dessa crítica.
 Qual seria a sensação de receber a mensagem com aquele tom carregado?
 Mesmo que percebesse que *estava mesmo* falhando de alguma maneira, o que você desejaria do seu parceiro?

O que realmente queremos é sermos vistos e aceitos como somos. Queremos saber que, apesar de nossas deficiências, também temos boas qualidades e, no geral, podemos ser amados. Quando nos sentimos dignos de amor e compreendemos a vulnerabilidade do nosso parceiro, muitas vezes somos motivados a promover mudanças por amor, e não por medo ou ressentimento. Como disse o renomado psicólogo Carl Rogers: "O curioso paradoxo é que, quando me aceito como sou, posso mudar". Nosso parceiro também pode.

Experimente

Falando a partir de uma posição de vulnerabilidade

Áudio 4 (disponível em inglês)

Agora, em contato com sua própria vulnerabilidade e a do seu parceiro, há como abordar a situação de maneira diferente se ainda assim achar que ele precisa mudar?
 E se você praticasse escrevendo uma carta livre e espontânea ao seu parceiro?
 Esta carta é só para você — não é preciso entregá-la a ele.

Já vi várias vezes pessoas tentando evitar reveses fazendo tudo certo. Nunca vi isso resultar em qualquer coisa ruim no final, mas muitas vezes vi isso resultar em esgotamento e dor relacional. O que funciona muito melhor do que tentar exercer controle é descansar em nossa resiliência. Quando sabemos que temos a capacidade de cuidar de nós mesmos e uns dos outros quando as coisas vão mal, nossa fisiologia relaxa um pouco. O córtex pré-frontal (e nossa capacidade de refletir sobre os acontecimentos) volta a ficar conectado e, juntos, podemos descobrir como responder ao problema, como Sue e George, do Capítulo 1, que conseguiram ter seus "momentos verdes" em meio ao medo e à dor decorrentes de uma grave crise de saúde. Eles não simplesmente descansaram em sua conexão amorosa. Em vez disso, sua ligação amorosa proporcionou-lhes o apoio de que necessitavam para suportar o desafiador processo de recuperação clínica.

Estratégia 3: Criticar

A terceira coisa que vejo muito as pessoas fazerem quando estão em seu sistema de impulso tentando se livrar da dor é criticar. Mesmo que você não pense que está criticando, seu parceiro pode estar se *sentindo* criticado. John e Roberta, do Capítulo 2, são um bom exemplo. Roberta não pretendia criticar John pelo modo como ele colocava as louças na máquina, ela estava apenas tentando melhorar as habilidades do parceiro de usar a lava-louça. Era importante para ela que a louça fosse bem lavada — pelo menos foi assim que tudo começou para ela. Para Roberta, manter a casa limpa e organizada a faz sentir mais segura. É a sua maneira de evitar dissabores. Portanto, quando ela pediu a ele que colocasse a louça corretamente, ela estava, na verdade, pedindo a John que a mantivesse segura, ajudando-a a se sentir no controle de seu ambiente. Quando John repetidamente não colocava a louça na máquina da maneira correta, Roberta se sentia insegura, ignorada e não amada. Assim, seus pedidos tornaram-se cada vez mais carregados de urgência e da dor de não se sentir amada.

A mensagem que John entendeu foi "Você não está fazendo isso certo". Na melhor das hipóteses, ele ouviu "Você precisa melhorar". Na pior das hipóteses, ele ouviu "Você é um fracasso, nem consegue colocar as louças na máquina corretamente. Você é um inútil". Quanto mais Roberta repetia a mensagem para John, mais ele a recebia pior. Ele não fazia ideia de que o tom de Roberta tinha mais a ver com a dor dela do que com o desempenho dele. Aliás, em grande parte, nem Roberta tinha essa noção.

Nessas situações, podemos achar que estamos apenas tentando melhorar nosso parceiro. Muitas vezes, não percebemos que estamos também tentando evitar uma dor. Sentimos que estamos fazendo sugestões com amor. Porém, quando é realmente apenas por amor, nosso parceiro geralmente não se sente criticado por nosso comentário. Quando há um tom carregado nos comentários ou um pouco de afronta em nosso tom, nosso parceiro percebe e essa energia extra é interpretada como crítica. Essa energia extra muitas vezes é algum tipo de medo que se infiltra — medo do qual você não necessariamente está consciente.

Suponha que seu parceiro tenha uma importante apresentação no trabalho e você percebe que a roupa dele não o favorece muito. O que você faz? Você quer que os outros vejam o melhor dele. Você quer que seu parceiro seja bem-sucedido. Você deve dizer alguma coisa? O que você diz? Se disser: "Você não fica bem assim; por que não experimenta a calça azul?". Seu parceiro pode acabar se sentindo criticado e diminuído. Em vez de confiante, ele passa a se sentir um pouco menos seguro. Mesmo que você tenha tido essencialmente boas intenções, é provável que, se usar um tom um pouco carregado ao falar com ele, seu parceiro acabará se sentindo criticado. Quando se sente criticado, ele se fecha um pouco. É claro que, às vezes, a crítica é contundente e severa demais. Isso nos mina e nos fecha. Vale ressaltar aqui que frequentemente somos duros demais conosco. Quer se trate de autocrítica ou de uma crítica ao parceiro, sentir-se um fracasso muitas vezes tem o efeito de desmotivar.

O que realmente desejamos é sermos vistos e aceitos como somos. Por que nosso parceiro não pode fazer isso por nós? Por que não podemos fazer isso por nosso parceiro? No exemplo anterior, você percebeu que a roupa dele não é das mais favoráveis e você está ciente de que deseja que ele esteja o melhor apresentável possível. O que você provavelmente não se deu conta é do seu próprio medo do que acontecerá se ele não o estiver. Talvez você se preocupe com a possibilidade de pensarem mal de você por causa dele. O que as pessoas pensariam de você por ter um parceiro tão pouco atraente? Ou talvez você esteja preocupado com o fato de a carreira e o potencial de ganhos dele serem prejudicados. Ele poderá contribuir para o sustento da família? Ou talvez você esteja preocupado com a saúde mental dele. Ele ficará deprimido ou desmoralizado por falhar na apresentação?

Por trás de nosso comportamento por vezes crítico pode haver alguma vulnerabilidade ou dor que tememos. Quando nossa resposta está enraizada na tentativa de evitar essa dor, geralmente não dá certo.

No entanto, quando enraizamos nossa resposta no amor e não no medo, podemos manter nossa preocupação no contexto do quanto amamos essa pessoa. Podemos ver seus pontos fortes. Por exemplo, você pode ver o quão preparado seu parceiro está para a apresentação ou o quanto ele sabe sobre o assunto, e então você pode ter a certeza de que sua preparação e experiência farão a diferença para ele. Ele não precisa estar perfeito para ter sucesso. Ou, se ele perguntar se a roupa lhe caiu bem, você pode dizer-lhe que ama como a calça azul fica bem nele e que, com toda a sua preparação e experiência, a apresentação será um sucesso. Na verdade, não há necessidade de focar no que lhe falta. Em vez disso, quando você se apega a seus pontos fortes e os destaca, sua probabilidade de sucesso aumenta.

> O medo da vulnerabilidade ou da dor muitas vezes está por trás de um comportamento crítico; contudo, quando tentamos evitar essa dor, as coisas geralmente não dão certo.

Treinadores gentis conseguem o melhor de seus atletas ao perceberem em que pontos eles poderiam melhorar, o que é analisado em conjunto com pontos fortes específicos, que são destacados. Semelhantemente, nós e nosso parceiro também nos saímos melhor quando nos sentimos amados e encorajados. Poderíamos pensar na mensagem de alguém que precisa de melhorias como costas fortes. É preciso coragem para dizer ao parceiro que precisamos de algo diferente. Mas quando dizemos isso a ele sem uma frente suave, o parceiro pode se sentir como se tivesse levado uma surra. Adicionar a vulnerabilidade da frente suave faz toda a diferença. Para fazê-lo, devemos ver a vulnerabilidade do nosso parceiro e considerá-la no contexto do amor e do carinho. Também devemos aprender a falar com ele considerando nossa própria vulnerabilidade. Devemos reconhecer nossa dor e nossas necessidades, em vez de nos centrarmos nas deficiências dele.

> ## Experimente
>
> **Detectando a vulnerabilidade por trás das críticas**
>
> *Áudio 3 (disponível em inglês)*
>
> Lembre-se novamente da situação em que você tentou consertar alguém querido e reflita sobre o seguinte:
>
> - Por que eu quero consertá-lo?
> - Ele precisa ser consertado?
> - O que está acontecendo em mim?
> - Existe algo que está fazendo com que eu me sinta mais vulnerável do que gostaria?
> - Existe algo de que tenho medo?
>
> É normal ter medos e sentir-se vulnerável, mas isso nem sempre é confortável.
>
> Você consegue ficar um pouco mais de tempo com seu desconforto?
>
> Então, sem precisar mudar ou se tornar alguém diferente, você pode conhecer a pessoa que é agora, com medos e tudo, e começar a explorar o que poderia ajudá-lo neste momento, oferecendo gentileza a si mesmo? Pergunte:
>
> - Existe algo que eu possa fazer para me tranquilizar?
>
> O que você diria a um amigo que tivesse o mesmo medo ou se sentisse vulnerável? Como você tranquilizaria seu amigo?
>
> Você pode dizer as mesmas coisas a si mesmo agora? Leve o tempo que precisar.
>
> Quando sua fisiologia tiver se acalmado um pouco, volte sua atenção a seu parceiro:
>
> - O que aconteceria se eu falasse com meu parceiro por amor e não por medo?
> - O que eu diria?
> - Como isso soaria para mim?
> - Como isso soaria para meu parceiro?
> - Que impacto isso pode ter em meu relacionamento?

Deste modo, começamos a ver como podemos trabalhar com a dor e a vulnerabilidade — a nossa e a de nosso parceiro. Isso prepara o terreno para sermos capazes de realizar as tarefas a partir de uma posição de capacidade de resposta, em vez de reatividade. Exploraremos mais sobre essa outra maneira de trabalhar no próximo capítulo. Por enquanto, basta saber que mudanças e melhorias precisam acontecer. Tentar consertar, controlar e criticar são estratégias comuns que usamos quando resistimos a nos abrir à dor do sistema de ameaça/defesa. Frequentemente tentamos usar o sistema de impulso para evitar a dor.

Tente perceber quando você começa a tentar consertar, controlar ou criticar. Perceber que estamos migrando para o sistema de impulso como uma maneira de *evitar a dor* e não como uma resposta à dor nos possibilita avançar em direção à nossa dor e nos dar o apoio de que necessitamos para ter a capacidade de permanecer conectados.

Felizmente, temos um sistema que foi projetado para nos ajudar a sustentar uns aos outros quando estamos com dor. No próximo capítulo, voltaremos a atenção ao sistema de cuidado e como tudo muda quando aprendemos a cuidar de nós mesmos e de nosso parceiro neste sistema.

4

"Você se importa?"

Como encontrar uma conexão confiável

*A única coisa da qual nunca nos cansamos é do amor;
e a única coisa que nunca damos o suficiente é amor.*
— Henrique Miller

"Eu sei o que você quer. Você precisa que eu cale a boca e dirija", disse ele. E, naquele momento, eu sabia que estava segura com ele. Era muito cedo e estávamos a caminho do hospital onde eu seria operada. Houve um período em minha vida em que enfrentei vários árduos desafios à saúde. Durante essa fase, passei por diversas cirurgias e outros procedimentos. Infelizmente, as coisas nem sempre deram certo e fui ferida pelas pessoas encarregadas de me ajudar. Ficar sob anestesia é uma situação muito vulnerável. Isso desativa tanto o sistema de ameaça/defesa, com sua capacidade de lutar ou fugir, quanto o sistema de impulso para encontrar soluções para o problema. Quando estamos assim, vulneráveis, ficamos completamente dependentes dos cuidados que recebemos dos outros. Precisamos saber que outras pessoas estão sintonizadas conosco e perceberão nossa angústia, aparecerão e cuidarão de nossa segurança.

Ter sido ferida no passado fazia com que eu estivesse lidando com um pouco de trauma antigo, além da ansiedade normal de me preparar para uma cirurgia. Meu sistema nervoso simpático estava muito ativado em resposta à ameaça percebida. O sistema nervoso simpático é como a gasolina de um carro. Ela nos dá a energia para lutar ou fugir. Nenhuma dessas estratégias seria útil para mim neste caso. Eu sabia que precisava da cirurgia. Felizmente, existe outro sistema — o sistema nervoso parassimpático — que é como os freios de um carro. É o que retarda a ativação do sistema nervoso simpático e ajuda a nos sentirmos mais calmos, seguros e à vontade. Eu sabia o que fazer para ativar o sistema nervoso parassimpático e estava profundamente envolvida em práticas para me confortar e acalmar. Isso não era visível do lado de fora. Eu simplesmente parecia quieta.

Essa era uma situação difícil para meu marido. Ele também estava com medo — afinal, sua esposa estava prestes a fazer uma cirurgia. No passado, ele evitava a ansiedade atendendo ligações do trabalho enquanto estávamos no pré-operatório. Como você pode imaginar, isso não deu nada certo. Depois, ele tentou conversar comigo, o que achei um fardo, como se precisasse cuidar dele e de sua ansiedade. Claro, ele tentou discutir comigo um plano para que eu melhorasse, mas isso também me pareceu uma distração. Isso nos fazia ignorar a assustadora situação em que eu me encontrava. Como eu havia explicado a ele no passado, o que eu realmente precisava era apenas ser abraçada. Não fisicamente, pois seria difícil fazer isso dirigindo, mas emocionalmente. Eu não precisava que ele dissesse nada. Só precisava saber que ele sabia como eu me sentia e que estava ao meu lado, sintonizado e pronto para ajudar no que eu precisasse. Eu precisava saber que ele iria *fazer o que eu pedisse* em vez de *fazer comigo* o que quer que ele imaginasse que poderia ser útil. Eu precisava de sua presença amorosa e conectada.

Então, quando ele disse que eu só precisava que ele "calasse a boca e dirigisse", me senti vista, ouvida, conectada, segura e amada. Só para constar, eu nunca pedi a ele que "calasse a boca". Isso me pareceu um pouco duro. Mas apreciei que essa fosse a sua maneira de sublinhar que ele entendia que precisava parar de preencher o espaço com palavras e, em vez disso, apenas estar presente ali comigo. O que quer que estivesse por vir, eu sabia que tinha um aliado que não estaria sob anestesia. Isso fez uma grande diferença para mim.

O SISTEMA DE CUIDADO

O que estava acontecendo conosco não é incomum. É uma manifestação de como o sistema de cuidado funciona bem. Isso me tirou do meu próprio sistema de ameaça/defesa ativado e me confortou e acalmou para que eu pudesse resolver de maneira confiável o problema com meu sistema de impulso. Muitas vezes, precisamos de ajuda para acalmar nossa fisiologia para que possamos fazer tudo o que precisamos fazer. A vida é um equilíbrio entre fazer e ser. Como diz o ditado, não somos "fazeres humanos", somos "seres humanos". Precisamos aprender a estar conosco e com os outros como somos. Essa mesma capacidade de ser, quando utilizada em um contexto de cuidado, é o que nos possibilita fazer o que precisamos a partir de um ponto de calma e segurança. Eu me senti mais segura quando meu marido pôde ficar comigo enquanto eu estava em dificuldades. Sabia que não estava enfrentando isso sozinha e minha fisiologia relaxou um pouco.

Paul Gilbert, o criador da terapia focada na compaixão, chamou isso de terceiro sistema de regulação emocional, o sistema de cuidado. Como mamíferos, nossos filhos nascem muito vulneráveis e demoram muito tempo para amadurecer. Sem alguém cuidando deles, esses bebês morreriam e a espécie não sobreviveria. Felizmente, estamos fisiologicamente preparados para cuidar uns dos outros. O bebê sorri e murmura, e ficamos encantados e atentos. O bebê chora e ficamos angustiados, motivados a encontrar e aliviar a fonte do seu sofrimento. Muitas vezes, fazemos isso pegando-o no colo e embalando-o enquanto cantamos ou falamos com doçura. Segundo Gilbert, quando estamos no sistema de cuidado (que ele também chama de *sistema de afiliação e de tranquilização*), experimentamos sentimentos de bem-estar pacífico, contentamento, "confiabilidade" e conexão que ajudam a despertar nossa atenção e a suavizar a ansiedade. Possibilita-nos raciocinar e refletir de maneiras mais positivas e gentis e direcionar o comportamento para ações mais lentas e tranquilizadoras.

Especialmente quando estamos vulneráveis, precisamos saber que estamos conectados de maneira confiável. Precisamos saber que há alguém lá para cuidar de nós, quer isso signifique nutrir com comida e amor, proteger, fornecer abrigo e defender, ou confortar e tranquilizar quando estivermos em perigo. Essa tranquilização acontece por meio da afiliação. Quando nos sentimos conectados de maneira confiável a outra pessoa, podemos relaxar um pouco, podemos confiar que outra pessoa nos ajudará quando precisarmos de ajuda.

> **Experimente**
>
> **Sentindo-se conectado de maneira confiável**
>
> Pense em uma ocasião em que você se sentiu conectado de maneira confiável a alguém. Talvez tenha sido um avô, um animal de estimação, um terapeuta ou um amigo querido. Pode até ser seu parceiro.
> Permita-se sentir a presença dele agora. Ao fazer uma pausa para dar uma volta com ele, aproveite sua boa companhia. Leve o tempo que precisar.
> Observe o que está acontecendo com você física, emocional e mentalmente enquanto você se banha na gentil presença dele.

É provável que, quando você se lembra de se sentir conectado de maneira confiável, seu sistema de ameaça/defesa se acalme e você comece a se sentir seguro, calmo e conectado. Você experimenta uma sensação de segurança.

O sistema de cuidado é caracterizado por sentir-se seguro, conectado e contente. Esse contentamento é muito diferente do prazer que buscamos por meio do sistema de impulso. Quando o sistema de impulso está sendo ativado e nos faz buscar doses de dopamina, o sistema de cuidado não está com a mesma ativação. No sistema de cuidado nos sentimos calmos e contentes sem necessidade de buscar nada para estarmos bem. Os hormônios do sistema de cuidado são a oxitocina, muitas vezes chamada de "hormônio do amor", e as endorfinas que também são úteis na redução da dor.

Em meu ponto de vista, um estudo em particular se destaca por fornecer provas do poder do sistema de cuidado. Os pesquisadores analisaram o papel do toque na redução da dor e na possibilidade de um parceiro sentir com precisão as emoções do outro em um casal. Eles usaram a ressonância magnética funcional para poder ver simultaneamente o que estava acontecendo no encéfalo da pessoa com dor e no encéfalo do parceiro dessa pessoa. O que descobriram foi que quando o parceiro tocava a pessoa com dor, percebia com mais precisão a dor do parceiro e que esse mesmo toque estava associado à redução da dor na pessoa que a sentia. Esses efeitos eram mais fortes com um parceiro romântico do que com um estranho. Isso é um grande resultado. O toque é um dos caminhos para a compaixão, como exploraremos na Parte II deste livro. Os resultados deste estudo nos levam a crer que a conexão física do toque pode nos ajudar a perceber com mais precisão a dor do nosso parceiro — e a conexão por meio do toque pode, aliás, reduzir a experiência de dor.

> O toque nos ajuda a perceber com mais precisão a dor do nosso parceiro — e a conexão por meio do toque pode, na verdade, reduzir a experiência de dor.

A compaixão por nós mesmos e por nosso parceiro são atividades do sistema de cuidado. A maneira ideal de aprender a ter autocompaixão é, obviamente, recebendo compaixão dos outros. Na psicoterapia, a presença do terapeuta é tudo. Estudo após estudo conclui que a *relação* entre o terapeuta e o paciente é mais preditiva de desfechos positivos do tratamento do que a modalidade de tratamento em si.

Os instrutores de compaixão experimentam o mesmo. O poder de ensinar vem da compaixão que o instrutor incorpora enquanto ensina. Ensinamos autocompaixão incorporando compaixão pelos alunos. Ao tratá-los com compaixão, estamos modelando como eles podem começar a tratar a si mesmos com essa gentileza. Trata-se da transmissão de compaixão por meio do relacionamento entre o aluno e o instrutor.

Quando somos tratados com gentileza e compaixão por nossos pais, terapeutas, amigos ou parceiros, implicitamente compreendemos e tendemos a ter compaixão por nós mesmos. Saiba que quando você trata seu parceiro com a gentileza e a compaixão do sistema de cuidado, você está literalmente estabelecendo as bases para que seu parceiro desenvolva autocompaixão.

Muito diferente do "tentar consertar" que muitas vezes é o foco do sistema de impulso, aqui a cultura do cuidado é o ímpeto para a cura. Não estamos necessariamente buscando um desfecho específico. Estamos apenas atendendo a pessoa que está passando por dificuldades. Ao fazê-lo, aumentamos a segurança dessa pessoa. Podemos aumentar sua segurança por meio das atividades de costas fortes do sistema de cuidado (prover, proteger e motivar) ou por meio das atividades de frente suave (confortar, validar e acalmar). Frequentemente, há uma combinação dos dois.

Como observa Paul Gilbert, sabemos que estamos no sistema de cuidado quando nos sentimos seguros, contentes e conectados. Este sistema é subutilizado e subdesenvolvido em nossa cultura. Ele ajuda a equilibrar a ativação dos sistemas de ameaça/defesa e de impulso. Acionar o sistema de cuidado pode mudar tudo quando estamos em perigo. Nossa própria experiência, a de nosso parceiro e nossos relacionamentos melhoram. Quando o sistema de cuidado em nosso relacionamento está ativo, nos sentimos seguros no relacionamento, conectados, e podemos ser vulneráveis uns com os outros. Essa mesma vulnerabilidade, agora possível em razão da maior segurança no relacionamento, cria a intimidade entre os parceiros e é também o que ajuda ambas as pessoas a se tornarem mais plenamente elas mesmas. É a base de todo relacionamento bem-sucedido.

> A vulnerabilidade possibilitada pela segurança de estar no sistema de cuidado pode ajudar os parceiros a se tornarem mais plenamente eles mesmos e é a base de todo relacionamento bem-sucedido.

O PAPEL DA COMPAIXÃO

A compaixão é uma resposta ao sofrimento. Quando estamos em dificuldades, é a resposta desejada. Em vez de cooptar o sistema de impulso para nos ajudar a nos livrarmos da dor, como exploramos no Capítulo 3, o que precisamos é, na verdade, ativar o sistema de cuidado. A compaixão habita no sistema de cuidado. É como cuidamos uns dos outros e de nós mesmos quando estamos necessitados. Para começar, vamos olhar para a compaixão através das lentes das costas fortes e da frente suave, como temos feito ao longo do livro.

Costas fortes: prover, proteger e motivar

Quando alguém usa suas costas fortes para nos ajudar, isso nos é benéfico. Podemos pensar nas costas fortes como algo que provê o que precisamos, nos protege e nos motiva propiciando força. Em nossos primeiros dias de vida, nossos cuidadores saem pelo mundo para trazer-nos recursos. Precisamos de comida, roupas e abrigo. Quando crianças, ainda não conseguimos obter essas coisas sozinhos, por isso nossos cuidadores as fornecem para nós. Em outras palavras, eles usam sua força para nos sustentar. Em nossos relacionamentos adultos, usamos nossos pontos fortes em conjunto para sustentar uns aos outros, quer seja em um contexto de relacionamento principal ou em um contexto de trabalho, por exemplo. No meu caso, meu marido estava dirigindo o carro para me levar ao hospital. Além de cuidar de mim emocionalmente, ele me proporcionava transporte físico para que eu não tivesse que me virar para chegar lá. Isso foi uma compaixão do tipo costas fortes. Ele estava cuidando de mim. É fácil considerar esse aspecto como sendo natural, mas na verdade ele me liberou para cuidar de mim mesma emocionalmente.

A proteção é outro aspecto da força do sistema de cuidado. Enquanto escrevo isto, me vem a imagem de meus filhos pequenos se escondendo atrás de minhas pernas quando estavam assustados. Há uma sensação de que nossos cuidadores nos protegerão de danos. Quando somos pequenos, não podemos fazer isso sozinhos. Além de nos proteger de danos físicos, nossos entes queridos também podem ajudar a nos proteger de danos emocionais. Quando alguém está sendo intimidado, ajuda muito quando uma pessoa que testemunha o *bullying* intervém e diz que isso não é certo e não pode mais acontecer. Isso é verdade tanto quando somos pequenos e precisamos que adultos impeçam um irmão de implicar conosco quanto quando, na atualidade, milhares de pessoas marcham e exigem o fim da opressão sistêmica e do assassinato de pessoas negras. Precisamos ser solidários uns com os outros para impedir danos. Precisamos proteger uns aos outros. Quanto mais pessoas defendem a proteção, mais seguros todos nós nos tornamos. Realmente ajuda ter um aliado que nos protegerá da melhor maneira possível. Saber que meu marido estaria cuidando de mim enquanto eu não teria como me proteger foi um grande conforto.

O terceiro aspecto das costas fortes da compaixão é a motivação. Podemos usar nossas conexões para motivar e encorajar outras pessoas a sair pelo mundo e alcançar seus objetivos. Pense nesta palavra: *encorajar*. *Em* significa fazer ou colocar. Então, quando combinamos *em* com *coragem*, quer dizer que colocamos coragem na outra pessoa. Poderíamos pensar nisso como emprestar nossa coragem a outra pessoa, seja estendendo as mãos a um bebê que está pronto para dar os primeiros passos ou deixando nosso jovem adulto na faculdade com a certeza de que esse novo estudante universitário ficará bem, e que este é o início de um momento emocionante, ou encorajando nosso parceiro enquanto ele se prepara para fazer uma apresentação importante no trabalho. Podemos emprestar-lhes a nossa força e dar-lhes a confiança de que necessitam para crescerem em suas próprias forças e capacidades. Por fim, este incentivo que oferecemos pode levar nosso parceiro a ser capaz de se tornar a expressão mais plena de si mesmo.

Experimente

Encontrando as costas fortes da compaixão

Áudio 5 (disponível em inglês)

Lembre-se de um momento em que você estava com medo — não por causa de um grande evento traumático, por exemplo; em vez disso, escolha algo mais leve de trabalhar. Talvez você tenha recebido uma crítica negativa no trabalho ou seu parceiro estivesse insatisfeito com você. Talvez você tenha sofrido uma sutil discriminação por causa de sua idade, identidade de gênero, orientação sexual ou identidade racial.

Na época, você pôde contar com a ajuda de alguém?

- Se sim, o que essa pessoa fez que lhe foi útil?
- Você consegue sentir a força da compaixão no modo como essa pessoa o defendeu (protegeu), deu-lhe o que você precisava para a superação (proveu) ou o encorajou a fazer uma mudança (motivou)?

Se você não teve ninguém com quem pôde contar, e mesmo que tenha tido, você agora consegue sentir suas próprias costas fortes?

Como você pode tomar medidas para se proteger, prover a si mesmo ou motivar-se?

O que um ente querido diria a você ou o que você diria a ele?

Você pode tentar dizer o mesmo para si?

Tente, talvez, escrever livre e espontaneamente uma carta de apoio a si mesmo.

Quando terminar, reserve um tempo para lê-la. Você consegue se sentir fortalecido por suas próprias costas fortes?

Observe os dois caminhos para ativar o sistema de cuidado por meio de suas costas fortes: compaixão dos outros e autocompaixão. Ambos são relacionais. Qual você prefere? Há espaço para ambos?

Frente suave: conforte, valide, acalme

Temos também a frente suave da vulnerabilidade. Nossa presença gentil e atenciosa pode fazer com que seja seguro para nossos entes queridos ficarem vulneráveis por meio do conforto, da validação e da tranquilização. Novamente, penso em quando meus filhos eram pequenos. Quando eles estavam machucados, rastejavam para o meu colo em busca de conforto e segurança. Eu normalmente diria algo como "Está tudo bem. Eu estou aqui". Eu estava aproveitando o poder do sistema de conexão para fornecer segurança. Não que eu soubesse disso na época. Era apenas instintivo. Estamos programados para ser assim.

Mesmo na idade adulta — quando estamos doentes, por exemplo —, faz uma grande diferença se alguém cuida de nós afofando nosso travesseiro, trazendo um cobertor quente ou oferecendo uma xícara de chá. Essas coisas tendem a nos fazer sentir seguros e confortados, e podemos relaxar um pouco. Também há momentos em que precisamos receber validação. Talvez estejamos enfrentando uma conversa difícil. Ajuda quando alguém está presente para nos tranquilizar, validando que estamos vendo com clareza, que devemos falar e que ficaremos bem. Quando estamos com o coração partido, é muito reconfortante ter alguém querido nos abraçando enquanto choramos, ouvindo nossas histórias ou nos oferecendo poesia, lenços de papel e, acima de tudo, sua presença gentil. Podemos pensar no conforto como compaixão física, na validação como compaixão mental e na tranquilização como compaixão emocional.

A vulnerabilidade da frente suave é fundamental para a intimidade

Quando adultos, ainda precisamos de conforto, validação e tranquilização e não conseguimos isso sem sermos vulneráveis. Precisamos admitir a nós mesmos e a nosso parceiro que estamos passando por momentos difíceis. Muitas vezes, ficamos presos nisso. Precisamos ser amados em meio às nossas dificuldades, mas não somos capazes de admitir essa necessidade. Temos medo de ser vulneráveis e, para evitar tal sensação, podemos nos valer de substâncias e não de pessoas. Podemos sentir que precisamos beber algo ou comer uma guloseima, ou assistir a uma série, por exemplo. Muitos de nós perdemos a noção de como podemos ser mais bem acalmados, confortados e tranquilizados. As substâncias são um mau substituto para a conexão.

Brené Brown, pesquisadora que estuda a resiliência à vergonha, fala sobre como precisamos nos permitir ser vistos, de maneira verdadeira e profunda, para sermos amados. Esta é uma situação vulnerável para nós. E se você me vir e não gostar de mim? Somos vulneráveis *por causa* da nossa necessidade de pertencer. Permitir-nos ser consolados por meio da conexão envolve sermos vulneráveis. Precisamos nos abrir para a dor que sentimos. Admitir a nós mesmos ou a nossos entes queridos que estamos realmente sofrendo neste momento não nos torna fracos, mas corajosos. Pode ser assustador encarar a verdade da nossa vulnerabilidade, sobretudo nos relacionamentos.

Se pensarmos que ser vulneráveis nos tornará pouco atraentes a nosso parceiro, então poderemos resistir a ser vulneráveis a ele. Também podemos resistir a partilhar nossa vulnerabilidade se não confiarmos que eles estarão ao nosso lado quando for preciso. É por isso que uma das principais habilidades recomendadas pelo especialista em relacionamento John Gottman é voltar-se ao parceiro quando ele tentar chamar a atenção.

Brené Brown também fala sobre o paradoxo da vulnerabilidade: sinto-me mais seguro quando você está vulnerável a mim, mas não quando estou vulnerável a você. Para que o sistema de cuidado funcione bem, ambos precisamos estar vulneráveis um ao outro. A vulnerabilidade está no cerne da intimidade. Uma coisa que pode nos ajudar a ficarmos vulneráveis a nosso parceiro, para que ele tenha a chance de nos confortar, acalmar e validar, é a prática da autocompaixão. (Exploraremos isso com mais detalhes na Parte II deste livro.) Outro aspecto que pode nos ajudar a ficarmos vulneráveis é a maneira como nosso parceiro nos recebe quando compartilhamos com ele nossas dificuldades.

> Admitir nossa dor não é sinal de fraqueza, mas de coragem.

Experimente

Encontrando a frente suave da compaixão

Áudio 6 (disponível em inglês)

Pense em um momento em que você se sentiu vulnerável. Talvez você tenha falhado, se sentido inadequado, ou estivesse sofrendo de algum modo. Não foi a situação mais difícil em que você já esteve, nada traumático. Algo mais leve, como talvez quando você pegou uma gripe, não passou em uma prova ou não fez um gol que fez seu time perder o jogo.

Você pode sentir a dor disso? Você pôde se permitir sentir isso naquele momento?

Você pôde contar a alguém que estava passando por um momento difícil?
- Se não pôde, o que o impediu?

Havia alguém lá para confortá-lo, tranquilizá-lo ou acalmá-lo de alguma maneira?
- Se sim, o que você achou útil? Um toque, um olhar afetuoso ou palavras gentis?

Se você não teve ninguém com quem pôde contar, e mesmo que tenha tido, você consegue agora sentir sua própria frente suave?
- Você consegue se permitir conhecer sua vulnerabilidade?

Como você pode tomar medidas para confortar, tranquilizar ou acalmar a si mesmo?
- O que um ente querido diria a você ou o que você diria a ele?
- Você pode tentar dizer essas coisas a si mesmo?

Tente, talvez, escrever espontaneamente uma carta de apoio a si mesmo.

Quando terminar, reserve um tempo para lê-la. Você consegue se sentir fortalecido por sua frente suave?

Observe os dois caminhos para ativar o sistema de cuidado por meio da sua frente suave: compaixão dos outros e autocompaixão. Ambos são relacionais. Qual você prefere? Há espaço para ambos?

Já analisamos o sistema de cuidado através de algumas lentes. Exploramos como isso se desenvolveu porque nascemos vulneráveis e como a afiliação é o melhor caminho para nossa sobrevivência. Vimos isso por meio das costas fortes e da frente suave. Percebemos que podemos adotar uma abordagem interpessoal (receber cuidado de outras pessoas) e uma abordagem intrapessoal (receber cuidado de nós mesmos). Mais tarde, este livro examinará em mais detalhes essas duas abordagens. Vejamos agora um exemplo de como o sistema de cuidado é ótimo para ajudar parceiros de um casal a se apoiarem em momentos difíceis.

SAM E SUSIE: DO TENTAR CONSERTAR AO CUIDADO

Eu já vinha acompanhando Sam e Susie na terapia de casal há algum tempo. Havia diversos problemas e eles estavam bastante isolados emocionalmente. No entanto, tinham uma família juntos e realmente queriam que o relacionamento desse certo — desde que *o outro* abrisse a guarda primeiro. Um dia, recebi uma mensagem de Susie. Ela queria me contar que sua biópsia tinha dado positivo para câncer. Liguei de volta para ela imediatamente e, enquanto digeria o diagnóstico com ela, ela mencionou que eu era a primeira pessoa a saber. Alguns dias depois, Susie e Sam estiveram em meu consultório para uma sessão. As coisas estavam realmente difíceis para eles. Sam estava chateado por não ter sido a primeira pessoa para quem Susie ligou.

Susie também estava chateada. Ela explicou que quando Sam ficou sabendo, ele imediatamente entrou no "modo tentar consertar". Ligou para todos os seus contatos para encontrar o melhor centro de tratamento para ela. Conseguiu uma cópia do relatório patológico e consultou familiares e amigos médicos sobre o tipo de câncer que ela tinha, os tratamentos disponíveis e o prognóstico. Ele a informou de que o prognóstico parecia bom. Sam parecia um tornado de "presteza". Só que Susie não achou nada disso útil. Muito pelo contrário, ela se sentiu simultaneamente bombardeada e descartada. Sentia-se como um brinquedo quebrado que precisava ser consertado. Ela se perguntou se ele a descartaria se descobrisse que ela não tinha conserto. Susie precisava de um pouco de espaço para respirar e lidar com os sentimentos antes de decidir o que fazer. Ela estava assustada. O que Susie precisava primeiro era que o marido a ajudasse com seus sentimentos avassaladores. Assim, ela não precisaria enfrentá-los sozinha.

Apontei para Sam que ele havia entrado no modo tentar consertar. Perguntei-me o que havia por trás desse modo e quais sentimentos de vulnerabilidade haviam sido ativados. Para seu crédito, ele foi capaz de redirecionar para seus sentimentos de vulnerabilidade. Ele explicou como estava com medo de perder Susie, como ela era o centro de sua vida e como, tendo perdido recentemente um dos pais, ele achava que não conseguiria suportar outra perda. À medida que Sam lidava mais plenamente com seu próprio medo, Susie sentiu permissão para falar sobre seus próprios medos. O medo de morrer, o medo do tratamento, o medo de ser demais para Sam e como ela temia que ele pudesse descartá-la — tudo veio à tona. Desta vez, em vez de tentar consertar Susie, Sam conseguiu estar presente para ela. Ele a confortou enquanto olhava em seus olhos e assegurou-lhe que não a deixaria e que estaria lá para ajudá-la. Eu pude ver os efeitos em ambos. Seus corpos relaxaram e eles se aproximaram enquanto ele segurava a mão dela. Eles compartilharam algumas lágrimas. Havia um difícil caminho pela frente, mas agora eles tinham um ao outro. Sam relaxou quando Susie explicou que esperou para contar para ele porque estava com medo de que ele entrasse no modo tentar consertar. Sam agora sabia o que Susie realmente precisava. Ela precisava dele, de sua presença e de sua segurança. Ela precisava de sua vulnerabilidade *e* de sua força, precisava de seu carinho.

O SISTEMA CERTO NA HORA CERTA

Como ilustram Sam e Susie, cada um dos três sistemas (ameaça/defesa, impulso e cuidado) pode ser útil ocasionalmente; contudo, a ordem em que interagimos com os sistemas faz uma grande diferença em nossos relacionamentos.

Segurança em primeiro lugar: o papel do sistema de ameaças/defesa

Lembre-se de que sempre que nos sentimos ameaçados, o sistema de ameaça/defesa é dominante. É por isso que muitos teóricos observam que a segurança é uma pré-condição para o surgimento da compaixão. "Se o seu coração é um vulcão", escreveu Khalil Gibran, "como você espera que as flores desabrochem?" Quando estamos presos no sistema de ameaça/defesa, nosso coração muitas vezes parece um vulcão. Este é o sistema que foi ativado em Susie e Sam quando ela recebeu um diagnóstico potencialmente fatal. Na verdade, este sistema foi projetado para ameaças agudas como essa. É um sistema de ativação, acionado para que Susie faça algo a respeito da ameaça à sua vida. Porém, nas relações podemos nos encontrar cronicamente no sistema de ameaça/defesa. Se você fica irritado com frequência, enojado ou ansioso em seu relacionamento, é provável que você e seu relacionamento não sejam seguros e você esteja preso no modo de ameaça/defesa. Neste sistema, ficamos reativos em vez de responsivos. Isso acontece porque a amígdala é ativada e o córtex frontal — que nos ajuda a raciocinar e responder — é desativado. Em outras palavras, nosso acesso à sabedoria fica bloqueado.

Ficar preso neste modo é doloroso e, certamente, não leva ao florescimento do relacionamento. Em vez disso, ficamos cada vez mais desencorajados e desanimados. Buda é citado dizendo: "O ódio não cessa pelo ódio, mas apenas pelo amor; esta é a regra eterna." Às vezes, ficar preso no sistema de ameaça/defesa é caracterizado por raiva e brigas crônicas; outras vezes, tem mais a ver com distanciamento, alimentado pelo afastamento ou mesmo pelo apaziguamento. Seja qual for o caso, certamente não nos sentimos seguros em ser vulneráveis a nosso parceiro quando estamos presos neste sistema.

Fisiologicamente, o sistema de ameaça/defesa domina sempre que nos sentimos inseguros. Foi feito para ser assim. Quando nossa sobrevivência está em risco, as atividades do sistema de ameaça/defesa de luta, fuga e congelamento são protetoras. Por exemplo, aqueles que se encontram no campo de batalha são ensinados a lutar, ou, se lutar não for possível, a retirar-se (fugir); se isso também não for possível, então a render-se (congelar). Essas ações literalmente salvam vidas. Da mesma maneira, se você se encontra em uma situação de violência doméstica, este sistema de ameaça/defesa pode salvar sua vida. Dependendo das circunstâncias em um dado momento, pode ser sensato lutar, fugir ou congelar. (Se você estiver nessa situação, peça ajuda. Sua vida é importante. No final deste livro há recursos que apontam como fazê-lo.). Na ordem das coisas, a segurança sempre vem em primeiro lugar.

Como você pode ver, o sistema de ameaça/defesa é fundamental para nossa sobrevivência. É o sistema dominante porque fomos programados para colocar a segurança em primeiro lugar. Em situações que ameaçam sua vida, seria tolice sentar-se com a mão no coração, perceber que esta é uma situação estressante e dizer palavras gentis a si mesmo. Neste mundo moderno, no entanto, é mais comum enfrentar ameaças ao modo como nos sentimos do que à nossa sobrevivência, e o sistema de ameaça/defesa não funciona quando ativado em um relacionamento.

Tentar se livrar da dor ativando o sistema de impulso

Ninguém gosta de sentir dor, seja ela emocional ou não. Queremos ser felizes e acreditamos que o caminho para a felicidade é livrando-nos da dor. Evocamos uma das estratégias do sistema de impulso — tentar consertar, controlar ou criticar — para resolver nossos problemas, mas, como exploramos no Capítulo 3, esta abordagem não funciona bem em nossos relacionamentos. Quando estamos com dor, não queremos que nosso parceiro nos conserte, controle ou critique. O uso dessas estratégias visa restaurar a segurança, mas na verdade torna a relação cada vez mais insegura para ambas as partes.

Isso pode ser decorrente, em parte, do fato de que estamos tentando ativar o sistema de impulso para propósitos para os quais ele não foi projetado. Paul Gilbert diria, aliás, que o sistema de impulso *real* não foi feito para tentar evitar a dor, mas para realizar tarefas. Embora possamos não ter percebido isso naquele momento, por trás de nossas tentativas de tentar consertar, controlar ou criticar, estamos sofrendo e, aliás, ainda estamos usando o sistema de ameaça/defesa. Aproveitamos o sistema de impulso na esperança de resolver o "problema" de sentir dor, mas tudo o que por fim conseguimos é sobrecarregar-nos com tarefas para tentar fazer a dor desaparecer. Esta é, aliás, uma maneira de resistir à dor, e como aquilo a que resistimos tende a ficar mais forte, esse uso do sistema de impulso na verdade piora a situação. Estamos, portanto, presos a uma ativação dos sistemas de impulso e de ameaça/defesa. Na tentativa de nos tornarmos *mais seguros*, na realidade, nós, nosso parceiro e nosso relacionamento se tornam *menos* seguros emocionalmente. Então, onde *efetivamente* encontramos a felicidade?

Segurança por meio da conexão: o sistema de cuidado

Em vez de tentarmos nos livrar da dor, se nos abrimos a ela e lidamos conosco e com os outros com gentileza e compaixão, nos sentimos mais seguros. O sistema de cuidado é caracterizado pelos sentimentos de segurança, conexão e contentamento. A magia está, na verdade, na afiliação do sistema de cuidado. Conforme observado no Capítulo 1, nossa capacidade de cuidar uns dos outros é o que realmente nos ajuda a sobreviver como sociedade. Recentemente assisti a uma palestra no TEDx em que alguém perguntou a uma antropóloga qual foi o primeiro sinal de civilização já encontrado. Ela explicou que foram restos humanos com ossos da coxa que tinham sido fraturados e consolidados. Não se pode sobreviver depois de uma lesão como essa sem que outras pessoas cuidem de nós enquanto nos recuperamos. A civilização é definida em parte pela organização social — pessoas que cuidam umas das outras. A importância fundamental do cuidado e da conexão mútuos também pode ser vista na teoria do apego, que descreve o quão crítica é para nós uma conexão segura com nossos cuidadores no início da vida, não apenas para nos alimentar e nos manter aquecidos, mas para nos permitir estabelecer relacionamentos saudáveis ao longo da vida. Muitas modalidades de terapia de casal, como a terapia focada na emoção, dão seguimento a esta compreensão na vida adulta, ajudando os casais a curar seus relacionamentos por meio do desenvolvimento de um apego seguro. Quando a conexão com outras pessoas aumenta nossa sensação de segurança, sabemos que estamos no sistema de cuidado. Essa maior segurança do sistema de cuidado nos possibilita, aliás, enfrentar a verdade da situação dolorosa em que nos encontramos e nos dá recursos para passar por momentos difíceis. No final, a felicidade não é a ausência de dor, mas a presença de outras pessoas seguras que nos ajudam a enfrentar as inevitáveis dores da vida.

Se, em vez de nos esforçarmos para nos livrarmos da dor recrutando o sistema de impulso, nós reconhecermos a dor e a aceitarmos como a realidade atual e depois recorrermos à autocompaixão ou à compaixão dos outros, nossa fisiologia muda. O córtex frontal, que poderíamos chamar de "cérebro pensante" porque nos ajuda a raciocinar e a ver o panorama geral, incluindo as consequências, pode voltar a ficar ligado. Lembre-se de que quando estamos no sistema de ameaça/defesa, essa parte do cérebro fica desligada. Quando nos sentimos mais seguros e nossa fisiologia se recupera, temos novamente acesso ao "cérebro pensante". Além disso, como não negamos nem evitamos o problema, ainda estamos cientes dele. Agora temos a segurança dada pela capacidade de controlar o problema juntamente com o "cérebro pensante" e a coragem para encontrar recursos e resolver problemas de maneira mais eficaz. *Agora sim* estamos prontos para utilizar o sistema de impulso da maneira que ele deve ser usado. Podemos nos unir e trabalhar em equipe para alcançar nossos objetivos, pois uma boa conexão *restaura* a segurança e possibilita a cura.

> A felicidade não é a ausência de dor, mas a presença de outras pessoas confiáveis que nos ajudam a enfrentá-la.

Experimente

Passando do sistema de impulso para o de cuidado

Pense em um episódio em que um ente querido estava passando por momentos difíceis e precisava da proteção do sistema de ameaça/defesa. Não era um momento em que a vida dele estivesse em perigo, mas em uma situação difícil e lidando com os intricados sentimentos associados a essa circunstância.

Como você abordou a situação?

- Você tentou resolver o problema para que você ou seu ente querido pudessem se livrar da dor?
- Você tentou resolver o problema dizendo à pessoa o que fazer para resolvê-lo?
- Você criticou, apontando onde ela tinha errado, na esperança de que fizesse uma mudança que resolvesse o problema?
- Você lidou com a situação assumindo o controle e garantindo que as atitudes fossem tomadas de modo a não piorar tudo e com a esperança de que melhorassem?
- Você consegue enxergar como pode ter recrutado o sistema de impulso na esperança de *evitar ou se livrar da dor*?
- Isso melhorou ou piorou a situação?

Ou talvez você simplesmente tenha tido a sabedoria de lidar com seu ente querido do modo como ele estava, com gentileza e compreensão.

De que modo a gentileza e compreensão foram expressas?

- Um olhar afetuoso?
- Um toque gentil?
- A oferta de palavras tranquilizadoras e reconfortantes?

Isso melhorou ou piorou a situação?

Agora considere uma situação em que *você* estava passando por momentos difíceis e precisava da proteção do sistema de ameaça/defesa. Não havia um perigo físico envolvido; era um momento em que você estava se sentindo assustado, solitário ou frustrado, por exemplo. Talvez você estivesse se sentindo sobrecarregado e sozinho, ou desconectado de alguém de quem você gosta. Você consegue sentir a dor da situação?

Do fundo do seu coração, como você gostaria que seu parceiro respondesse a essa circunstância? Em vez de ter um parceiro assumindo o controle e resolvendo o problema para você, o que o teria ajudado a se sentir apoiado, validado, confortado e acalmado?

Você consegue se lembrar de uma vez em que alguém esteve presente desse modo por você?

O que aconteceu depois?

> Você se sentiu apoiado o suficiente para encontrar uma solução ou começar a resolver seu problema?
> Refletindo sobre este exercício, observe o que você gostaria de cultivar mais.

Como relatamos antes, os três sistemas são importantes e precisamos de todos eles. Juntos, eles funcionam muito melhor se passarmos do sistema de ameaça/defesa para o sistema de cuidado e ficarmos lá por um tempo. Depois que nossa fisiologia tiver a chance de se estabelecer e sentirmos segurança, conexão e contentamento, sentiremos também maior capacidade de usar adequadamente o sistema de impulso para alcançar nossos objetivos. Quando apenas nos movemos entre os sistemas de ameaça/defesa e de impulso, podemos acabar nos sentindo presos. Em condições normais, já temos sistemas de ameaça/defesa e de impulso bem desenvolvidos; é o sistema de cuidado que é subdesenvolvido e subutilizado. Se quisermos o verdadeiro bem-estar do contentamento, da conexão e da segurança, precisaremos desenvolver e utilizar o sistema de cuidado. Há segurança quando estamos na presença de outras pessoas gentis.

A SEGURANÇA DO SISTEMA DE CUIDADO PREPARA VOCÊ PARA FLORESCER

A segurança não é apenas uma pré-condição para a compaixão; é uma pré-condição para florescer. Se sua vida está ameaçada, não há tempo nem sentido em fazer artesanato, por exemplo. Se interagir com seu parceiro faz você se sentir desanimado, derrotado, sem esperança, sem valor e indigno de ser amado, como raios você teria a capacidade de florescer no mundo — quanto mais de florescer no relacionamento? Como escreve a poetisa Mary Oliver: "O que você planeja fazer com sua vida selvagem e preciosa?". Vai gastá-la tentando sobreviver ao seu relacionamento ou está em um relacionamento que lhe dará apoio e confiança para perseguir seus sonhos? Ainda não se sente apoiado? O restante deste livro analisa como podemos desenvolver habilidades para criar um relacionamento mais amoroso. Já se sente apoiado? Este livro analisará como desenvolver as habilidades necessárias para aproveitar o apoio que você já tem — aprofundando e fortalecendo seu relacionamento e, por fim, preparando o terreno para o florescimento.

Para analisar a função dos sistemas de maneira mais clara, iniciamos buscando segurança no sistema de ameaça/defesa, depois encontramos segurança por meio da conexão e então seguimos para o florescimento humano, como mostra o diagrama a seguir.

Para muitos de nós, a conexão segura é o elo que falta neste sistema; sem ela, nunca alcançaremos o florescimento. É por isso que o restante deste livro trata de como podemos cultivar o sistema de cuidado para nós mesmos, nosso parceiro e nossos relacionamentos. Se quisermos promover as condições para o florescimento, devemos atentar para uma conexão afetuosa.

BUSCAR PROTEÇÃO
Sistema de ameaça/defesa
- Foco na ameaça
- Busca por proteção e segurança
- Ativador/inibidor

CONEXÃO CONFIÁVEL
Sistema de cuidado
- Foco na necessidade/afiliação
- Segurança/gentileza
- Calmante

FLORESCIMENTO HUMANO
Sistema de impulso
- Foco no incentivo/recurso
- Querer, perseguir, alcançar, consumir
- Ativador

5

"Quem vai me amar?"

Garantindo que a compaixão esteja sempre disponível para si

Ter compaixão começa e termina com ter compaixão por todas as partes indesejadas de nós mesmos. A cura vem de deixar que haja espaço para tudo isso: espaço para a dor, para o alívio, para a tristeza, para a alegria.
— Pema Chödrön

Para estarmos inseridos no sistema de cuidado de modo verdadeiro e pleno, nossos relacionamentos precisam incluir compaixão por nós mesmos e por nosso parceiro. É claro que em relações saudáveis também recebemos de volta compaixão de nosso parceiro. Como você deve ter descoberto nos capítulos anteriores, a maioria de nós enfrenta obstáculos para ser tão plenamente compassivo quanto gostaria. A boa notícia é que a compaixão é uma habilidade que pode ser cultivada! É o que vamos tentar fazer agora.

Isso levanta uma questão, no entanto. Praticamos primeiro a compaixão por nós mesmos ou pelo parceiro? A maioria de nós já sabe como ser compassivo com os outros, mas muitos de nós temos dificuldade em atender nossas necessidades. Quando éramos meninas, venderam a muitas de nós, mulheres, o "complexo de Cinderela". Os contos de fadas nos levaram a acreditar que o Príncipe Encantado viria e nos completaria. Os homens, que aprendem aos 5 anos a não ser como suas mães — ou seja, aprendem a rejeitar a vulnerabilidade e outros sentimentos e necessidades sutis —, desejam ter uma esposa que cuide do seu eu vulnerável e satisfaça suas necessidades de intimidade. Felizmente, nossa cultura está mudando e estas noções estão ficando ultrapassadas, uma vez que tais qualidades já não estão limitadas a um gênero específico — até o gênero em si está se tornando mais fluido, ou pelo menos a consciência que temos dele. Ainda assim, existe a noção de que encontraremos aquele que nos "completa" e que juntos encontraremos a totalidade. Esta é uma situação complicada que nos deixa dependentes de um parceiro para atender às nossas necessidades. A dependência produz ressentimento em ambos os parceiros — aquele cujas necessidades não são atendidas e aquele que se sente o único responsável por atender às necessidades do outro. Isso não é ideal para ninguém.

Como costumo dizer aos meus pacientes, é melhor estar em um relacionamento porque se *quer* do que porque se *precisa* estar nele. Quando se *precisa* estar em um relacionamento, estamos dispostos a tolerar coisas que não deveríamos tolerar. Atrelamos nossa sobrevivência à sobrevivência daquela relação.

Contudo, quando aprendemos a satisfazer nossas necessidades, quando conseguimos confortar-nos e acalmar-nos, já não dependemos mais de um parceiro. Sempre temos acesso ao que precisamos, mesmo quando um parceiro não está disponível para nós. Uma maneira de fazê-lo é aprendendo a ter autocompaixão.

Como exploramos nos capítulos anteriores, uma das razões pelas quais nosso parceiro não está disponível para nós é porque ele pode estar preso em seu sistema de ameaça/defesa. O mesmo vale para nós. Quando estamos presos no sistema de ameaça/defesa, não é possível estar ao lado de nosso parceiro. Esta é outra razão pela qual precisamos ter uma robusta prática de autocompaixão. Quando somos capazes de abordar a nós mesmos com compaixão, podemos passar do sistema de ameaça/defesa para o de cuidado; quando o fazemos, temos disponibilidade para ter compaixão pelo parceiro. É por isso que estamos começando com a autocompaixão. A boa notícia é que não é necessário que nosso parceiro mude, algo sobre o qual temos pouco poder. Nós mesmos podemos melhorar nossa situação!

Quando estou ensinando sobre compaixão, descubro que algumas pessoas se mostram resistentes ou até em pânico quando sugiro que pratiquem a autocompaixão. Elas acham que estou pedindo que desistam de receber o amor dos outros ou que, de alguma maneira, estão fechando a porta para receber o amor dos outros. Deixo bem claro que não estou sugerindo nada disso. A verdade é que outras pessoas, por qualquer motivo, nem sempre estão disponíveis para atender às nossas necessidades. Se depositarmos nossas esperanças apenas em receber o amor dos outros, ou se estivermos *dependentes* de receber o amor dos outros, ficamos em uma posição terrível quando, por qualquer motivo, eles falham conosco. Outras pessoas inevitavelmente nos decepcionarão, quer queiram ou não, afinal, somos todos humanos. Adoecemos, vamos dormir e saímos de férias, por exemplo. Simplesmente não podemos estar sempre presentes, mesmo para nossos entes queridos, por mais que queiramos.

Deveríamos ficar sem cuidado porque nosso parceiro não quer ou não pode cuidar de nós? Claro que não! Em vez de ficar sem cuidado, a resposta está em buscá-lo internamente. Quando alcançamos a idade adulta, temos a capacidade de nos proporcionar conforto e tranquilidade sempre que precisarmos. Dentro de cada um de nós está a capacidade de atender às nossas necessidades. A boa notícia é que somos a única pessoa a quem temos acesso 24 horas por dia, 7 dias por semana. Estou falando aqui sobre a importância de desenvolver uma prática de autocompaixão.

Parece tão fácil, não é? Uma vez estabelecida a prática, é realmente fácil, mas a estrada até lá pode ser acidentada. É comum sentirmos uma tristeza profunda ao ver como temos tentado lidar com as nossas necessidades não atendidas. Claro, também há uma tristeza avassaladora quando nos deparamos com o quadro geral de não termos nossas necessidades suficientemente atendidas. Essa tristeza não é um problema — se permitirmos, pode ser o primeiro passo para realmente ver e reconhecer nossas necessidades. Saiba que você não está sozinho nisso e não é sua culpa. Este é um resultado normal de seres imperfeitos que dão o melhor de si para lidar com circunstâncias imperfeitas. Estamos todos dando o nosso melhor para encontrar segurança e conexão amorosa.

PRÁTICA DE AUTOCOMPAIXÃO: SEMPRE TER O QUE SE PRECISA

Com a autocompaixão, podemos iniciar o processo de cura da dor das necessidades não atendidas. Podemos desenvolver as mesmas habilidades que teríamos se tivéssemos tido uma infância com cuidadores mais sintonizados às nossas necessidades ou um relacionamento adulto com um parceiro mais atento a elas. Isso começa aprendendo como atender às nossas necessidades de maneira saudável. Somente quando estivermos saudáveis o suficiente como indivíduos poderemos nos unir e estabelecer um relacionamento saudável. Para tolerar correr o risco de sermos vulneráveis em uma relação, como exige a intimidade, precisamos saber que ficaremos bem, mesmo que a outra pessoa não possa estar ao nosso lado e saiamos decepcionados. A autocompaixão nos dá a confiança necessária para nos comportarmos assim. Mesmo que todos os outros nos decepcionem, não é o fim.

> A autocompaixão nos dá a confiança necessária para sermos vulneráveis porque sabemos que ficaremos bem, mesmo que outra pessoa não possa estar ao nosso lado.

Então, o que é autocompaixão, afinal? Simplificando, é tratar-nos com o mesmo cuidado e compreensão que ofereceríamos a alguém de quem gostamos. Aliás, vamos fazer uma pausa aqui e ver como isso acontece na prática em nossas vidas.

Experimente

Descobrindo como tratamos a nós mesmos e aos outros

Áudio 7 (disponível em inglês)

Reserve um momento para se lembrar de uma ou várias ocasiões em que um amigo querido (não seu parceiro) estava passando por um momento muito difícil. Talvez ele tenha recebido um *feedback* negativo no trabalho ou um diagnóstico ruim de saúde; ou talvez ele estivesse com problemas de relacionamento com um parceiro, filho ou irmão.

Como você normalmente responde nessas situações?
- O que você diz?
- Que tom usa? É brando e terno ou frio e duro?
- Que palavras você usa?
- Há algum gesto físico de gentileza?

Reserve um momento e observe como você normalmente trata seus bons amigos quando eles estão passando por momentos difíceis. Você pode até querer anotar o que observou.

Agora reserve um tempo para se lembrar de um ou alguns momentos em que você estava passando por uma situação complicada. Talvez seu chefe lhe tenha dado um *feedback* duro, você tenha acabado de receber um diagnóstico ruim de saúde ou estava preocupado ou decepcionado com um filho, parceiro ou irmão.

Como você normalmente responde a si mesmo em tais situações?
- O que você diz a si mesmo?
- Seu tom é terno ou duro?
- Que palavras usa?
- Há algum gesto físico de gentileza?

Reserve um momento e observe como você normalmente reage a si mesmo quando está passando por um momento difícil. Se quiser, também pode tomar notas.

Agora reserve um tempo para se lembrar de um ou alguns momentos em que seu parceiro estava passando por uma situação muito difícil. Talvez ele tenha recebido um *feedback* negativo no trabalho, um diagnóstico ruim de saúde, ou estivesse com um problema de relacionamento com um filho, um irmão ou até com você mesmo.

Como você normalmente responde ao seu parceiro quando ele está passando por um momento difícil?
- O que você diz?
- Seu tom é gentil ou crítico?
- Que palavras você normalmente usa?
- Há algum gesto físico de gentileza?

Reserve um tempo para observar como você normalmente responde ao seu parceiro durante momentos difíceis. Pode ser útil tomar nota disso também. Agora observe a relação entre suas respostas às três pessoas diferentes: em qual delas é mais fácil sentir compaixão? O que lhe é mais desafiador? As respostas são quase iguais?

A pesquisadora Kristin Neff e seus colegas observaram a diferença entre os dois primeiros cenários. Eles descobriram que a grande maioria das pessoas (78%) é mais compassiva com os outros do que consigo mesmas. Dezesseis por cento sentem uma compaixão parecida consigo mesmas e com os outros, e apenas 6% são mais compassivas consigo mesmas do que com os outros. Embora eu não tenha conhecimento de pesquisas que analisem a compaixão dirigida a um parceiro *versus* a nós mesmos, quando utilizo este exercício no programa Compaixão para Casais, as pessoas muitas vezes descobrem que tratam seus parceiros ainda pior do que tratam a si mesmas e geralmente ficam surpresas ao se dar conta disso.

A boa notícia é que Neff e seus colegas também realizaram pesquisas que mostraram que quando as pessoas aprendem a ter autocompaixão, elas também aumentam os comportamentos relacionais positivos e diminuem os negativos. Então você pode dizer que as pessoas que aprendem a ter autocompaixão também se tornam mais gentis em seus relacionamentos. Longe de nos transformar em narcisistas, a autocompaixão na verdade nos ajuda a melhorar nossos relacionamentos.

AUTOCOMPAIXÃO: ATENÇÃO PLENA, HUMANIDADE COMPARTILHADA E AUTOGENTILEZA

Kristin Neff, pesquisadora líder na área da autocompaixão, sustenta que a autocompaixão é composta de três componentes: atenção plena, humanidade compartilhada e autogentileza. Esses três componentes devem estar concomitantemente presentes para que haja autocompaixão. Nos capítulos que se seguem, examinaremos em detalhes cada um desses componentes e como podemos aplicá-los a serviço do desenvolvimento da autocompaixão. Por enquanto, vamos explorá-los brevemente, da mesma maneira que os exploramos no programa de Mindful Self Compassion (MSC) desenvolvido por Christopher Germer e Kristin Neff.

Atenção plena (*mindfulness*)

O primeiro componente do modelo de autocompaixão de Neff é a atenção plena. Muitos de nós ficamos presos na história do que está acontecendo conosco, ruminando sobre um problema que podemos ter, em vez de vê-lo de uma maneira mais equilibrada e objetiva. Por outro lado, podemos deixar de perceber que há um problema. Gosto de pensar na atenção plena como uma espécie de consciência equilibrada, que vê a verdade do que está acontecendo sem torná-la maior ou menor do que realmente é. A atenção plena também nos ajuda a manter a consciência do problema, juntamente com a consciência do panorama geral do que também é verdade neste momento. Por exemplo, tive um problema no joelho que dificultava subir escadas. Eu poderia apenas ter ignorado o fato e tirado isso da cabeça enquanto estava sem subir escadas, mas essa atitude teria me impedido de reconhecer que havia um problema e de procurar o tratamento adequado. Enquanto isso, o problema provavelmente pioraria.

> A atenção plena (*mindfulness*) envolve uma consciência equilibrada que vê a verdade sem tornar o que está acontecendo maior ou menor do que realmente é.

Por outro lado, eu poderia ter ruminado sobre a dor no joelho, refletindo sobre o quão forte ficaria. Por exemplo, meu consultório ficava no segundo andar. O que aconteceria se eu não conseguisse mais subir as escadas até lá? Eu teria que fechá-lo? E o que aconteceria quando eu ficasse sem renda? A ruminação poderia criar um sofrimento muito maior do que a dor física.

A abordagem consciente me fez reconhecer a dor no joelho e que eu tinha opções para tratá-la. E, por fim, se necessário, eu poderia mudar para um consultório no primeiro andar. A abordagem consciente levou a muito menos sofrimento do que se eu tivesse tentado negar o problema ou se tivesse focado demais nele. Vamos reservar um momento para que você possa identificar e trabalhar com sua própria tendência. Descompactarei lentamente uma variação da prática de autocompaixão do MSC, intercalando-a com uma compreensão mais detalhada de cada componente. Assegure-se de fazer as três práticas "Experimente" para que tenha uma noção de como lidar de maneira hábil com situações dolorosas.

Experimente

Colocando a autocompaixão em prática
Parte I — Atenção plena

Áudio 8 (disponível em inglês)

Lembre-se de algo que você está enfrentando e que está lhe causando angústia. Não use a situação mais estressante da sua vida; pense em algo que produza uma angústia de nível 3 a 4 em uma escala de 0 a 10 (sendo 10 insuportável). Permita-se se abrir totalmente à situação.

Ao considerar a dificuldade, observe para onde vai sua mente.

- Você tende a afastar ou reprimir o problema?
- Você tende a aumentá-lo, talvez antecipando os outros problemas que ele pode causar?
- Você é capaz de voltar e considerar apenas a realidade do que está acontecendo neste momento?

O que está acontecendo com suas emoções?

- Você consegue perceber o sentimento — tristeza, medo ou o que quer que possa estar presente?
- Você está afastando o sentimento?
- Está alimentando-o e tornando-o mais intenso?
- Veja se consegue encontrar o caminho de volta a se abrir ao sentimento, seja ele qual for.
- Talvez você possa nomear o sentimento.

Por fim, observe o que está acontecendo em seu corpo. Muitas vezes, é possível sentir um determinado problema em um ponto específico do corpo.

- Reserve um momento e examine seu corpo para ver onde você o sente com maior facilidade. Você pode notar, por exemplo, uma dor no peito ou um vazio no ventre. Talvez seja um nó na garganta ou um rosto vermelho e quente.
- Reserve um momento para reconhecer o que o corpo está manifestando.
- Se puder, tente dar um pouco de suavidade à área que está contendo a tensão.
- Você pode até oferecer a gentileza de colocar uma mão sobre esta parte do corpo.

Você pode permitir que as coisas fiquem exatamente assim por enquanto?

Abrir-nos à nossa situação tal como ela é, sem afastá-la nem nos deixar levar, pode realmente ser um alívio. Quando permitimos que a realidade seja como é, não estamos dizendo que concordamos ou que está tudo bem para nós, e sim simplesmente reconhecemos tal realidade. O corpo pode se suavizar, as emoções podem se acalmar, e a mente pode descansar sabendo que isso está *assim* agora. Mantemos isso junto com a sensação de impermanência, que nos lembra de não nos apegarmos à realidade atual, pois muitas vezes ela muda.

Humanidade compartilhada

O segundo componente do modelo de autocompaixão de Neff é a humanidade compartilhada, que nos lembra que problemas acontecem com todos os seres humanos. Ficamos doentes, nos sentimos rejeitados, fracassamos e assim por diante. Não estamos sozinhos nisso, faz parte da condição humana partilhada. Dito isto, é importante reconhecer que, embora todos os seres humanos sofram, nem todos sofrem igualmente. Em razão da injustiça sistêmica e de circunstâncias individuais, o grau de sofrimento experimentado não é o mesmo para todos. A humanidade compartilhada não diz que todos sofremos igualmente, e sim que todos os seres humanos sofrem. Por mais comuns ou raras que sejam nossas circunstâncias, há outros que enfrentam os mesmos desafios. Por exemplo, Neff frequentemente fala sobre como teve dificuldade com o diagnóstico de autismo de seu filho, o que isso significava para ambos, e como sua vida não seria como ela havia previsto. Um dia, ela estava em um parquinho com ele e sentiu a dor de estar em uma situação diferente da que esperava e da que as outras mães estavam quando percebeu que, na verdade, tinha muito em comum com elas. "É assim que todas as mães se sentem quando se preocupam com os filhos, lutando com o fato de a realidade não ser como acham que deveria ser ou se sentindo sobrecarregadas com as responsabilidades da maternidade." De repente, em vez de se sentir isolada, o que Neff chama de "o oposto da humanidade compartilhada", ela se sentiu conectada a todas as mães de todos os lugares. Essa conexão com outras pessoas lhe deu a confiança de que conseguiria superar isso. Vamos então dar uma olhada mais pessoal neste aspecto da autocompaixão.

Experimente

Colocando a autocompaixão em prática
Parte II — Humanidade compartilhada

Áudio 8 (disponível em inglês)

Lembre-se da mesma situação com a qual você trabalhou na prática anterior.

Observe quaisquer pensamentos de que a situação não deveria ser assim ou como os outros estão tendo uma experiência melhor enquanto você é o único com esse problema. Talvez você esteja tendo pensamentos que outras pessoas não entenderiam?

Que emoções você está sentindo? Talvez haja uma sensação de opressão, desesperança, desespero, medo? Veja o que lhe cabe.

Agora veja o que acontece quando você amplia um pouco sua perspectiva.

Você consegue se lembrar de pessoas que enfrentaram problemas semelhantes? Por exemplo, talvez você se sinta o único que não se sente amado em seu relacionamento principal?

Como seria se lembrar de outras pessoas que você conhece e que já sentiram o mesmo que você? E pessoas que você não conhece? Pode haver outras que compartilhem da mesma experiência que você ou algo semelhante?

E se você percebesse que aquelas fotos sorridentes das redes sociais encobrem a dor que eles sentem, mas sobre a qual não falam? Talvez você consiga reconhecer a maneira como também não fala sobre a verdade da situação em que se encontra?

E se você ampliar ainda mais sua perspectiva de modo a incluir pessoas que estão com problemas neste momento? Inclua pessoas, estejam elas enfrentando o mesmo problema que o seu ou não.

Você consegue perceber que experimentar perdas, fracassos e decepções faz parte da vida, mesmo que não seja todo mundo que os estejam enfrentando neste momento? Você não está sozinho, mesmo que agora pareça estar. As lutas fazem parte da vida de todo mundo. Às vezes, é difícil sentir a verdade de que não estamos sozinhos. Pode parecer muito vulnerável deixar-se sentir isso agora, e você pode perceber a resistência surgindo. Tudo bem, também. Talvez apenas abrir sua mente para a possibilidade de não estar sozinho seja suficiente por enquanto.

Se puder, imagine-se cercado por outras pessoas que também estão passando por dificuldades agora.

- Como você acha que eles podem estar se sentindo?
- Eles podem estar tendo sentimentos iguais ou semelhantes aos seus?
- Todos que você está visualizando agora, na verdade, compartilham a sua dor.

Você pertence, é compreendido e não está sozinho. Juntos vocês podem enfrentar a dor dessa situação.

Como temos uma profunda necessidade de pertencer, grande parte da nossa dor está em sentir que estamos sofrendo sozinhos. Quando acreditamos que o resto do mundo tem vidas perfeitas, sentimos que há algo errado conosco por termos todos esses problemas. Quando percebemos que essas lutas são inevitáveis e que todos teremos algum problema ao longo da vida, libertamo-nos do fardo adicional de nos culparmos pela nossa situação e de sentirmos que há algo de errado conosco por nos sentirmos assim. Além de nos fazer sentir menos sozinhos e menos defeituosos, quando reconhecemos a humanidade compartilhada, nós pertencemos. Nosso coração agora pode se abrir. Podemos superar isso, assim como outras pessoas ao nosso redor superaram ou estão superando essa luta específica. Há força nos números.

Autogentileza

O terceiro componente do modelo de autocompaixão de Neff é a autogentileza. Ela vê a autogentileza como o oposto da autocrítica ou do autojulgamento. Quando a vida não vai bem para nós, como nos relacionamos conosco? Muitas pessoas pensam que se forem gentis consigo mesmas não chegarão a lugar algum, por isso se esforçam de maneira dura e crítica a fim de se motivarem. No entanto, as pesquisas mostram que o verdadeiro é exatamente o oposto. O autojulgamento severo apenas nos fecha e nos torna menos capazes de alcançar nossos objetivos. Alguns de nós foram recebidos com palavras duras, críticas e indelicadezas por familiares ou outros entes queridos, e internalizamos essas mensagens indelicadas e continuamos dizendo essas coisas duras a nós mesmos. Pensando no exercício anterior deste capítulo, em que você comparou o modo como trata os outros com o modo como trata a si mesmo, o que você percebeu? Como observei anteriormente, uma pesquisa sugere que 78% das pessoas se tratam pior do que tratam os outros. Não é porque eles não sabem ser gentis. Em vez disso, o fato de tratarmos os outros com gentileza diz que *podemos* ser gentis. Precisamos apenas praticar como direcionar essa gentileza a nós mesmos. Vamos continuar nossa prática e ver o que acontece quando tentamos nos tratar com autogentileza ao invés do autojulgamento.

> ## Experimente
>
> Colocando a autocompaixão em prática
> Parte III — Gentileza
>
> *Áudio 8 (disponível em inglês)*
>
> Mais uma vez relembrando a situação com a qual você trabalhou nas práticas anteriores, abra-se para a dor da situação, lembrando que você não é o único a sentir essa dor:
> Você é capaz de se oferecer algum gesto de gentileza?
> Talvez colocar a mão na parte do corpo que contém a angústia, como uma maneira de oferecer calor e apoio?
> Se desejar, você pode convidar essa parte do corpo a se suavizar um pouco, sem exigir que ela mude — apenas suavizar ao redor dela, proporcionando um lugar macio para o corpo relaxar e liberar qualquer tensão que não lhe esteja sendo útil no momento.
> Leve o tempo que precisar.
> Há alguma palavra gentil que você precisa ouvir?
> Talvez palavras que você ofereceria a um amigo querido que estivesse passando pela mesma dificuldade? "Estou aqui para ajudá-lo" ou "Você vai superar isso" ou "Isso é muito difícil e não é sua culpa".
> Tente oferecer as mesmas palavras gentis a si mesmo agora. Você pode precisar articulá-las repetidamente.
> E, somente se parecer que isso é certo, você pode tentar deixar as palavras entrarem, para que receba sua própria gentileza.
> Leve o tempo que precisar.
> Antes de terminar este exercício, reserve um momento para observar quaisquer efeitos dele.
>
> - Como você se sente agora?
> - Alguma coisa mudou?
> - Qual parte destes exercícios foi mais poderosa? Atenção plena? Humanidade compartilhada? Autogentileza?
> - Houve alguma parte que não soou adequada?
>
> Houve, talvez, alguma parte que pareceu demais? Tudo bem, também. Você pode simplesmente pegar as partes que são boas para você agora.

O que aconteceu com você quando você se ofereceu gentileza? Isso pode ser um grande desafio e uma cura profunda. Se pareceu profundamente curativo, você está no caminho da autocompaixão. Se foi desafiador, não se desespere. Essa é uma experiência comum quando começamos a aprender a ter autocompaixão. Examinaremos cada um desses três componentes mais detalhadamente nos capítulos seguintes, à medida que aprendemos a cultivar a compaixão por nós mesmos, por nosso parceiro e por nossos relacionamentos. Iremos descompactá-los de uma maneira mais lenta e acessível, o que pode fazer toda a diferença.

Autocompaixão: do estado à característica

> *Um momento de autocompaixão pode mudar todo o seu dia.*
> *Uma série de momentos assim pode mudar o curso da sua vida.*
> — Christopher K. Germer

Adoro essa reflexão de Chris Germer. É muito verdadeira. O que ele está apontando é que o estado de autocompaixão é maravilhoso, mas que o verdadeiro poder está em ter a autocompaixão como característica. Como passamos de experimentar um estado de autocompaixão para desenvolver uma forma de ser que envolva autocompaixão? Coletando uma série de momentos assim, pois o que praticamos fica mais forte. Portanto, se praticarmos a autocrítica, o autoisolamento ou a ruminação, como muitos de nós passamos a vida fazendo, esse hábito se fortalecerá. Se, em vez disso, praticarmos a autocompaixão, esse hábito se tornará mais forte, eventualmente tornando-se o nosso padrão.

Com o tempo, essa prática nos ajuda a cultivar e a aprofundar nossa capacidade de estar no sistema de cuidado, em vez de nos basearmos na reatividade ou sermos apanhados em esforços intermináveis para resolver nossos problemas. Como observa Gilbert, no sistema de cuidado nos sentimos contentes, conectados e seguros. Quem não gostaria de passar mais tempo se sentindo assim?

Como praticar a autocompaixão

É útil abordar nossa prática como um grande experimento. Somos todos diferentes e estamos em circunstâncias atuais distintas. Levando isso em consideração, o que se necessita ou será útil em uma determinada ocasião provavelmente variará de um momento para outro e de uma pessoa para outra.

Algumas práticas serão úteis para você e outras não — a única maneira de descobrir é experimentando-as. O programa que gosto para aprender autocompaixão é o de MSC. É o programa mais estabelecido e bem validado para aprender autocompaixão, e muitas das práticas que vou sugerir vêm deste programa ou são adaptadas dele. Darei uma introdução a algumas delas aqui, mas espero que você siga o programa se quiser se aprofundar.

Uma das práticas mais simples e acessíveis que gosto é a que chamamos de *Toque calmante* ou *Toque de apoio*. Estamos programados para sermos confortados por um toque gentil. A boa notícia é que podemos ativar nossa própria fisiologia com um toque gentil e intencional. No exercício a seguir, você terá a oportunidade de tentar encontrar o local que funciona melhor para si.

Experimente

Encontrando apoio por meio do toque

Áudio 9 (disponível em inglês)

Comece colocando a mão no coração. Pode ser útil fechar os olhos e sentir o que acontece em seu corpo e o que acontece mental e emocionalmente quando você coloca a mão ali.

Reserve um momento para notar a suave pressão da mão e talvez a sensação de calor.

O que acontece em seu corpo quando você coloca a mão no coração?

Agora, mantenha a mão no coração e coloque a outra no ventre.

Reserve algum tempo para perceber como é quando você posiciona as mãos assim.

Continue experimentando como é colocar as mãos em diferentes lugares do corpo. Você pode tentar posicioná-las das seguintes maneiras:

- Ambas as mãos no ventre.
- Segurar uma ou ambas as bochechas com as mãos.
- Alisar delicadamente seu antebraço com a mão oposta.
- Alisar uma ou ambas as coxas.
- Colocar as mãos de volta no coração e esfregar ou bater na área do coração.
- Fechar a mão e colocá-la sobre a área do coração. A outra mão pode segurar suavemente a mão fechada ou o braço.
- Cruzar os braços e dar um aperto suave — um autoabraço furtivo.
- Dar as mãos.

> Reserve algum tempo agora apenas para ver onde seu corpo lhe dá o apoio e a segurança de que você precisa. Pode ser um desses lugares ou outro — como a garganta. Veja qual é o lugar no seu caso.

O que aconteceu quando você tentou esse toque de apoio? Você encontrou uma área que era reconfortante e calmante? Nesse caso, é útil saber que esse simples toque pode ajudar a acalmar sua fisiologia quando você precisar. Lembre-se de que queremos transmitir coisas que sejam úteis; portanto, se você encontrou um local que seja útil, continue usando-o intencionalmente, pelo menos uma vez ao dia. Se você se sentiu neutro em relação a isso, escolha um local e experimente pelo menos diariamente. Muitas vezes, depois de alguns dias, a prática começa a ter um efeito positivo. Se o toque gentil na verdade o fez se sentir mal, é um sinal de que isso não é bom para você — pelo menos não agora. Existem boas razões pelas quais o toque nem sempre tem o efeito desejado (falarei mais sobre isso adiante). Por enquanto, saiba que nunca quero que você se coloque em uma situação que pareça prejudicial. O modo como aprendemos a autocompaixão deve ser autocompassivo e feito a partir do sentimento de segurança e de preparação para a abertura — nunca se forçando além do que lhe parece certo.

Sentir-se seguro enquanto pratica

Queremos permanecer dentro da nossa janela de tolerância — um termo cunhado por Dan Siegel, especialista em neurobiologia interpessoal. A janela de tolerância é o nível de segurança em que nos sentimos capazes de continuar funcionando, mesmo que nos sintamos um pouco desafiados. David Treleaven, especialista em como praticar a atenção plena sem provocar traumas, explica isso muito bem: "Quando as pessoas estão em sua janela de tolerância, é mais provável que se sintam estáveis, presentes e reguladas. Quando estão fora desta zona, é mais provável que se sintam provocadas, fora de controle e desreguladas".

Os sinais de que não estamos mais na janela de tolerância incluem muita excitação (hiperexcitação) e pouca excitação (hipoexcitação). Treleaven continua descrevendo esses estados:

Quando estamos hiperexcitados, há demasiada energia no sistema: podemos ser atormentados por pensamentos intrusivos, ficar ansiosos e nos sobrecarregar facilmente, e podemos ter dificuldade em relaxar ou nos concentrar.

Quando hipoexcitados, sentimos uma falta de energia que causa ausência de sensações, falta de concentração e sensação de imobilidade... Neste estado, as pessoas relatam sentir-se passivas, desinteressadas, desmotivadas e entorpecidas.

Só para deixar claro aqui, e sem entrar em detalhes neste tópico importante, a hipo e a hiperexcitação envolvem o modo como estamos conectados como seres humanos. Eles servem a propósitos importantes, de modo que estar fora de sua janela de tolerância não significa que você fez algo errado ou que há algo inerentemente errado com você. Em vez disso, em geral significa que sobrevivemos a dificuldades em nossas vidas que deixaram alguns resíduos — e que a situação atual em que nos encontramos não nos é adequada de algum modo. Portanto, encontrar-se fora de sua janela de tolerância, embora desconfortável, é um sinal de que você precisa modificar o que está praticando a fim de se sentir mais seguro.

O problema é que você escolhe o que parece certo *para você*. Ao longo deste livro, ofereço práticas para ajudá-lo a cultivar a compaixão por si mesmo e por seu parceiro. Dependendo de suas experiências de vida, algumas práticas serão mais habilidosas e eficazes para você praticar e outras não serão tão úteis. Uma das melhores maneiras de praticar a autocompaixão é personalizar sua prática com base na pergunta essencial "Do que eu preciso agora?". Se você estiver fora de sua janela de tolerância, precisará mudar o que ou como está praticando. Como diz o ditado, "menos é mais" e muitas vezes mais é menos.

> Pergunte a si mesmo do que você precisa agora para ajustar sua prática de autocompaixão, a fim de permanecer dentro de sua janela de tolerância.

A primeira coisa a se fazer se você estiver começando a se sentir um pouco sobrecarregado é ver se há uma maneira de diminuir a intensidade do que você está praticando. Por exemplo, quando praticamos o cultivo da gentileza afetuosa, em vez de desejar algo como "Posso me aceitar como sou", podemos diminuir a dose adicionando qualificadores. Quanto mais qualificadores, menor será a dose. Portanto, a frase poderia se tornar (só para exagerar um pouco): "Posso começar a considerar a possibilidade de eventualmente me aceitar como sou". Você vê como isso diminui a intensidade?

Se a sobrecarga ainda assim estiver forte demais, muitas vezes é útil mudar a prática para algo mais seguro. No próximo capítulo exploraremos práticas de atenção plena que podem nos ajudar a nos sentir seguros novamente, como práticas para direcionar a atenção a um objeto externo, como uma árvore, sentir as solas dos pés ou voltar a atenção à respiração.

Se tivermos alguma dificuldade durante o processo, é provável que, à medida que passamos pela vida, tenham acontecido coisas difíceis com as quais talvez não tínhamos recursos para lidar no momento. Então, recolhemos os sentimentos dolorosos e os guardamos. Isso é adaptativo, pois nos ajuda a prosseguir com a vida. Então, quando temos a oportunidade de abrir a porta do coração para possibilitar a entrada da autocompaixão, essas experiências dolorosas surgem. Em outras palavras, agora que estamos nos abrindo para nossas experiências, podemos descobrir que ainda existe alguma dor. Pode parecer opressor ou desanimador quando sentimos dor enquanto oferecemos compaixão — isso é chamado de *backdraft* no programa MSC. Muitas vezes, parece que algo deu errado, no entanto, não é um sinal de que algo deu errado; na verdade, indica que finalmente estamos conseguindo o que precisamos. Também é um sinal de que a dose é muito forte. Assim como ao iniciar um antidepressivo você não começa com a dose eficaz, mas sim com a dosagem que seu corpo pode tolerar, e vai aumentando-a gradualmente conforme sua tolerância aumenta, na prática da autocompaixão queremos começar com uma dose que não cause dificuldades para nós. Portanto, não tenha pressa e avance aos poucos nessas práticas, conforme necessário. Você sempre pode retornar às coisas que ignorou quando se sentir pronto. Com o tempo, descobrirá que desenvolveu uma prática profunda e sustentável na qual pode confiar sempre que se sentir angustiado.

Aprender como nos tratar com autocompaixão nos dá a resiliência necessária para assumir o risco de sermos vulneráveis uns com os outros em nossos relacionamentos. A verdadeira intimidade exige que tragamos nosso verdadeiro eu para o relacionamento; sem isso, não nos sentiremos vistos e amados. Não podemos nos sentir vistos e amados quando nos escondemos e/ou fingimos ser outra pessoa para que os outros gostem de nós.

Reservar um tempo para desenvolver a prática da autocompaixão nos beneficia tanto do ponto de vista pessoal quanto relacional. Uma pesquisa mostra que as pessoas que têm autocompaixão têm maior satisfação no relacionamento e um apego mais seguro. Elas aceitam mais seu parceiro e apoiam sua autonomia, ao mesmo tempo em que se sentem mais conectadas e menos desapegadas. A autocompaixão também está associada a menos comportamentos controladores e menor abuso verbal e físico. Nos capítulos seguintes, nos aprofundaremos no desenvolvimento da compaixão por nós mesmos, por nosso parceiro e por nossos relacionamentos através das lentes destes três componentes: atenção plena, humanidade compartilhada e autogentileza.

PARTE II
CONSTRUINDO UMA BASE PARA A COMPAIXÃO NOS RELACIONAMENTOS
Atenção plena, humanidade compartilhada e gentileza

Nesta seção, passamos da compreensão de como as coisas dão errado em um relacionamento para o cultivo de uma base para a compaixão por nós mesmos e pelos outros através das lentes da atenção plena, da humanidade compartilhada e da gentileza. Esta seção ajuda a abrir o coração e a construir (ou fortalecer) laços sólidos entre parceiros, baseados na gentileza, no carinho e na compaixão.

6
Estando presente
Habilidades de atenção plena para ver com clareza e reagir com calma

*A maior parte das pessoas acredita que vulnerabilidade é fraqueza.
Mas, na verdade, vulnerabilidade é coragem. Devemos nos perguntar...
estamos dispostos a aparecer e sermos vistos?*
— Brené Brown

Minha primeira sessão com Hanna me deixou um tanto exausta. Por 50 minutos, sua raiva pelo parceiro explodiu em todos os cantos do meu consultório enquanto ela detalhava todas as falhas de caráter dele. A mais flagrante dessas falhas parecia ser que ele nunca levava em consideração suas necessidades. Isso parecia ser a raiz de suas muitas histórias de como ela foi esquecida e ferida. Ela criticava o comportamento dele. Como ele poderia simplesmente ignorá-la?! Tudo em suas vidas parecia girar em torno das necessidades dele. Pude perceber que ela estava com raiva e machucada. Eu me perguntava como isso a afetara. Quais efeitos não ser vista nem considerada foram exercidos sobre ela. Mas Hanna não estava interessada em analisar nada disso. Não queria falar sobre sua própria experiência nem sobre o fato de estar com raiva. Quando questionada, imediatamente voltava a detalhar como o marido a havia injustiçado. Ela estava furiosa e insistia que ele precisava mudar.

Esta é uma situação complicada para um terapeuta. É como aquela velha piada: "Quantos terapeutas são necessários para trocar uma lâmpada? Um, mas é preciso que a lâmpada queira ser trocada." Não é incomum que nossos pacientes queiram que mudemos seus pais, irmãos, parceiros, filhos, colegas e outras pessoas em suas vidas. Além do fato de não termos realmente o poder de mudar outras pessoas, só podemos trabalhar com aqueles que estão lá na terapia. Hanna estava lá para terapia individual. Seu parceiro não tinha interesse em fazer terapia de casal. Além de ouvi-la e validar que essas situações seriam realmente difíceis de tolerar, continuar discutindo como seu parceiro era uma pessoa má aos seus olhos não seria útil para Hanna, e ela estava determinada a fazer exatamente isso. O que eu sabia era que ela precisava ser vista. O que ela precisava de seu parceiro — ser vista e ter importância — deveria acontecer em *nossa* sessão. Eu precisava vê-la e me preocupar com Hanna para que ela pudesse começar a ver e a se importar consigo mesma. O que foi exaustivo naquela primeira sessão foi que sua determinação em se concentrar no parceiro estava a impedindo de obter o que realmente precisava.

Quando nossa segunda sessão começou exatamente da mesma maneira, eu sabia que precisava tentar algo diferente. Em um dado momento, consegui dizer: "Seu parceiro pode realmente ser todas essas coisas. Não sei; não o conheci. Mas há alguém do outro lado que está verdadeiramente sofrendo e ainda assim não está recebendo nenhuma atenção — nenhuma atenção do seu parceiro e nenhuma atenção da nossa parte. E essa pessoa é você". Ela ficou atordoada. Estava lá à vista de todos: nós a estávamos ignorando também. Mesmo em sua sessão de terapia individual, seu parceiro estava recebendo toda a atenção. A raiva se transformou em tristeza e Hanna finalmente "entrou" no consultório pela primeira vez.

Poderíamos agora explorar como era horrível querer ser vista e não ser, repetidamente. Vimos como isso soava inseguro para Hanna. Sua vulnerabilidade era palpável, e ela usava a raiva como um escudo protetor que a impedia de se dar conta e de sentir a vulnerável situação em que se encontrava. Ao examinarmos sua experiência de forma aprofundada, Hanna percebeu como era, na verdade, maior do que esse relacionamento. A maioria de seus relacionamentos era caracterizada pelo foco no outro, excluindo a si mesma. Na verdade, a raiz disso parecia ser que, enquanto ela crescia, ninguém parecia vê-la ou considerá-la. Ela se lembrava de seu pai dizendo: "As crianças devem ser vistas e não ouvidas". A maneira como ela aprendeu a sobreviver foi estando atenta ao que os outros precisavam e se comportando de modo a ter a menor probabilidade de deixar seus pais infelizes (e fazê-la sentir-se insegura). Esta foi a melhor estratégia para ela na infância; contudo, na idade adulta, este padrão impediu-a de ver e cuidar de suas próprias necessidades e deixou-a vulnerável a se subordinar aos desejos e vontades dos outros. Hanna estava com muita raiva porque passou a vida inteira sendo marginalizada.

Somente abrindo-se e olhando para sua própria experiência é que Hanna seria capaz de melhorar sua situação. Ela tinha que começar a cuidar de si mesma, precisava sair de sua posição infantil de desejar ser vista pelos outros para que *eles* atendessem às suas necessidades e a mantivessem segura de acordo com seu próprio curso de ação. Precisava começar a ser capaz de enxergar a si mesma para poder atender às *suas* necessidades e manter-se segura, mesmo quando outras pessoas não fossem capazes de fazer isso por ela. Hanna precisava passar da pergunta "*Você* pode me ver?" para "O que está acontecendo *comigo* agora?".

ATENÇÃO PLENA AO LONGO DE UM ESPECTRO

A pergunta "O que está acontecendo comigo agora?" é, na verdade, o início da atenção plena, o primeiro componente da autocompaixão. O modelo de Neff enfatiza a atenção plena *versus* a superidentificação, que, neste caso, quer dizer ruminação. A ruminação ocorre quando percebemos o que está acontecendo e ficamos obcecados com isso. Os pensamentos a respeito aparentemente ocupam todos os momentos em que estamos acordados, e ficamos presos no passado (quão ruim foi) ou no futuro (quão ruim será). Podemos criar histórias para nós mesmos, como a minha história sobre a dor no joelho no capítulo anterior. Quando ficamos presos na ruminação, nossa visão fica distorcida, e assim sofremos mais.

Gosto de pensar na atenção plena, bem como nos outros dois componentes da autocompaixão — humanidade compatilhada e autogentileza — como ocorrendo ao longo de um espectro, como mostra o diagrama a seguir.

Ao longo do espectro da atenção plena, se a superidentificação estiver em um extremo, no outro extremo não nos damos conta de nossa experiên-

ATENÇÃO PLENA

Evitação —— Atenção plena —— Ruminação

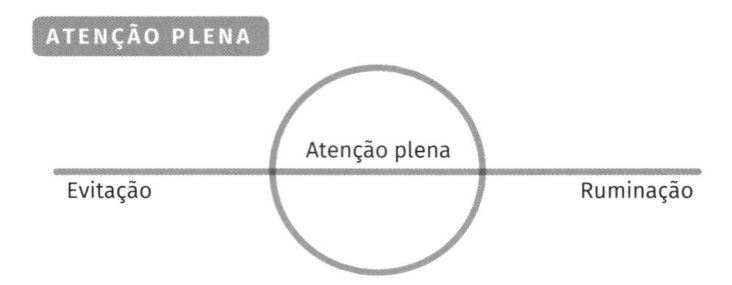

cia, como aconteceu com Hanna. Ela estava ciente de sua raiva, mas apenas vagamente. A maior parte de sua atenção estava voltada para o quão ruim era seu parceiro. Na verdade, ela passou muito pouco tempo curiosa ou tentando entender como estava se sentindo.

Faz sentido, porque ela aprendeu a sobreviver à infância sem ser vista e sentindo-se insegura, tornando-se um tanto quanto invisível. Ela sobreviveu sem se dar conta de sua própria dor. Agora, quando se permitiu saber o quão doloroso era para ela, a dor parecia insuportável. Inicialmente, sentiu-se impotente em mudar sua situação, então o ato de não perceber era uma espécie de entorpecimento. Mas isso na verdade veio de sua infância, quando ela *efetivamente* não tinha como mudar sua situação. Sendo adulta, ela *tem esse poder*, embora mudar seja difícil. O que Hanna precisava era reivindicar esse poder por meio da clareza que surge quando nos abrimos e sentimos curiosidade acerca de nossa própria experiência. Sem ter consciência dos danos que seu casamento estava lhe causando, Hanna permaneceria presa e impotente para mudá-lo. Ao não ver como *ela* estava se sentindo — uma estratégia da infância usada para buscar segurança e evitar estar no sistema de ameaça/defesa —, estava, na verdade, presa em um relacionamento que acionava cronicamente seu sistema de ameaça/defesa.

Quando Hanna começou a se abrir e a vivenciar sua raiva, em vez de apenas se fixar em quão ruim seu parceiro era, ela começou a se familiarizar com a sensação de raiva em seu próprio corpo. Seu corpo esquentou, seu coração bateu mais rápido e ela ficou cheia de energia. Ela podia sentir o poder da raiva e tinha um pouco de medo disso, de que fosse destrutiva em sua raiva, como seus pais às vezes eram. Essa percepção foi o começo para que Hanna começasse a recuperar uma parte de si que havia sido tolhida.

Gradualmente, percebeu que poderia ser fortalecida por sua raiva sem agir de maneira prejudicial. Também começou a se dar conta da dor por trás da raiva. Ela podia ver os padrões de como se sentia impotente diante da dor e como desenvolveu um escudo protetor. Esse escudo a deixou menos vulnerável, mas também a impediu de ser vista e conhecida em seu relacionamento principal. Parte do motivo pelo qual seu parceiro não conseguia vê-la era porque ela se mantinha escondida atrás do escudo que a protegia de se ferir. Ela não mostrou ao parceiro quem realmente era. Aliás, como poderia, se ela mesma não sabia quem era?

> Um escudo pode nos tornar menos vulneráveis, mas também nos impede de sermos vistos e conhecidos em nossos relacionamentos.

O PODER DE VER CLARAMENTE

Um aspecto da atenção plena é a consciência equilibrada, ou visão clara, que surge quando nos abrimos totalmente à nossa experiência, sem afastá-la nem exagerar. É claro que o ato de não perceber obscurece a visão e não enxergamos o que está acontecendo. Mas a ruminação também distorce nossa visão. Abrir-se às situações como elas são, nem mais nem menos, é fortalecedor. Quando estamos em contato com a verdade da situação, por meio da nossa capacidade de ver claramente, começamos a compreender o que é necessário. Conhecimento é poder. No caso de Hanna, ver com mais clareza possibilitou-lhe sair de sua posição estagnada para ver a si mesma e começar a identificar e respeitar suas próprias necessidades e experiências. Ela também começou a se curar da dor que sentiu no início da vida — a dor que a deixou com uma visão distorcida das situações, da mesma maneira que os reflexos do labirinto de espelhos distorcem nossa visão da realidade. À medida que ela pôde ver com maior clareza, começou a estabelecer limites para os outros e a atender suas próprias necessidades.

> Abrir-se às situações como elas são, nem mais nem menos, nos capacita a ver claramente e identificar o que é necessário.

Não ver: uma estratégia para a opressão

Enfim, por que iríamos querer não enxergar? Bem, muitas vezes resistimos e evitamos o que não gostamos. Pode ser doloroso ou opressor abrir-se totalmente à verdade da nossa situação. Podemos ter guardado nossa experiência porque não tínhamos recursos para lidar com ela na época. A boa notícia é que esta não é uma situação que vai ficar sem solução. Podemos abrir-nos totalmente à nossa situação, mas o faremos quando tivermos os recursos para lidar com o sofrimento. Antes, "não perceber" era nossa estratégia (muitas vezes inconsciente) para administrar o sofrimento. Agora podemos usar outras ferramentas e habilidades para gerenciá-lo, e uma poderosa ferramenta é a prática da atenção plena.

PRÁTICAS DE ATENÇÃO PLENA PARA RESTAURAR O EQUILÍBRIO

Atenção plena (mindfulness) é um rótulo tão comum hoje em dia que é difícil saber o que realmente queremos dizer com esse termo. Jon Kabat-Zinn, que desempenhou um papel fundamental na transferência da prática da atenção plena dos mosteiros budistas para nossa vida cotidiana, define-a como "a consciência que surge ao prestar atenção, propositalmente e sem julgamento, no momento presente". Essa definição, como todas as definições, empalidece em comparação com a *experiência* da atenção plena. É semelhante à diferença entre morder um pêssego saboroso no auge da estação, ainda quente do sol e fresco da árvore, e ler sobre o sabor dos pêssegos. Ainda assim, o meio que temos aqui são as palavras, então vamos explorar a atenção plena da melhor maneira possível, especialmente no que se refere a como experimentamos um relacionamento.

É importante notar aqui que a atenção plena é um tópico muito mais amplo do que teremos tempo e espaço para explorá-lo. O desenvolvimento de uma prática pessoal de atenção plena é muito relevante (você encontrará alguns recursos para investigação adicional ao final deste livro). Para nossos propósitos, gostaria de focar aqui nas maneiras pelas quais a prática da atenção plena pode melhorar um relacionamento.

Dois tipos de prática de atenção plena podem ser muito úteis para desenvolver habilidades que apoiam a capacidade de se envolver habilmente em um relacionamento. A primeira, a atenção focada, pode nos ajudar a encarar o momento de uma maneira que nos estabilize, com práticas que podemos usar para permanecer ou retornar à nossa janela de tolerância (o lugar em que ainda somos capazes de atuar, mesmo quando nos sentimos desconfortáveis). O segundo tipo de prática, o monitoramento aberto, pode nos ajudar a expandir a consciência e compreensão de nós mesmos, de nosso parceiro e de nossos relacionamentos.

Práticas focadas

Vamos começar explorando a atenção focada. Quando nos sentimos inseguros ou oprimidos, as práticas de atenção focada podem ajudar a nos conectar e auxiliar nossa fisiologia a se acalmar. Como as ameaças à conexão com nosso parceiro podem nos parecer perigosas, ter práticas que ajudem a nos sentirmos ancorados pode nos auxiliar a permanecer em uma conexão segura ou retornar a ela. Estas práticas podem nos possibilitar interromper uma espiral descendente no relacionamento e mudar seu rumo.

No início, à medida que a raiva e o medo subjacente surgiam em Hanna, ela muitas vezes começava a sentir-se oprimida. Quando isso acontecia, ficávamos juntas, ombro a ombro, enquanto olhávamos para a árvore do lado de fora da minha janela. Hanna descrevia em detalhes a cor e o formato das folhas, a textura da casca, e assim por diante; ao fazê-lo, sua fisiologia se estabilizava e ela se sentia melhor. Era notavelmente rápido, muitas vezes em apenas 1 ou 2 minutos. Hanna estava usando uma estratégia de atenção focada, voltando sua atenção à árvore. Com o tempo, tornou-se menos assustador para ela olhar e sentir a raiva e o medo subjacentes, porque ela começou a confiar que poderia reencontrar segurança simplesmente praticando um foco profundo em elementos da natureza.

Na verdade, podemos escolher onde focar nossa atenção, e escolhas diferentes provavelmente terão efeitos distintos sobre nós. Vamos começar focando em um objeto externo, como Hanna.

> ## Experimente
>
> **Percebendo o mundo exterior**
>
> Reserve um momento agora e volte sua atenção para algo fora de você, como uma árvore do lado de fora da sua janela ou um quadro na parede. Apenas por alguns momentos, deixe sua atenção repousar nesse objeto.
>
> Permita-se sentir mais curiosidade em relação a ele, quer seja a primeira vez que você o vê ou algo que vê o tempo todo. Olhe atentamente para o objeto.
>
> Repare nos detalhes. Ao olhar para uma árvore, por exemplo, observe seu formato. Ela está em movimento ou parada no momento? E quanto a folhas ou espinhos, há alguns? Quais são suas formas e cores? Eles estão aglomerados ou distribuídos? E os ramos? Esta é uma árvore que cresceu reta e alta ou que se espalhou amplamente? E o tronco da árvore? Qual é sua textura? Se você estiver perto dela, observe seu cheiro e a sensação quando a toca.
>
> Deixe-se levar pela exploração deste objeto de maneira plena. Abra-se à curiosidade.
>
> Faça isso pelo tempo que quiser.
>
> Quando seu foco naturalmente diminuir, faça uma pausa e observe como você se sente.
>
> Quais foram os efeitos desta prática? Como você está se sentindo física, emocional e mentalmente?
>
> Agora veja se você deseja continuar percebendo as coisas. Se tiver terminado, pode agradecer a si mesmo por prestar atenção à sua vida.
>
> Se quiser continuar, dê uma olhada e veja o que mais atrai sua curiosidade. O que mais chama sua atenção?
>
> Então, quando algo chamar sua atenção, abra-se novamente à curiosidade em relação àquele objeto específico.
>
> Faça isso pelo tempo que quiser e, quando chegar a hora de seguir em frente, você pode escolher outro objeto ou encerrar a prática por enquanto.
>
> Sempre que terminar, faça uma pausa e observe quaisquer efeitos da prática sobre você, física, mental ou emocionalmente.
>
> Como você se sente agora em comparação a quando começou?

Nesta prática, usamos a atenção focada para atentar-se a um objeto ou uma série de objetos. Entre os objetos, usamos o monitoramento aberto para ver para onde sua atenção queria ir. A maioria das pessoas não tem consciência de que tem o poder de desviar a atenção desta maneira e que esta capacidade de desviar a atenção de objetos e pensamentos que consideramos angustiantes para as que consideramos seguras e até agradáveis pode nos ajudar a regular nossas emoções. Isso pode nos levar de uma sensação de angústia à calma, estabilidade e enraizamento. É claro que isso não faz com que os problemas desapareçam, mas ajuda a conter sentimentos opressores. Focar em algo fora de nós possibilita que nossa fisiologia se estabeleça. Praticar isso repetidamente pode nos dar a confiança e os recursos para começarmos a nos abrir mais plenamente à nossa situação, porque sabemos como nos apaziguar e nos acalmar quando a vida parecer opressora.

Outra âncora para a consciência que você pode experimentar é perceber os pontos em que seu corpo está em contato com algo fora dele. Por exemplo, em que ponto seu corpo está em contato com a cadeira, a cama, o chão ou a terra neste momento? Você consegue sentir a pressão e outras sensações neste ponto de contato? Você sente calor, por exemplo? E nos pontos em que seu corpo está em contato com as roupas? Leve o tempo que precisar, talvez até 1 ou 2 minutos. Então, observe o impacto de prestar atenção dessa maneira. Uma de minhas atividades favoritas é prestar atenção nas plantas dos pés quando elas entram em contato com o solo. Quem sabe você queira experimentar também.

Experimente

Planta dos pés

Áudio 10 (disponível em inglês)

Se possível, ficar em pé facilita captar a sensação dos pés em contato com o solo. No entanto, se por algum motivo você tiver dificuldade para ficar em pé, essa prática também pode ser feita sentado.

Permita que sua atenção se fixe, como lodo em um lago, nas sensações nas plantas dos pés. O que você percebe aqui?

Também pode ajudar fazer círculos com os joelhos em uma direção e depois na outra, lentamente, criando sensações de mudança nas plantas dos pés, ou inclinar-se para a esquerda, para a direita, para frente, para trás. Observe áreas de pressão, sem contato, de calor, de umidade — o que quer que haja ali.

Também podemos dar uma breve caminhada, dando passos lentos e suaves, percebendo como mudam as sensações das plantas dos pés. Talvez agora haja sensações diferentes à medida que o pé flexiona, o calcanhar aterrissa e a pressão rola até os dedos do pé.

> A mente pode se perder novamente nos problemas, mas não faz mal. Apenas volte sua atenção com cuidado e firmeza às sensações das plantas dos pés. Quando sentir que terminou, reserve um tempo para notar os efeitos deste exercício.

Você pode achar que é mais fácil focar a atenção enquanto está parado, ou mais fácil focá-la enquanto está em movimento. Não há certo ou errado neste caso, apenas o que funciona melhor para você, e suas preferências podem variar dependendo do momento. Por exemplo, quando você está triste, prefere ficar parado, e quando está ansioso pode preferir se movimentar. Quanto mais você experimentar as práticas, mais descobrirá o que funciona melhor para si. Você desenvolverá uma "caixa de ferramentas" que poderá abrir quando estiver em sofrimento.

Outra possibilidade (uma das minhas favoritas), é ancorar sua consciência em uma função corporal, especialmente a respiração. Quem sabe você queira experimentar isso também.

Experimente

Consciência da respiração

Áudio 11 (disponível em inglês)

Comece em uma posição confortável que também possibilite que você fique alerta. Sentar-se com as costas retas (mas não rígidas) costuma ser útil neste caso, mas encontre qualquer posição que lhe proporcione uma sensação de relaxamento e alerta.

Quando estiver pronto, pode fechar os olhos para facilitar o foco em seu interior.

Ao voltar sua atenção para dentro de si, sinta curiosidade em perceber como a respiração é sentida no corpo.

- Você pode começar rotulando e percebendo o "inspirar" e o "expirar", por exemplo, sentindo cada vez mais curiosidade sobre como é inspirar e expirar.
- Você pode manter o foco em uma área específica do corpo, como a borda das narinas, a subida e descida do peito ou a expansão e contração da barriga.

> - Ou você pode focar mais amplamente na sensação do corpo como um todo ao inspirar e expirar.
>
> Você pode começar a notar como o corpo é nutrido ao inspirar. O oxigênio flui com a respiração e, por fim, é distribuído por todo o corpo, nutrindo-o por completo. Observe também como o corpo libera aquilo de que não precisa mais por meio da expiração, relaxando e liberando. Reserve algum tempo para sentir isso agora, se quiser.
>
> Depois de um tempo, comece a reparar no ritmo da respiração. Como as ondas do mar, a respiração entra e sai. Talvez você até perceba se o corpo balança sutilmente conforme a caixa torácica se expande e se contrai. Descanse no fluxo suave e rítmico da respiração.
>
> Quando se sentir pronto, deixe de lado o foco específico na respiração e apenas descanse em seu corpo, observando quaisquer efeitos desta prática.

Para muitos, a respiração pode se tornar uma âncora calmante — e que, além de tudo, é portátil. Nós a levamos conosco por onde formos e nem precisamos fechar os olhos para focar na respiração. Podemos fazê-lo em qualquer situação e sem que ninguém saiba. Para outras pessoas, entretanto, pode não parecer adequado. Tive uma pneumonia grave quando era adolescente e tenho algumas cicatrizes no pulmão. Embora a respiração tenha se tornado um lugar de refúgio para mim, não foi sempre assim. Precisei avançar devagar, sem me forçar a continuar se isso ativasse meu sistema de ameaça/defesa. Passei a realizar a prática quando me pareceu seguro e escolhi outra das práticas de atenção plena quando comecei a achá-la opressiva. Você precisará usar seu próprio discernimento em relação a quais práticas são úteis e quando usá-las também.

Encontrar a prática certa para si pode envolver algumas experiências. Minha esperança é que, ao longo deste livro, você experimente para descobrir o que funciona melhor para você e, no final, tenha algo que seja personalizado para si.

Práticas de atenção focada podem restaurar a segurança

Existe uma quantidade ideal de excitação ao aprender algo novo. Os instrutores da atualidade usam o termo de Dan Siegel para isso: *janela de tolerância*. Alguns desligam quando ficam estressados; outros se sentem oprimidos.

Não se aprende muito quando se está hipo ou hiperexcitado. Queremos ficar na zona que possibilita nos abrir de maneira confiável. De forma semelhante ao espectro da atenção plena, queremos permanecer — ou melhor, retornar repetidamente — à parte da consciência equilibrada do espectro. Ou seja, fora da evitação ou da não percepção, ou da ruminação e da opressão. O uso de práticas de atenção plena pode nos ajudar a encontrar o caminho de volta à janela da tolerância sempre que nos encontrarmos paralisados ou oprimidos. Muitas vezes, as pessoas descobrem que quanto mais longe do corpo colocam a atenção, mais seguras se sentem. Se você se encontrar fora de sua janela de tolerância ao focar na respiração, poderá descobrir que a percepção da planta dos pés ou do mundo exterior lhe devolve uma sensação de segurança. Agora que você tem essas habilidades de atenção plena, pode ser mais fácil voltar e tentar quaisquer exercícios de autorreflexão que você possa ter ignorado na Parte I do livro. Você pode centralizar-se e conectar-se sempre que sentir necessidade.

Monitoramento aberto: práticas de atenção plena para nos ajudar a ver com clareza

Em sua definição de atenção plena, Kabat-Zinn observa que estamos prestando atenção *no momento presente, propositalmente*. Para a maioria de nós, isso significa que a atenção plena começa com a intenção de prestar atenção no momento atual. Continuando nossa analogia anterior com o pêssego, quantas vezes você comeu algo sem realmente sentir seu gosto? Talvez você tenha se distraído com o trabalho, ou com a pessoa com quem estava conversando, ou talvez com pensamentos do passado ou preocupações com o futuro. Quando, no entanto, decidimos que é benéfico prestar atenção em algo como o pêssego, e estabelecemos nossa intenção de perceber a experiência de comê-lo, tornamo-nos conscientes de seu sabor, textura, suculência, temperatura e cheiro; e temos uma experiência mais completa da fruta.

Quanta atenção você presta às experiências do seu dia a dia? Você percebe o que está acontecendo em seu corpo a cada momento — sensação de tranquilidade, pressão nos ombros, dor no peito ou aperto na barriga? Você se dá conta de quais emoções estão presentes? Quais pensamentos você está tendo? Estes pensamentos ocorrem sempre a você, como um padrão? Muitos de nós vivemos no piloto automático, deslizando pela superfície de nossas vidas.

Quanta atenção você presta nas experiências do seu parceiro no dia a dia? Você está propositalmente presente ou meio que vendo tudo de cima — deslizando pela superfície, esperando por pistas de que é hora de se sintonizar?

A maioria de nós passa a vida em uma espécie de piloto automático, a menos que algo altamente positivo ou altamente negativo prenda nossa atenção. Este pode ser nosso padrão, mas podemos redefini-lo. Isso começa com a intenção de prestar atenção no momento presente — e às pessoas deste momento presente.

Em relação a definir a intenção de aparecer e prestar atenção em si mesmo, em seu parceiro e em seu relacionamento, você já começou bem, pois está lendo este livro. Em relação a prestar atenção, as práticas de monitoramento aberto fazem com que nos abramos totalmente a tudo o que surge enquanto prestamos atenção no momento.

Assim como usamos práticas de concentração para nos sentirmos seguros, podemos usar práticas de monitoramento aberto para aprofundar nossa compreensão e tornar-nos mais sábios. Essa prática nos ajuda a enxergar aspectos que não notamos antes.

Na prática de monitoramento aberto, já nos sentimos ancorados, enraizados, e abrimos nossa consciência para perceber e experimentar tudo o que surge. Tentamos permanecer do lado da observação, não sendo pegos gostando ou não gostando e não afastando experiências ou tentando nos apegar a experiências agradáveis. Praticamos o ato de perceber o que está aqui sem tentar controlar nada. Curiosidade e não julgamento são atitudes úteis, e uma maneira de praticar isso é abrir-se aos sons.

Experimente

Consciência dos sons

Áudio 12 (disponível em inglês)

Encontre uma posição em que esteja confortável e defina um cronômetro. Pode ser 3 minutos, 30 minutos ou qualquer valor entre esse intervalo.

Depois de se acomodar no momento e no corpo, abra-se aos sons à medida que eles surgem.

> Você pode primeiro notar sons (ou a ausência deles) que estão acontecendo fora da sala — talvez o canto de um pássaro, uma britadeira, uma buzina ou ondas do mar quebrando.
> Da melhor maneira possível, tente desconsiderar se você acha o som agradável ou desagradável. Desconsidere a necessidade de rotulá-lo. Apenas receba os ruídos à medida que eles surgem e vibram em seus tímpanos, descansando na experiência dos sons.
> Agora, expanda sua consciência de modo a incluir sons de dentro do seu cômodo. Da mesma maneira, abra-se e receba tudo o que surgir, incluindo o silêncio.
> Por fim, expanda ainda mais sua consciência, desta vez incluindo também os sons que surgem dentro do seu corpo. Talvez você note gorgolejos no estômago ou o som do coração batendo.
> Novamente se abrindo com curiosidade, veja o que surge e deixe os sons irem e virem, sem a dimensão adicional de gostar ou não.
> Isto é como uma sinfonia privada que nunca mais acontecerá. Abra-se e receba tudo o que surgir.

Você foi capaz de se abrir aos sons à medida que eles surgiam, sem se deixar levar pelos pensamentos ou por gostar ou não? Você descobriu coisas que poderiam ter passado despercebidas se você não tivesse intencionalmente se sintonizado aos sons ao seu redor? A maioria das pessoas descobre coisas novas quando pratica a meditação de monitoramento aberto. Talvez você tenha notado que podemos escolher até que ponto abrimos a atenção. Quando limitou o foco aos sons externos ao cômodo, você também estava consciente dos sons internos de seu corpo?

Essa prática pode ser feita com qualquer coisa. Podemos usar um dos cinco sentidos para perceber o mundo: visão, olfato, paladar, tato ou audição. Podemos usar esses sentidos (ou portas dos sentidos) para identificar também o que está acontecendo com as pessoas. Um rosto vermelho zangado ou uma voz alta e aguda chega por meio da visão ou audição, e entendemos que nosso parceiro está zangado, por exemplo. No monitoramento aberto usamos nossas habilidades para nos abrirmos com curiosidade ao mundo que nos rodeia e a nosso interior.

O monitoramento aberto pode nos ajudar a aprender e crescer

Quando estamos fechados, como nos estados de hipoexcitação e ausência de percepção, o monitoramento aberto pode ajudar a nos abrirmos novamente e a encontrar o caminho de volta à janela da tolerância, onde temos maior probabilidade de aprender e crescer. Da mesma maneira, podemos usar o monitoramento aberto para tomar consciência de nossos padrões relacionais. Podemos desviar a atenção para o parceiro e para o que está acontecendo com ele. Podemos deslocar a atenção para nós mesmos e para o que está acontecendo em nosso interior. Também podemos desviar a atenção para enxergar os padrões relacionais de como interagimos uns com os outros. Vemos como a tendência de ficar na defensiva, criticar ou controlar atrapalha a segurança do nosso parceiro, de nós mesmos e de nossos relacionamentos. Conforme exploramos na Parte I deste livro, vemos como, assim como o porco-espinho com os espinhos eriçados, estamos na verdade atrapalhando o que buscamos em nossos relacionamentos. Quando enxergamos com mais clareza nossos padrões, muitas vezes começamos a ver o caminho a seguir com mais nitidez.

ATITUDE É TUDO

Quando alguém presta atenção em nós, o mais importante é *como* ele presta atenção. Você já conversou com alguém que parecia juiz e júri e estava só esperando para lhe dizer tudo o que você fez de errado? Aposto que você não sentiria vontade de ir até ele com suas dificuldades, sabendo que se depararia com essa atitude. Isso tende a desconectar a pessoa. É por isso que, ao definir a atenção plena, Kabat-Zinn observa que é necessário um não julgamento. Quer estejamos explorando nossa própria experiência, a do nosso parceiro ou nossos padrões relacionais, o não julgamento é essencial.

Não julgamento

Ao abrir-se, é útil fazê-lo com uma atitude amigável e sem julgamento. Quando nos lembramos de que se trata de alguém com quem nos importamos — não um inimigo, mesmo que a pessoa tenha feito algo prejudicial, mas que simplesmente se comportou de maneira inadequada —, podemos permanecer presentes e isentos de qualquer julgamento. Ajuda lembrar como é humano se comportar de maneira inadequada e cometer erros. O que Brené Brown chama de generosidade faz parte dessa atitude. Neste contexto, generosidade significa assumir o melhor de nós e de nosso parceiro. Na maioria das vezes, a ação inábil que fere um dos parceiros está enraizada na dor e na incompreensão do outro, sendo a nossa própria dor e falta de compreensão da ação *dele* o que geralmente leva ao comportamento inábil — e a uma espiral relacional descendente.

Curiosidade

Em vez de julgamento, é essencial trazer uma atitude de curiosidade. Querer conhecer e compreender ajuda a abrir nossa mente e nosso coração. Podemos ter um senso de curiosidade em relação a nosso próprio comportamento ("Eu me pergunto por que fiquei com raiva tão rápido; havia alguma mágoa subjacente?") e ao do nosso parceiro ("Eu me pergunto por que ele ficou com raiva tão rápido; havia alguma mágoa ou medo subjacente?"). Isso possibilita que nossa compreensão vá além da superfície e nos autoriza a abordar o que nosso parceiro precisa a partir de um ponto de vista de sabedoria, em vez de reatividade. Com o passar do tempo, começamos a ver padrões e entender o que seria hábil. A atitude de curiosidade também nos suaviza, e podemos abordar nosso parceiro a partir de um ponto de vista mais receptivo e vulnerável, o que aumenta sua segurança e faz com que ele seja muito mais propenso a abrandar sua atitude conosco também.

Aceitação

A aceitação realmente está no cerne do que queremos uns dos outros, não é? Quando conseguimos ser vulneráveis o suficiente para sermos verdadeiramente vistos e aceitos como somos, nos sentimos amados. Pode ser um desafio aceitar imperfeições no parceiro e no relacionamento, mas quando compreendemos que ser imperfeito faz parte da condição humana partilhada, podemos começar a conhecer a nós, ao nosso parceiro e ao relacionamento como sendo perfeitamente imperfeitos.

Aceitar não significa que estamos dizendo que estamos bem com aquilo que precisa mudar, pois ainda precisamos de limites e fronteiras. Significa simplesmente que estamos nos abrindo para a verdade de que a realidade é essa agora. Permitir — aceitar a verdade do que é — torna possível o surgimento de uma sabedoria mais profunda. Como mencionado pela primeira vez no Capítulo 3, o psicólogo Carl Rogers disse: "O curioso paradoxo é que quando me aceito como sou, posso mudar". A aceitação também funciona assim com o parceiro.

ATENÇÃO PLENA EM TRÊS DIREÇÕES

A atenção plena, então, tem duas qualidades importantes. Ela nos ajuda a ver com mais clareza (contribuindo para escolhas sábias) e a encontrar e regressar à segurança quando inevitavelmente somos provocados, para que possamos agir com base na capacidade de resposta e não na reatividade. Com o tempo, ajuda-nos a mudar nossos padrões relacionais para padrões que promovam relacionamentos bons e saudáveis.

Quando alternamos de padrão desta maneira, abrimo-nos à dolorosa verdade da nossa situação. Se então começarmos a nos sentir sobrecarregados, ao estreitar nosso foco para um objeto seguro, vamos nos abrir *com segurança* à verdade da nossa experiência e situação, pois estamos prontos para fazê-lo. Essa sensação de segurança nos dá uma confiança renovada de que podemos realmente lidar com aquilo que precisamos lidar. Podemos começar a ver e compreender a nós mesmos.

> A atenção plena nos ajuda a ver com clareza suficiente para fazer escolhas sábias e para retornar à segurança quando somos provocados. O resultado é uma capacidade de resposta em vez de reatividade nos relacionamentos.

Quando podemos confiar em nossa capacidade de regressar à segurança, podemos começar a nos sentir mais confortáveis com nossa vulnerabilidade. Podemos até começar a permitir que nosso parceiro veja quem realmente somos — medos, feridas e tudo mais. Essa disposição de ser visto é a base para a verdadeira intimidade.

Ver a si mesmo

Quando nos abrimos com curiosidade e aceitação à nossa própria experiência, também deixamos de focar na necessidade de que nosso parceiro nos veja e passamos a *nos* enxergar, saindo do estado de dependência em que estávamos quando crianças e entrando no estado de poder da idade adulta. Podemos nos ver agora e, por fim, isso nos leva a ter a coragem de nos permitir *ser vistos, tornando-nos visíveis* ao nosso parceiro. Permitir-nos ser vistos estabelece as bases para a verdadeira intimidade em um relacionamento.

Para Hanna, aprender a se ver e saber como retornar à segurança lhe deu a coragem necessária para contar ao parceiro o que estava realmente acontecendo com ela. Se antes ela o criticava furiosamente por não considerar suas necessidades, agora era capaz de lhe dizer com calma que não tinha vontade de ter intimidade com ele porque, por exemplo, ela não se sentia vista quando ele agendava uma visita aos pais dele sem antes consultá-la — especialmente porque Hanna expressou muitas vezes o quão difícil isso era para ela. Ela era capaz de pedir o que precisava — será que ele poderia criar o hábito de avisar aos pais que precisava verificar com ela primeiro antes de confirmar?

Na Parte I, houve muitos estímulos à autorreflexão para ajudá-lo a começar a descobrir seus padrões relacionais particulares. Espero que você tenha conseguido trazer as intenções de sabedoria e compaixão às reflexões, e as atitudes de não julgamento, curiosidade e aceitação em relação a si mesmo à medida que começou a olhar mais profundamente para o modo como você tende a agir quando se sente ameaçado (culpar, retirar-se, aplacar), quando está tentando se livrar da dor por meio de algum tipo de resistência (geralmente envolvendo o sistema de impulso: tentar consertar, controlar, criticar) e quando se sente cuidado. Abrir-se e enxergar seus padrões relacionais é a atenção plena em ação.

Com o tempo, quando praticamos o monitoramento aberto, começamos a perceber padrões no que sentimos e no modo como nos relacionamos com os outros. O coração batendo forte e a sensação de cabeça cheia podem acontecer associados à emoção da raiva, por exemplo, e esses sentimentos podem preceder o ato de culpar os outros. Ou sentir-se trêmulo ou com um nó no estômago pode acompanhar o medo, o que pode preceder o encerramento de um relacionamento. E, continuando o exemplo, você pode perceber que esse é um sentimento familiar que o lembra de quando você era pequeno e seu pai estava com raiva e você se sentia inseguro e impotente. Sua experiência pode variar. O que quero dizer é que começamos a identificar nossos padrões relacionais particulares, como esses padrões podem resultar de experiências anteriores e os sinais de que um de nossos padrões foi ativado. Quando conseguimos identificar essa ativação e fazemos uma pausa para permitir que nossa fisiologia se recupere (muitas vezes com práticas de atenção focada), temos o poder de optar por uma resposta diferente. Abrir-nos às nossas próprias experiências com curiosidade, aceitação e não julgamento possibilita-nos ver claramente e fazer escolhas baseadas na sabedoria. Embora às vezes possamos ter medo de nos permitir saber a verdade, quando o fazemos, temos o poder de escolher nossa resposta. Nessa escolha reside a liberdade e o crescimento.

Uma prática que gosto para isso é o exercício STOP. Essa prática já está nos círculos da atenção plena há algum tempo. Aqui está minha versão que acredito que pode ser útil.

Experimente

STOP

Áudio 13 (disponível em inglês)
Por favor, encontre uma posição confortável e permita que seus olhos se fechem ou olhe suavemente para o chão.

Se parecer adequado, coloque a mão no coração ou em qualquer outro lugar que possa lhe dar apoio, como uma maneira de se lembrar da intenção de prestar atenção em si mesmo ao realizar este exercício.

Agora, lembre-se de algum tipo de dificuldade que você está enfrentando no momento. Pode ser um problema relacional ou qualquer outra coisa. Você pode estar se sentindo estressado com alguma coisa no trabalho, ou com um familiar, ou talvez seja um problema de saúde — algo que confere um pouco de estresse ao corpo, mas não é opressor com nível 3 a 4 em uma escala de desconforto de 0 a 10 (em que 0 significa nenhum estresse e 10 estresse extremo).

Visualize a situação ou apenas abra-se à sensação da situação.

Agora, da melhor maneira que puder, STOP:

S — *Stop* (Pare). Deixe tudo de lado. Faça uma pausa e abra-se para o momento presente.

T — *Take a breath* (Respire fundo). Volte sua atenção à respiração. Observe em que parte do corpo você sente a respiração com mais facilidade, ou então foque em perceber o ritmo da respiração. Se a respiração não lhe for uma âncora segura, escolha outra coisa no que se concentrar, como a planta dos pés.

> **O — *Observ* (Observe).** Agora, veja se consegue expandir sua perspectiva da situação. Com curiosidade, pergunte-se: "O que está realmente acontecendo aqui?" "O que não estou percebendo?" Abra-se para mais informações sobre você e/ou outras pessoas na situação.
> Pergunte a si mesmo, diante de tudo isso: "Do que eu preciso agora? Talvez um toque calmante? Algumas palavras gentis de compreensão e segurança? Uma pausa para autocompaixão? Uma forma de autocompaixão comportamental, como fazer uma pausa para tomar uma xícara de chá ou dar uma pequena caminhada?".
>
> **P — (*Proceed*) Prossiga para a prática.** Da melhor maneira que puder, dê a si mesmo tudo o que precisa neste momento.

Sempre que nos encontramos provocados e com pouca probabilidade de interagir habilmente com nosso parceiro, reservar um momento para cuidar de nós mesmos com práticas como a STOP pode ser muito sábio. Queremos primeiro cuidar de nossa fisiologia, para que tenhamos a capacidade de interagir com nosso parceiro de maneira adequada.

Ver o parceiro

Neste capítulo, exploramos habilidades de atenção plena que você pode usar para se concentrar e se acalmar quando estiver fora da janela de tolerância (habilidades de atenção focada, como: "Percebendo o mundo exterior", "Planta dos pés" e "Consciência da respiração"), e também para se abrir para o que está ao seu redor e dentro de você com curiosidade e aceitação (habilidades de monitoramento aberto, como: "Consciência dos sons"). Podemos usar as mesmas habilidades quando quisermos verdadeiramente enxergar nosso parceiro.

Na Parte I, passamos bastante tempo em exercícios de reflexão para ver nosso parceiro mais claramente. Por isso, você já deve estar ciente dos padrões e pontos sensíveis dele. Também pode ser útil aprender como vê-lo no agora. Muitas vezes, é mais fácil desenvolver uma habilidade quando não estamos angustiados, por isso a prática a seguir começa dessa maneira. (Mais tarde, apresentaremos uma prática para ver seu parceiro quando você — e ele — estiverem angustiados.) Esta prática é boa para estabelecer as bases para vermos nosso parceiro como ele está no momento atual. Vamos tentar isso agora (ou mais tarde, se ele não estiver por perto no momento).

Experimente

Ver seu parceiro

Em um momento em que seu parceiro estiver presente, estabeleça sua intenção de prestar atenção nele com atitudes de curiosidade, não julgamento e aceitação.

Se vocês não estiverem interagindo, comece olhando para ele (o mais discretamente possível).

O que você vê? Como é o corpo dele? Ele tem cabelos? De que cor? Longo ou curto, cacheado ou liso? Veja se consegue sentir curiosidade acerca da aparência real do seu parceiro.

Observe se sentimentos de gostar ou não gostar surgem em você e reconheça que isso é julgamento.

Veja se consegue voltar a ver seu parceiro como ele é e a aceitar a verdade de sua aparência neste momento. Observe também no corpo dele se ele parece confortável ou se há sinais de desconforto ou dor. Qual é a sua percepção do estado físico dele? Existem outras pistas no corpo também. Pistas que podem lhe dar alguma ideia sobre o estado emocional em que ele se encontra.

- Ele está sorrindo?
- Seu rosto parece tranquilo, cansado, sonolento?
- Seu rosto parece triste, zangado, assustado?
- E o restante do corpo?
- Se você fosse um detetive, como definiria seu estado emocional neste momento?

Se vocês estiverem interagindo, acrescente ouvi-lo.

- O que ele está realmente dizendo?
- O que ele quer que você saiba?
- Qual é a perspectiva dele?
- Você tem noção do estado mental dele?

Dadas as suas observações, você sabe dizer se seu parceiro está sofrendo no momento? Em caso afirmativo, há alguma pista do que ele pode querer ou precisar de você?

Se surgir o desejo de oferecer conforto ou outros tipos de apoio, saiba que esta é uma teoria que você tem sobre ele — formada por suas observações. Você pode verificar sua teoria oferecendo apoio a ele. Certifique-se de anotar mentalmente se ele quis o apoio que você ofereceu, especialmente se houver algo mais de que ele precisa.

O que aconteceu quando você reservou um tempo e intencionalmente focou a atenção em ver seu parceiro? Você aprendeu alguma coisa? Não é incomum que, apenas por reparar no parceiro, surja uma sensação de proximidade.

Ver nossos padrões de interação em um relacionamento

Quando conseguimos trazer essa atitude de curiosidade sem julgamento para nós e para nosso parceiro, torna-se possível ver como nossas tendências interagem entre si. Em outras palavras, podemos tomar consciência de nossos padrões de interação no relacionamento. Vemos, por exemplo, como quanto mais nos retraímos, mais nosso parceiro tenta chamar nossa atenção (perseguir) ou como quanto mais o perseguimos, mais ele tenta fugir e conseguir algum espaço (retirar-se).

Na Parte I, você pode ter se familiarizado mais com o modo como os padrões de interação no relacionamento atuam em sua própria relação. No programa Compaixão para Casais temos um exercício simples que ajuda a dar sentido à compreensão do conceito. É um exercício que os parceiros fazem juntos, mas se seu parceiro não estiver disposto a fazê-lo com você, você pode fazê-lo com um amigo. Você ainda sentirá a sensação. É assim que funciona:

Experimente

Toque de mãos

Áudio 14 (disponível em inglês)

Fiquem em pé (ou sentem-se) um de frente para o outro. Agora ambos os parceiros levantam uma mão aberta. Deve ser a mão esquerda de uma pessoa e a direita da outra, de modo que sejam imagens espelhadas.

Agora juntem as mãos, palma com palma.

Ok, agora tente novamente. Desta vez, junte-as lentamente, prestando atenção às sensações em sua mão ao aproximá-la lentamente e, por fim, ao tocar a mão do parceiro.

Ok; desta vez, junte-as de novo, lentamente, enquanto se concentra na mão do parceiro.

> Em seguida, fique na posição, com as mãos se tocando por um momento, e observe como é estar presente e conectado dessa maneira.
> Muitas vezes algo acontece; às vezes ficamos com medo e retiramos a mão. A pessoa com o primeiro nome mais longo, por favor, retire rapidamente a mão. Observe como foi retirar sua mão ou como foi ter o parceiro retirando a mão.
> Por favor, unam as mãos novamente. O segundo parceiro retira sua mão rapidamente quando estiver pronto. Observe como foi retirar a mão ou como foi ter o parceiro retirando a mão.
> É esta a sensação causada pelo distanciamento. Observe qual era o sentimento mais familiar: retirar-se ou ser abandonado. Observe também como é estar do outro lado do que você costuma fazer.
> E, unindo as mãos novamente, a pessoa com o nome mais longo agora estica seu braço e empurra sua mão contra a mão do parceiro. Mais uma vez, perceba como é ser a pessoa que empurrou ou a pessoa que foi empurrada. É esta a sensação quando uma pessoa o persegue.
> Agora, unam as mãos de novo para que o outro parceiro possa empurrar a mão na mão do parceiro. Novamente observe qual a sensação de ser perseguido ou perseguir.
> Observe qual era o sentimento mais familiar: perseguir ou ser perseguido. Observe também como é estar do outro lado do que você costuma fazer.
> Juntando as mãos uma última vez, veja se vocês conseguem movê-las juntas, "dançar" junto. Não há necessidade de manter as palmas unidas o tempo todo, apenas observe como elas se relacionam.

O que você descobriu em relação ao seu próprio padrão e como seu parceiro pode se sentir do outro lado disso? Quando fazemos este exercício em sala de aula, as pessoas que se retiram muitas vezes ficam atordoadas com a dor que sentem quando o parceiro retira a mão repentinamente. Sentir essa dor começa a dar às pessoas uma noção de como é a sensação de seus parceiros quando eles desaparecem, o que muitas vezes os motiva a tentar um novo padrão. Mesmo sem simplesmente desaparecer, eles ainda podem conseguir um espaço, mas primeiro eles asseguram ao parceiro que este é amado e que eles vão voltar, dizendo algo como "Estou realmente sobrecarregado agora. Vou tirar um tempo e ver se consigo me acalmar um pouco. Eu ainda me importo com você e com nosso relacionamento. Podemos tentar ter essa conversa novamente depois do almoço?".

Por outro lado, você pode ter se identificado como tendo um padrão de perseguir. Qual foi a sensação quando seu parceiro empurrou a mão contra a sua? Pareceu intrusivo? Na maioria das vezes, isso acontece com as pessoas. Como você respondeu a essa intrusão? Você baixou seu braço? Recuou? O que seu parceiro fez? Muitas vezes, as pessoas experimentam qual é a sensação de lidar com suas próprias estratégias de restauração da segurança. Podemos ver que estas estratégias tendem a dançar juntas — as pessoas que se sentem invadidas (perseguidas) tendem a se afastar. Pessoas que se sentem abandonadas (quando seus parceiros se afastam repentinamente) tendem a perseguir o parceiro em busca de manter uma conexão. Podemos ver como essas estratégias estão criando um padrão mais amplo de interação no relacionamento que não está funcionando. O engraçado é que apenas ter consciência desses padrões de interação no relacionamento muitas vezes fornece sabedoria e motivação suficientes para que um ou ambos os parceiros comecem a mudar o padrão, modificando seu próprio comportamento.

Também podemos colocar nossa atenção nessa sensação de estarmos conectados. O que aconteceria se você atentasse com mais frequência para o modo como se sente conectado? Aqui está uma breve prática inspirada no renomado instrutor Thich Nhat Hanh:

Experimente

Sentindo-se conectado

Quando você estiver se sentindo naturalmente conectado ao seu parceiro, ou parecer natural ficar ao lado dele, segurar sua mão ou dar-lhe um abraço, por exemplo, reserve um momento para observar brevemente cada um destes três aspectos:

- Eu estou vivo.
- Meu parceiro está aqui.
- Quão precioso é estarmos juntos (conectados).

Mais uma vez, você pode perceber qual a sensação depois desta breve prática. Praticar a percepção de como é estar conectado pode começar a nos levar à conexão ao sistema de cuidado, em que nos sentimos seguros, conectados e contentes.

Praticar a atenção plena pode nos ajudar a encontrar o caminho de volta à segurança quando nos sentimos oprimidos, além de nos ajudar a ver a nós mesmos, ao parceiro e ao relacionamento com mais clareza. Começamos a ver e compreender quais padrões criam espirais descendentes nos relacionamentos e como podemos interromper a espiral e acalmar nossa própria fisiologia, ver nosso parceiro e escolher uma resposta sábia. O melhor de tudo é que nos ajuda a enxergar a natureza do ser humano. Vemos que quando somos inábeis no modo como nos relacionamos com um parceiro, isso não é uma intenção diabólica ou um sinal de que não nos importamos com ele — é, antes, uma tentativa de nos mantermos seguros. O mesmo se aplica ao nosso parceiro. Quando conseguimos parar de levar seu comportamento para o lado pessoal, combinado com começar a assumir a responsabilidade pessoal pelo nosso próprio comportamento e necessidades, muitas vezes uma espiral descendente transforma-se em uma espiral ascendente. Exploraremos essa capacidade de enxergar a natureza do ser humano mais plenamente no próximo capítulo.

7
Cultivando conexão
Força na humanidade compartilhada

> *Se não temos paz é porque esquecemos*
> *que pertencemos uns aos outros.*
> — Madre Teresa

Por definição, estar em um relacionamento significa que existe algum tipo de conexão entre duas pessoas, e isso é importante porque estamos programados para pertencer. Pertencer é tão importante que temos plena consciência de sentir que não pertencemos e do que achamos que nos impedirá de pertencer. Também desistimos de nós mesmos em um esforço para pertencer. Às vezes, focamos tanto no que achamos que os outros querem de nós que nem sabemos o que enfim queremos. Perdemos o contato conosco na busca por estarmos conectados. Mas quando não trazemos nosso verdadeiro eu para um relacionamento, este se torna uma mera estrutura sem alma. Ambas as partes precisam ser totalmente humanas e estar presentes para pertencer. É como a diferença entre uma casa e um lar.

Este é um tema delicado para nós; pertencer é fundamental para nosso senso de sobrevivência. É esse mesmo desejo de pertencer que está na raiz de grande parte das dores em nossos relacionamentos. Pertencer e ser relevante para outra pessoa é mais importante quando se trata da humanidade compartilhada — o segundo componente da autocompaixão. Neff descreve isso como humanidade compartilhada *versus* isolamento. Ela ressalta que quando as coisas dão errado para nós, tendemos a pensar que todos os outros estão bem e que só nós temos problemas. Esse foi o caso da minha amiga Valerie, do Capítulo 2. Ela achava que era a única que estava passando pela dor de viver com um viciado. Claro, logicamente ela sabia que não era a única. Só que quando ela olhava para seus amigos e vizinhos, não via mais ninguém com problemas. Bem, quando ela realmente se permitiu olhar, teve que admitir que alguns de seus amigos tinham problemas. Mas, acrescentou rapidamente, os problemas deles pareciam pequenos em comparação aos dela.

> Um relacionamento sem que ambos os parceiros sejam totalmente humanos e presentes é apenas uma estrutura — uma casa, mas não um lar.

ISOLAMENTO: TEM A VER SÓ COMIGO

Como observa Neff, Valerie se sentia isolada, sozinha com seus problemas. Sentia ainda outra coisa: vergonha. Não conseguia entender por que o marido não estava satisfeito com a vida que tinham juntos. Eles tinham tudo o que poderiam querer: dois filhos, uma bela casa e até um cachorro. Ela realmente não sabia qual era o problema. O que havia de tão errado com a vida deles que ele precisava se entorpecer? A única coisa em que ela conseguia pensar era que ela era o problema. Só podia ser. Devia haver algo errado com ela. Valerie cresceu em uma família em que se lutava para sobreviver, e ele cresceu em uma família muito rica. A família dele, especialmente sua mãe, deixou claro que ela não tinha cultura suficiente para eles. Ela estava sempre tentando ser boa o suficiente aos olhos da sogra. Na verdade, durante toda a vida ela tentou ser boa o suficiente e falhou aos olhos de alguém. As coisas estavam difíceis em sua família atual. Parecia que ela realmente não importava. Se fosse boa o suficiente, talvez também seria importante, acreditava.

POR QUE EU NÃO PERTENÇO?

Como terapeuta que já trabalhou com crianças, sei que quando as coisas dão errado em suas vidas, seja algo grave ou uma série de problemas menores, a reação mais comum que elas têm é acreditar que há algo errado com elas. Seria incompreensível para uma criança vulnerável saber que situações ruins podem acontecer a qualquer momento e que ela é impotente para fazer qualquer coisa a respeito. Portanto, costurada no forro dessa história está a esperança de que, se realmente há algo de ruim nelas que causou o problema, então, se mudarem, talvez aquilo que foi ruim pare de acontecer. É a maneira de uma criança inventar um poder que, na verdade, não tem.

Foi o que aconteceu com Valerie. Enquanto crescia, a vida era difícil. Ela não se sentia seguramente conectada e quanto mais desejava pertencer, mais sozinha e rejeitada se sentia. As crianças da escola zombavam dela, notavam o desespero de Valerie em pertencer e se sentiam mais poderosas quando a provocavam. Não é que ela merecesse ser provocada de alguma maneira. É que eles próprios se sentiam inseguros e, por algum motivo, percebiam-se mais seguros quanto ao seu próprio pertencimento quando se uniam para derrubá-la.

Não é difícil entender por que Valerie pensou que havia algo errado com ela. Durante toda a sua vida ela recebeu essa mensagem — primeiro em casa, depois com seus colegas, depois com sua sogra e, por fim, também com seu marido. No entanto, isso nunca foi verdade naquela época e não era verdade agora. É claro que ela tinha suas esquisitices e arestas — em graus variados, todos as temos. Essas características a tornavam única, mas não indigna de ser amada ou de pertencer.

ÀS VEZES É APENAS UMA INCOMPATIBILIDADE

Sentir que não pertencemos nem sempre é resultado de esquisitices e arestas. Muitas vezes, é mais uma questão de ter talentos e valores que diferem dos valores de nossas famílias e comunidades. Por exemplo, talvez você seja criativo e artístico, mas tenha crescido em uma família que pouco valorizava as atividades criativas. Sua família valorizava mais ser inteligente e alcançar o sucesso financeiro. É claro que é igualmente possível que você fosse naturalmente inteligente e motivado pela realização e pelo sucesso financeiro, mas tenha crescido em uma família que valorizava a arte e a criatividade. Qualquer cenário naturalmente levaria você a sentir que havia algo de errado consigo. Mesmo que você fosse inteligente e tivesse inclinação artística, poderia acabar sentindo que havia algo de errado com a parte de você que valorizava, mas à qual sua família não.

Talvez seja mais uma questão de temperamento. Quem sabe você se identifique como mais introvertido e sua família tenha um estilo de vida mais extrovertido. Ou o contrário. Ou talvez você tenha nascido para explorar e esteja sempre ansioso pela próxima aventura, mas tenha crescido em uma cidade pequena. Existem inúmeros exemplos de possíveis incompatibilidades. A questão é que é fácil sentir que há algo errado com você quando, na verdade, é apenas uma questão de incompatibilidade. Uma pista comum para isso é sentir que "não é o suficiente" ou que é "demais".

Jean Shinoda Bolen, analista junguiano e especialista em mitologia grega, conta o mito do leito de Procusto em seu livro *Gods in everyman* a fim de ilustrar o que acontece conosco quando há uma incompatibilidade. Na Grécia antiga, segundo a história, todos os viajantes a caminho de Atenas passavam por Procusto e seu leito. Antes de serem autorizados a prosseguir, eles seriam colocados no leito, e qualquer um que fosse muito baixo seria esticado a fim de caber nele, como se estivesse em uma roda de tortura medieval. E qualquer parte que ficasse pendurada para fora do leito seria cortada. Ele explica que nos tempos antigos Atenas era um grande centro e quem quisesse pertencer a ele precisaria viajar para lá. A jornada para o pertencimento exigia conformidade.

Crescer em uma família com orientação financeira quando você é um artista muitas vezes se traduz em ter sua criatividade podada e sua perspicácia financeira forçada para se adequar. Da mesma maneira, crescer em uma família de artistas quando você tem orientação financeira exigiria que sua perspicácia financeira fosse podada (ou reduzida) e seus talentos artísticos ampliados de modo a se ajustarem ao padrão. É claro que, por mais que tentemos nos moldar, esticando e cortando, temos a consciência de que simplesmente não nos encaixamos.

À medida que sentimos essa falta de pertencimento, não entendemos que é um descompasso. Não conseguimos ver o quadro geral bem o suficiente. Acreditamos na história de que há algo de errado conosco que nos torna indignos de pertencer, que não merecemos o tempo e a atenção de ninguém — muito menos seu amor e carinho.

HUMANIDADE COMPARTILHADA: TODOS PERTENCEM

Acreditar que não merecemos amor e carinho faz com que sejamos vistos em nossos relacionamentos como se não fôssemos relevantes. Enviamos ao parceiro a mensagem de que nossas necessidades não são importantes na relação e então ficamos chateados quando esta gira em torno da outra pessoa. Sentir-se indigno também é um problema quando tentamos praticar a autocompaixão, em particular a humanidade compartilhada. Esta, por definição, diz que todos pertencem. Fazemos parte desta condição humana partilhada, com suas belezas e alegrias, e também tristezas e deficiências.

Humanidade compartilhada não quer dizer *mesmice*. Não quer dizer que todos temos o mesmo grau de alegrias ou de lutas, por exemplo. Alguns de nós sofrem muito mais do que outros sequer poderiam imaginar — especialmente os que são marginalizados e oprimidos na cultura atual. A humanidade compartilhada tem a ver com *pertencer e ser importante*. Diz que todos pertencemos à espécie humana, independentemente de nossa forma, cor, capacidade, identidade de gênero ou orientação sexual, ou quaisquer que sejam nossas identidades específicas. Todos pertencemos. E, justamente por isso, todos somos importantes.

Esse pertencimento significa que quando nos sentimos isolados e acreditamos que há algo de errado conosco, que não importamos, como ocorreu com Valerie, não estamos vendo com clareza. Sim, podemos ter sido marginalizados em nossa família de origem, relacionamento principal ou sociedade, *mas ser marginalizado nunca poderá excluir o fato de que compartilhamos a condição humana comum*. Embora a sociedade possa valorizar alguns mais do que outros, isso é um erro por parte das pessoas que buscam o poder marginalizando os demais. Nunca é um reflexo preciso do seu verdadeiro valor.

A parte mais trágica de ser marginalizado, porém, é que quando internalizamos esta desvalorização, não nos tratamos com uma apreciação do nosso próprio valor e agimos em nossos relacionamentos e em nossas vidas como se nosso sofrimento não importasse.

Ser humano significa vivenciar as adversidades da vida e passar por dificuldades nos re-

> Quando internalizamos o fato de sermos desvalorizados pela sociedade, agimos — em nossos relacionamentos e no restante da vida — como se nossa própria dor não importasse.

lacionamentos. Quando entendemos que outras pessoas também estão sofrendo — cujos relacionamentos estão tensos a ponto de se romperem, ou que têm um familiar cujo vício está causando sofrimento à família, ou mesmo quando nos identificamos com outras pessoas que também foram marginalizadas, ou que sentem que há algo de errado com elas e acham que simplesmente não são importantes — e abrimos nosso coração ao seu sofrimento, então poderemos, talvez, incluir-nos em nossos gentis desejos de alívio do sofrimento. Sem uma compreensão firme desta condição humana de pertencimento e partilha, quando caímos na ilusão do isolamento, qualquer gentileza que oferecemos a nós mesmos provavelmente será tingida de pena. Ao contrário da compaixão, a pena diz que somos, de alguma maneira, inferiores aos outros. Esse equívoco pode fazer com que nos sintamos apartados dos demais. Quando ampliamos nossa visão de modo a incluir a verdade de que outras pessoas também têm dificuldades e sofrem, ativamos o sistema afiliativo, o que leva à ativação do sistema de cuidado. Não estamos sozinhos. Começamos a descobrir que somos importantes e pertencemos — mesmo que o relacionamento específico em que estamos não reflita nosso valor.

> Quando compreendemos que outras pessoas também enfrentam dificuldades, ativamos o sistema de cuidado — e de repente já não estamos sozinhos.

Experimente

Descobrindo a humanidade compartilhada

Áudio 15 (disponível em inglês)

Reflita por um momento se há algo que você sente que não está dando conta ou algum sofrimento que os outros parecem não entender. Por exemplo, talvez você tenha sido demitido do trabalho e não conheça mais ninguém que tenha sido demitido. Ou talvez seu chefe tenha acabado de lhe dizer que você precisa melhorar em algum ponto. Ou quem sabe seu parceiro tenha lhe dito que você está sendo insuficiente. Talvez ele tenha lhe abandonado ou ameaçado. Ou você tenha um problema de saúde ou algo que o faça se sentir menos atraente fisicamente para os outros. Talvez você tenha sido marginalizado pela sociedade pela cor da sua pele, pelo seu gênero ou orientação sexual, ou pela sua religião, por exemplo.

Reserve um momento agora e reconheça aquilo que faz você se sentir isolado, sozinho ou difícil de amar.

> Você pode dar um nome a isso?
> Agora, reflita se algum de seus amigos ou familiares passou por algo semelhante. Por exemplo, se você se sente pouco atraente, há mais alguém em seu círculo familiar ou de amigos que não seja exatamente conhecido por ser atraente? Será que ele também teve dificuldades por se sentir pouco atraente? É bastante comum não atender às expectativas de atratividade da sociedade, com suas fotos retocadas e definição estreita de beleza. Se sim, observe o que surge em você em termos de aceitação e gentileza quando pensa na situação em que ele estava ou está.
> Agora, ampliando seu círculo de compaixão para incluir todos que você conhece, alguém do seu círculo experimentou algo semelhante, mesmo que tenha sido mais sutil ou mais pronunciado? Se sim, observe o que você disse ou diria a essa pessoa se a encontrasse e o assunto surgisse. Você daria a ela o benefício da dúvida? Você lhe ofereceria gentileza e compreensão?
> Agora, ampliando ainda mais seu círculo de compaixão de modo a incluir pessoas que você não conhece — todos em sua vizinhança, cidade, estado, país e até mesmo no mundo —, você pode imaginar, mesmo que não os conheça, quantos outros compartilham da mesma situação que você neste exato minuto?
> Imaginando ou sentindo todos vocês juntos, eles ficariam surpresos ao descobrir que não estão sozinhos? Você está surpreso ao descobrir que não está sozinho? Qual é a sensação de saber disso?
> Que bons desejos ou palavras de encorajamento você tem para eles? Você pode se incluir nesse círculo de compaixão? Você pode oferecer a si mesmo a gentileza de que precisa?
> Reserve um momento e observe os efeitos de reconhecer que não está sozinho e de oferecer gentileza a si e aos outros.

HUMANIDADE COMPARTILHADA: O ESPECTRO COMPLETO

Como mencionei no Capítulo 6, vejo cada um dos três componentes da autocompaixão como fazendo parte de um espectro. No caso da humanidade compartilhada, o isolamento ou o "apenas eu" ficam em uma extremidade dele. No outro extremo, está o "apenas eles". Daí, pensamos: "Os outros estão em uma situação pior do que a minha, então minhas lutas e sofrimento não importam. Eu deveria dar a eles toda a minha compaixão porque estão em uma situação pior que a minha". A humanidade compartilhada, no entanto, situa-se no meio do espectro, como mostra o diagrama a seguir. Ela afirma que "todos são importantes" e "todos pertencem". É verdade que, em um dado momento, pode ser útil concentrar-nos mais em nós ou mais no outro, de acordo com o grau de sofrimento naquele momento específico. No final, porém, temos a responsabilidade de incluir todos em nosso círculo de compaixão.

HUMANIDADE COMPARTILHADA

Humanidade compartilhada

Autoexclusão: "apenas os outros"

Autoisolamento: "apenas eu"

Tem a ver com os outros — eu não importo

Fiquei surpresa na primeira vez em que um "apenas eles" apareceu em uma aula que eu estava ministrando sobre autocompaixão. A participante claramente havia passado por diversas questões e estava sofrendo, mas sua prática de autocompaixão parecia estar bloqueada por algum motivo. Quando perguntei mais, ela me explicou que se sentia culpada por oferecer compaixão pelo que considerava algo pequeno em comparação com o sofrimento real que os outros estavam enfrentando. Ela achava que toda a sua atenção e boa vontade deveriam ir para aqueles que estavam sofrendo mais do que ela, mesmo que seu sofrimento *estivesse* realmente lhe causando problemas significativos. Este tinha sido o ponto crucial do motivo pelo qual ela chegou a este curso. Ela sabia que precisava de autocompaixão como alguém precisa de uma gota d'água no deserto. Minha aluna estava sedenta, mas ainda presa na crença de que não poderia ter nada enquanto outros estivessem sofrendo mais do que ela.

A ironia é que ela estava participando de um *workshop* intensivo de cinco dias para aprender a ter autocompaixão. Naquele momento, não havia nada que ela pudesse fazer para beneficiar os outros (exceto que a autocompaixão beneficia os outros; analisaremos isso mais adiante). Exploramos juntas se não sentir compaixão por si mesma estaria beneficiando alguém. Ela não conseguia afirmar, embora tivesse certeza de que era assim que verdadeiramente funcionava. É o tipo de resposta que surge quando aceitamos uma crença central que não é realmente baseada em fatos. Então perguntei o que ela me diria se eu tivesse a mesma dor que ela, mas sua situação fosse pior. Ela achava que eu deveria me negar compaixão porque minha colega estava em uma situação pior? Ela ficou horrorizada. "Claro que não!" Ela respondeu prontamente. Então ela começou a ver que todos somos dignos de compaixão, independentemente de o nosso sofrimento ser grande ou pequeno em um dado momento.

Triagem da compaixão — quem precisa do que e quando

Essa ideia de que os outros são mais importantes é algo com que me deparo em praticamente todas as aulas que dou. A confusão normalmente se resume ao momento em que se oferece a compaixão. Às vezes, a prática da compaixão é como uma triagem: atendemos primeiro os feridos mais graves. Em geral, é isso o que ocorre nos estágios iniciais da terapia de casal. Quando ambos os parceiros não estão sofrendo em um mesmo nível, precisamos cuidar primeiro dos mais vulneráveis. Por exemplo, se um é suicida e o outro está ansioso, o suicida receberá minha atenção primeiro — da mesma maneira que alguém que está tendo um infarto receberia atendimento médico antes de alguém com indigestão. Eventualmente, porém, mesmo a pessoa com indigestão crônica precisaria de atenção. Não se trata de dizer "só estou com indigestão e tem gente por aí tendo infarto, então não se preocupe comigo". No caso da autocompaixão, essa estratégia é ainda mais falha. Tudo se resume a "Vou ignorar minha indigestão porque pessoas estão tendo infarto por aí". Parece meio louco quando coloco desse modo, não é? Temos a responsabilidade de cuidar de nós mesmos. Quando nos incluímos em nosso círculo de compaixão, somos mais capazes de cuidar dos outros.

Quanto mais aprendo sobre mim, mais entendo você

Podemos usar nossa própria experiência como base para sentir compaixão pelos outros. A maioria dos terapeutas não fala sobre isso com seus pacientes, mas a verdade é que bons terapeutas passaram pelo próprio trabalho de cura e continuam cuidando de suas experiências dolorosas à medida que elas surgem. Esse mesmo trabalho é a base da nossa compaixão pelos outros, bem como da nossa capacidade de ver e compreender o sofrimento que nossos pacientes vivenciam. Compreendemos seu sofrimento não apenas pelas orientações teóricas e pelo substancial aprendizado conceitual que obtemos em nossa formação. O resultado é que entendemos o sofrimento uns dos outros por meio do conhecimento de nosso próprio sofrimento. Podemos nunca ter tido uma depressão grave, mas conhecemos a tristeza. Talvez nunca tenhamos tido crises de pânico, mas conhecemos a ansiedade e a desesperança. Possivelmente nunca passamos por um divórcio, mas já enfrentamos separações, desentendimentos e outras perdas. Talvez nunca tenhamos tido delírios, mas sabemos o que é estar confuso. E, claro, muitos de nós já *efetivamente* passamos por algum desses problemas.

Quando temos a coragem de nos abrir a nossos próprios lugares dolorosos e assustadores, temos a coragem de estar com os outros em seus lugares dolorosos e assustadores. Como frequentemente explico a meus pacientes, o que não podemos tolerar em nós mesmos, não podemos tolerar nos outros. Se estou triste e não consigo tolerar minha própria tristeza, então não poderei estar com você quando você estiver triste, porque sua tristeza me lembrará da minha e não serei capaz de tolerar isso. Então farei o que for preciso para que você pare de ficar triste perto de mim. Posso tentar consertá-lo, envergonhá-lo ou abandoná-lo — custe o que custar! É por isso que bons terapeutas fizeram e continuam fazendo a lição de casa para se curar. É por isso que você se sente tão seguro conosco. Podemos estar lá por você porque podemos estar lá por nós mesmos também. Embora seja útil ter o apoio de outras pessoas, a prática da autocompaixão realmente muda tudo. Com uma prática boa e sólida de autocompaixão, temos coragem de enfrentar tudo o que precisamos enfrentar. Isso efetivamente nos conecta aos outros. Podemos compreender e abraçar melhor uns aos outros quando sabemos que temos autocompaixão para nos abraçar.

Claro, isso não se limita apenas aos terapeutas. Tem a ver com todos nós em nossos relacionamentos diários. Os pais não são capazes de tolerar nos filhos o que não toleram em si mesmos, por exemplo. Temos dificuldade em estar com amigos ou entes queridos que têm sentimentos que não podemos tolerar em nós mesmos. Você está começando a ver como estamos interconectados e como enfrentar o que é difícil em mim mesmo não afeta apenas a mim? Você vê como ter compaixão por nós mesmos é a raiz para estarmos presentes para os outros? O mesmo se aplica a você em seus relacionamentos, sejam eles com seu parceiro ou com um estranho na rua. Podemos reconhecer e estar lá para os outros quando eles estão sofrendo porque somos capazes de tolerar nossos sofrimentos. Quando aprendemos a nos abordar com autocompaixão, oferecemos a nós mesmos o apoio que desejamos receber dos outros. Isso fortalece nossa capacidade de sermos compassivos, quer precisemos acender essa lanterna de compaixão para fora (para os outros) ou para dentro (para nós mesmos).

Algumas pessoas têm dificuldade com o rótulo *autocompaixão*, principalmente por causa do *auto*. Isto é especialmente verdadeiro nos círculos budistas, nos quais o "eu" é frequentemente mencionado como algo a ser transcendido. Como meu amigo e colega Dr. Chris Germer gosta de dizer: "A autocompaixão dissolve o eu". Quando se conhece a natureza do sofrimento por meio da própria experiência de sofrimento e quando se conhece a natureza da compaixão por meio da prática da autocompaixão, começa-se a compreender a verdade universal do sofrimento e da compaixão. Não estamos sozinhos no sofrimento ou na necessidade de compaixão. Senti-la por nós mesmos leva naturalmente a senti-la pelos outros. A verdade é que a autocompaixão poderia facilmente ser rotulada como *compaixão interior*. Compaixão é apenas compaixão. Precisamos ser capazes de fazer brilhar a luz da compaixão onde quer que ela seja necessária. Então, por favor, não se prenda a rótulos. Todos têm problemas na vida e precisam de compaixão.

De mim para nós

Esteja você no extremo do espectro em que se sente isolado, ou do outro lado em que se sente responsável pelos outros, a verdade é que você é importante. Muitas vezes penso em nosso sistema de nomes e sobrenomes como uma boa ilustração desse sistema de pertencimento. Por exemplo, "Michelle Becker" significa duas coisas. A parte "Michelle" honra a parte única de mim, a parte com meu modo particular de estar no mundo — a parte de mim que, como um floco de neve, não é exatamente igual a qualquer outro ser neste planeta — passado, presente ou futuro. Essa parte importa. Ninguém mais neste planeta poderia trazer exatamente o que eu trago para um relacionamento.

Eu também sou uma Becker. Faço parte de um sistema de interconexões chamado *família*. A parte "Becker" do meu nome quer dizer que não estou sozinha, mas que pertenço a algo maior do que eu. Honra a parte de mim que é maior do que minhas próprias necessidades e anseios. Isso me lembra que tenho uma responsabilidade para com algo além de mim, que minhas ações impactarão nos outros assim como as deles me impactarão. Como estamos interligados, devo considerar meu impacto nos outros. Não posso estar bem sem que todo o sistema Becker esteja bem.

A questão é que isso tudo precisa ser considerado em conjunto. Preciso ser uma Michelle e uma Becker. Se eu fosse apenas uma Michelle e fosse livre para fazer ou ser o que eu quisesse a qualquer momento, ficaria satisfeita por um lado, mas me faltaria um senso de conexão e pertencimento. Eu não teria uma base segura para me aventurar pelo mundo. Estar conectada com outras pessoas seguras — colegas, amigos ou familiares — na verdade me dá a coragem para ser eu mesma no mundo. Quando inevitavelmente falho, tenho um lugar seguro para pousar. Portanto, ser uma Becker me apoia a ser mais plenamente uma Michelle.

Se eu fosse apenas Becker, com seu sentimento de conexão e pertencimento, ficaria feliz, mas de certa maneira poderia sentir que nem existia. Sem a parte Michelle, pareceria mais que a parte Becker é minha dona, em vez de eu pertencer aos Becker. Como eu poderia realmente pertencer se não houvesse uma Michelle na Becker? É sendo meu eu único *e* sendo amada e pertencendo a um todo maior que eu floresço e o sistema familiar floresce. O sistema Becker também se beneficia da minha forma única de existir no mundo. Ele é fortalecido pela minha presença. Quando deixamos os outros fora de nossa consciência ou os convidamos a pertencer a ela, tornando-os iguais a nós, eles nunca poderão se sentir verdadeiramente pertencentes; então perdemos seus dons e talentos únicos que poderiam fortalecer o sistema. A diversidade e a inclusão fortalecem o sistema, se assim permitirmos.

Além do sistema Becker, faço parte de algo muito maior, assim como você — todos fazemos parte da família humana, e ela é mais forte quando cada indivíduo é mais forte. Isso me lembra o conceito africano de *ubuntu*. O *ubuntu* surge da compreensão de que nosso destino está ligado ao destino de toda a humanidade. Somos parte de um todo e devemos ter em mente que nossas ações impactam a saúde da humanidade. Disseram-me que em alguns lugares da África, se perguntarmos a uma pessoa como ela está, ela responderá "Estamos bem" ou "Não estamos tão bem neste momento". Talvez a avó dele esteja doente. Assim, em reconhecimento à sua interligação, a resposta "Não estamos tão bem neste momento" registra com precisão o fato de o sistema estar sob estresse.

Ao mesmo tempo, como o sistema poderia estar bem se *você* não está bem? O sistema também precisa de seus dons. Em uma entrevista a Tim Modise, Nelson Mandela comentou: "*Ubuntu* não significa que as pessoas não devam atender a si mesmas. A questão, portanto, é: você fará isso a fim de capacitar a comunidade ao seu redor e permitir que ela melhore? Estas são coisas importantes na vida. Se você puder fazê-lo, fez algo muito importante". Se você se preocupa com os outros, não pode ficar de fora da equação.

Espero que você esteja percebendo que todo mundo é importante — essa é a base da humanidade compartilhada. Todo mundo importa. Todo mundo pertence. Quando realmente nos abrimos à condição humana partilhada, compreendemos a importância da autocompaixão juntamente com a compaixão. Cuidar de nosso bem-estar não significa ignorar as necessidades dos outros. Pelo contrário, significa que quando estamos bem, podemos comportar-nos de modo a beneficiar os outros. Quando praticamos a autocompaixão em vez da reatividade, nossos relacionamentos se beneficiam porque podemos escolher responder de uma maneira que beneficie nosso parceiro e o relacionamento. Lembra daquele velho ditado "Se a mamãe não está feliz, ninguém está feliz"? Tem suas raízes na humanidade compartilhada, mas é incompleto. A verdade é que se todos no sistema não estiverem satisfeitos, o sistema não está bem. É por isso que devemos trabalhar em prol de um sistema mais igualitário em nossos lares, em nosso país e no mundo. Enquanto alguns forem oprimidos ou abandonados, o sistema não estará bem. Precisamos do *ubuntu*. E o *ubuntu* nos inclui. Cada um de nós é importante. Todos temos potencial para melhorar a condição humana partilhada.

Se eu pensar na humanidade compartilhada como pertencente a um espectro de pertencimento, Michelle Becker fica bem no meio do espectro. Honra a singularidade do indivíduo e usa essa porta dos sentidos (minhas próprias experiências) para compreender e honrar os outros. Ambos os extremos do espectro — aquele que foca demais em mim e aquele que foca demais nos outros — me deixam isolada. Somente a inclusão de nós mesmos em nosso círculo de compaixão nos dá um sentimento de pertencimento verdadeiro e equilibrado, e então poderemos compreender verdadeiramente a humanidade compartilhada e desenvolver nossa capacidade de compaixão por quem precisa dela.

Experimente

Pertencendo

Áudio 16 (disponível em inglês)

Lembre-se de um amigo ou de alguém que você admira. Reserve um momento para se concentrar no que você admira nessa pessoa, em seus pontos fortes específicos. Deixe-se abrir às suas boas qualidades.

Como todas as pessoas, seu amigo também tem dificuldades e áreas em que está tentando ou que precisa crescer. Reserve um momento para reparar nisso também. Observe que mesmo que seu amigo às vezes tenha dificuldades, ele está em seu coração e você está conectado a ele.

Em sua mente, imagine-o em um lugar de honra. Talvez você o tenha convidado para sua sala de estar, ou quem sabe esteja em uma campina ou clareira na floresta — o que achar melhor.

Agora, lembre-se de outras pessoas que você admira e deseja convidar para o seu coração.

Um por um, abra-se às suas boas qualidades, mas também às suas dificuldades e margens de crescimento.

Aceite-os como são e coloque-os nesse lugar de honra, junto com a primeira pessoa.

Com cada pessoa, preste atenção no quanto ela é importante para você e em como ela pertence ao mundo. Como a presença deles importa, mesmo que eles sejam, de algum modo, marginalizados. Repare no valor deles.

Ao pensar nesse grupo de pessoas que são importantes para você, imagine-as em um círculo.

Agora, imagine-as se voltando a você.

Imagine que elas também o veem e o entendem neste momento, mesmo as partes que você não mostra às outras pessoas ou não consegue ver por si mesmo. Elas veem suas boas qualidades — seu amor pela natureza ou seu senso de humor peculiar, por exemplo.

Reserve um momento para ouvir o que eles admiram em você.

Este grupo também vê suas lutas na vida e o aceita como você é.

Reserve um momento para ouvir enquanto elas reconhecem suas dificuldades.

À medida que o grupo o convida para o círculo, essas pessoas se lembram que você também é importante. Você não precisa esperar para ser uma versão melhor de si mesmo. Você já pertence, porque é totalmente humano, com pontos fortes e dificuldades. Você pertence a este grupo, a este círculo, e pertence à humanidade — exatamente como você é.

A humanidade precisa do que você tem a oferecer, não importa quão pequeno você ache que isso seja.

Agora imagine-se juntando-se a eles no círculo. Você é querido e bem-vindo. Você importa. Você pertence.

> Agora, reserve um momento para perceber como é reconhecer que você não está isolado. Você pode ser totalmente você mesmo — sua expressão única no mundo — e pertencer.
> Se quiser, reserve um momento para escrever sobre o que viveu e o que gostaria de se lembrar quando se sentir sozinho e tiver esquecido que você também é importante.
> Por favor, não se preocupe se foi difícil abrir-se totalmente à experiência de ser visto e pertencer. Isso pode levar algum tempo. Confio que, à medida que continuar praticando, você também será capaz de ver e aceitar a si mesmo. Não precisa ter pressa. Confie em si mesmo.

O convite feito a cada um de nós é para sentar-nos à mesa da humanidade. Quando sabemos que todos os seres são importantes — e isso nos inclui — fica um pouco mais fácil oferecer a nós mesmos nosso amor e carinho. Se tivermos isso, nunca mais ficaremos sem amor e carinho. Passamos da pergunta "Eu importo *para você*?" ao conhecimento de que, em virtude de termos nascido, somos importantes — como todos os seres são. Começamos então a ocupar nosso lugar em nossas vidas e relacionamentos com um senso de dignidade e valor.

HUMANIDADE COMPARTILHADA EM TRÊS DIREÇÕES

Quando você observa como a humanidade compartilhada aparece em seu relacionamento, o que você vê? Quem pertence? As pessoas conseguem ser plenamente elas mesmas e ainda assim serem amadas e pertencer? Ou o relacionamento tende a girar mais em torno de um de vocês do que de ambos? Relacionamentos saudáveis são um lugar em que ambas as pessoas se sentem seguras em ser plenamente elas mesmas e em ser vulneráveis, e onde todos sentem que são importantes e pertencem. Vamos examinar isso em mais detalhes agora.

Você importa?

Embora todos nós, é claro, queiramos sentir que somos importantes, que somos aceitos e que pertencemos exatamente como somos, nem sempre é assim que nos sentimos. Como vimos na Parte I deste livro, há muitas razões pelas quais ficamos presos na resposta ao estresse e na resistência. Seu parceiro também fica preso nisso. Por mais que ele queira, nem sempre é capaz de estar ao seu lado. Como todos nós, seu parceiro tem necessidades e desejos a atender.

Outra razão pela qual nem sempre recebemos do parceiro o cuidado que desejamos é que, em um esforço para nos proteger, nem sempre nos permitimos ser vulneráveis. Não demonstramos que estamos magoados ou inseguros ou qualquer que seja o sentimento vulnerável. Se não permitirmos que o parceiro nos veja como somos, como podemos esperar que ele saiba quando precisamos de ajuda ou apoio?

Embora muitas vezes desejemos o cuidado e o apoio de outras pessoas, não podemos *obrigá-los* a estar lá por nós. Podemos, no entanto, ser importantes para nós mesmos. Podemos nos comprometer a estar sempre presentes para nós mesmos, prontos com compreensão, aceitação, compaixão, incentivo, exatamente quando mais precisarmos.

Também ensinamos às pessoas como nos tratar; por isso, se vivermos a vida como se não importássemos, teremos inadvertidamente ensinado aos que nos rodeiam que não importamos. Portanto, a verdadeira questão aqui não é se você importa para seu parceiro. Isso é importante, claro. Contudo, a questão mais importante é se você importa a si mesmo. Você pode/vai estar lá para si mesmo? Você se inclui em seu próprio círculo de compaixão?

Seu parceiro importa?

Na seção anterior, delineei alguns aspectos que atrapalham que seu parceiro esteja ao seu lado. Agora vamos analisar o que atrapalha que você esteja ao lado dele.

Reatividade

Assim como analisamos na Parte I deste livro, sempre que nos sentimos inseguros, estamos programados para reagir de maneiras preconcebidas a fim de restaurar a segurança: lutando, afastando-nos e apaziguando. Quando estamos neste estado de reatividade, tratamos o parceiro como se ele fosse uma ameaça. Neste estado, esquecemos que essa pessoa é importante para nós, que nos importamos com *seu* bem-estar também. Nesse estado, podemos nos concentrar apenas em nós mesmos — "Tenho que sair daqui" ou "Por que você não é capaz de ver o quanto estou magoado? Eu mereço ser tratado melhor do que isso", por exemplo. Ou podemos nos concentrar apenas em nosso parceiro: "Você é um idiota — não acredito que você fez isso de novo!" (culpar) ou "Você está certo, você merece coisa melhor — quer uma massagem nas costas?" (aplacar). A questão é que ambas as pessoas são importantes. Na humanidade compartilhada, reconhecemos que não sou eu ou você. Somos nós dois.

Resistência

Também na Parte I vimos como sentimos a dor do parceiro por meio da ressonância empática. Vimos ainda como, quando nos sentimos oprimidos por essa dor, muitas vezes passamos a resistir tentando consertar, controlando ou criticando. Por mais humano que seja entrar nesse espaço de resistência, quando de fato conseguimos entrar, estamos na verdade tentando sair de nossa própria dor e tirando nosso parceiro da dor. Portanto, embora à primeira vista possa parecer que estamos concentrados no parceiro — sacrificando até mesmo algumas de nossas necessidades no processo —, a verdade é que isso costuma ser uma estratégia para nos livrarmos da dor no final. Em geral, o parceiro não gosta de ser consertado, controlado ou criticado. Ele só quer saber que estamos com ele, que o amamos e que ele tem nosso apoio. Isso significa nos abrir e aceitá-lo como ele é — com dor e tudo — em vez de tentar aliviar nossa própria dor mudando-o. Ele só quer saber que importa para nós.

Isolamento: apenas eu

Podemos ainda ficar presos no foco de nossa própria dor. Vemos nosso lado da equação: como é difícil faltar novamente ao trabalho para cuidar dos filhos quando o parceiro está doente — sobretudo quando há um projeto importante que precisa da nossa atenção, por exemplo. Podemos estar tão concentrados em nosso desconforto que esquecemos de perceber que nosso parceiro também está passando por momentos difíceis. Quando nos concentramos no fardo que carregamos, nosso parceiro pode se sentir mais um fardo do que uma bênção. Esquecemos que ele também é uma pessoa que está passando por momentos difíceis, que seu bem-estar importa para nós e que ele provavelmente receberá a mensagem de que não nos é importante.

Pode ser muito útil ter práticas que o ajudem a lembrar que seu parceiro é importante para você, pois assim você pode honrá-lo e apoiá-lo quando necessário. Acima de tudo, útil é tudo que ajude seu parceiro a se sentir visto, aceito e amado. Fazer questão, por exemplo, de perguntar-lhe em um horário regular como foi seu dia ou dar-lhe um abraço ou um beijo de alô/despedida, ou lembrar-se de dizer-lhe que você o ama e o quer bem, pode ajudar em muito a informar seu parceiro que ele é importante para você.

> Mesmo rituais simples — um beijo de despedida antes de sair para o trabalho, uma pergunta sobre como foi o dia depois do trabalho — podem ajudar seu parceiro a se sentir visto, aceito e amado.

Seu relacionamento importa?

Mesmo quando nos lembramos de que nós e nosso parceiro somos importantes, podemos nos esquecer que há um terceiro aspecto em jogo: o relacionamento. Ele precisa de cuidado e nutrição para sobreviver; quando o negligenciamos, ele murcha lentamente e, anos depois, podemos nos perguntar o que aconteceu. À medida que nos sentimos cada vez mais isolados, nos perguntamos: cadê meu relacionamento?

Podemos encontrar-nos recorrendo ao relacionamento em busca de força para enfrentar as circunstâncias importantes e mandatórias da vida — como cuidar de um bebê, os prazos aparentemente sempre urgentes no trabalho, o estresse de uma mudança ou um genitor que necessita de cuidados, por exemplo. Podemos considerar o relacionamento como garantido, sem perceber que ele também precisa de cuidado e nutrição. Precisamos compartilhar riscos, alegria, conexão, compreensão. Você sabe do que seu relacionamento precisa? Você está encontrando tempo para investir em manter seu relacionamento saudável e satisfatório? Pode ser útil ter práticas que o lembrem de que seu relacionamento também importa. Programar encontros noturnos regulares, por exemplo, pode ajudar a investir regularmente no relacionamento, para que ele não seja engolido pelo estresse de gerenciar as tarefas cotidianas.

Ao refletir sobre essas três direções da humanidade compartilhada e do pertencimento, você deve ter notado que uma ou mais delas está faltando em sua vida cotidiana. A seguir está uma prática que, quando feita regularmente, ajuda a nos lembrar que somos importantes, bem como nosso parceiro e o relacionamento.

> ### Experimente
>
> **Amor-gentileza para casais**
>
> *Áudio 17 (disponível em inglês)*
>
> Encontre um lugar confortável para sentar-se ou deitar-se. Reserve alguns momentos para se sentir apoiado por seus suportes externos, como a cadeira, a almofada ou o chão debaixo de você.
>
> Em seguida, reserve alguns minutos para despertar uma sensação de apoio interno. Você pode cumprimentar-se com um sorriso interior de boas-vindas, colocar a mão sobre o coração ou em outro lugar como um gesto físico de apoio e gentileza, ou entrar em sintonia com seu corpo, respirando com a consciência de que cada inspiração o nutre.
>
> Se parecer certo, lembre-se de uma imagem ou sensação de si mesmo como você é agora.
>
> Pode ser útil lembrar também dos amigos que o convidaram para seu círculo no último exercício. Você consegue se ver pelos olhos deles e enxergar como é digno de pertencimento? Este grupo de amigos e entes queridos o veem como você é e se preocupa consigo. Eles lhe desejam o melhor. Eles começam a lhe oferecer desejos gentis. Talvez estes sejam:
>
> - Que você seja feliz!
> - Que você esteja em paz!
> - Que você esteja saudável!
> - Que você viva com leveza!
>
> Talvez sejam desejos que falem mais especificamente com você.
>
> Quando se sentir pronto, comece a oferecer a si mesmo seus próprios desejos gentis:
>
> - Posso ser feliz!
> - Que eu esteja em paz!
> - Posso ser saudável!
> - Posso viver com leveza!
>
> Você pode usar essas ou outras palavras que falem mais diretamente à sua situação.

Ao dizê-las silenciosamente a si mesmo, repetindo-as continuamente, ofereça-as com a intenção de ser gentil, da melhor maneira possível. Não há necessidade de se apressar. Diga-as lentamente e com um tom afetuoso.

Quando parecer certo seguir em frente, lembre-se de seu parceiro. Você pode imaginá-lo em sua mente ou apenas senti-lo.

Deixe-se sentir o quanto deseja que ele seja feliz e que não sofra.

Quando se sentir pronto, ofereça essas frases (ou outras, se preferir) à imagem do seu parceiro — lenta e suavemente.

- Que você seja feliz!
- Que você esteja em paz!
- Que você seja saudável!
- Que você viva com leveza!

Ao dizer essas frases, sinta o quanto você se preocupa com ele e lhe deseja o melhor.

Por fim, forme uma imagem ou sensação de você e seu parceiro juntos. Permita-se saber o quão importante é seu relacionamento com essa pessoa.

Quando se sentir pronto, comece a oferecer estas frases (ou suas próprias frases) a vocês dois:

- Que possamos ser felizes!
- Que possamos estar em paz!
- Que possamos ser saudáveis!
- Que possamos viver com leveza!

Em seguida, deixe de lado as imagens e as frases e pare um momento para perceber como você se sente agora.

Da melhor maneira que puder, aceite a si mesmo e à sua prática pelo menos por enquanto.

Como foi sua prática? Se você descobriu que seu coração se abriu um pouco e isso o ajudou a se lembrar que você, seu parceiro e seu relacionamento importam, tente incluir a prática em sua rotina diária. Ela pode ter a duração escolhida por você; o importante é a prática regular.

Se você achou a prática difícil ou desafiadora de alguma maneira, seja criativo ao personalizá-la para si. Você pode desejar alterar as palavras dos desejos gentis, por exemplo. Ou pode querer manter os olhos fechados ou abertos. Se parecer muito intenso praticá-la de uma maneira mais meditativa, você também pode deixar a prática mais leve apenas dizendo as frases em voz alta enquanto realiza tarefas cotidianas, talvez quando estiver parado em um semáforo, por exemplo. Seja hábil em reservar um tempo para encontrar uma maneira de praticar que realmente lhe seja útil.

O objetivo desta prática não é fazer surgir os bons sentimentos que muitas vezes surgem — isso é agradável e nos ajuda a saber que o que praticamos é o que queremos cultivar. O objetivo dela é fortalecer a intenção de conhecer a nós mesmos, o parceiro e o relacionamento com gentileza, o que nos lembra que essas três coisas são importantes para nós. Então, quando o estresse da vida estiver em pleno vigor, teremos mais chance de nos lembrarmos de fazer uma pausa e responder de um modo que honre as nossas necessidades, as de nosso parceiro e as relacionais.

É também uma boa maneira de praticar o cultivo da gentileza — assunto do próximo capítulo.

8

Conseguindo o que precisamos

Gentileza em três direções

Que sabedoria você pode obter que seja maior do que a gentileza?
— Jean-Jacques Rousseau

Eu estava há alguns dias em um retiro de atenção plena. Tinha sido um começo difícil para mim, pois vi os instrutores favorecerem uma mulher atraente, pequena, jovem e bonita da primeira fila, ao mesmo tempo em que eram bastante duros com muitos outros participantes que fizeram perguntas durante a sessão de esclarecimentos. Em um nível mais profundo, isso tocou em uma questão dolorosa da minha infância. Eu não estava me sentindo segura. Se aqueles que foram corajosos o suficiente para fazer perguntas não estavam em segurança, eu sabia que não ousaria falar durante o período de esclarecimentos.

Eu estava sentada de pernas cruzadas no meio de um grande salão com centenas de pessoas. Dei o meu melhor para ficar o mais confortável possível — ou melhor, para ficar menos desconfortável. Senti uma dor aguda, penetrante e latejante em meu quadril, e eu estava cansada, com frio e com fome. Não havia mais travesseiros para apoiar meu joelho, então peguei um dos poucos cobertores restantes e dobrei-o sob o joelho para aliviar a pressão no quadril dolorido. Ajudou um pouco, mas eu ainda me sentia desconfortável.

Estava muito frio no corredor e estávamos em silêncio. Bem, pelo menos era para estarmos. Momentos antes, uma mulher veio e me disse que eu tinha que dar a ela o cobertor que estava sob meus joelhos porque ela estava com frio. Fiquei chocada. Havia centenas de pessoas na sala, muitas com cobertores ou travesseiros extras, e ela achava que era *EU* quem deveria ceder meu cobertor? Ela veio do outro lado da sala, diretamente até mim. Ela não se importava que estivéssemos em silêncio. Ela não se importava que eu estivesse em silêncio. Ela só não queria se sentir desconfortável. Ela estava com frio, disse ela, e precisava do meu cobertor. E ela não iria embora sem que eu o desse a ela. Eu dei. Claro, havia uma pequena parte de mim que sentia alguma gentileza e generosidade — alguma compaixão por ela. Eu não queria mesmo que ela sentisse frio. Mas a maior parte de mim estava realmente ressentida. Por que as necessidades dela eram mais importantes do que as minhas? É claro que isso tocou em um tema muito mais amplo em minha vida: as necessidades de todos os outros sempre foram mais importantes do que as minhas, ou pelo menos foi assim que fui treinada a acreditar.

Felizmente, o sinal para iniciar a meditação tocou. Ao me abrir para o que estava lá para mim, senti uma dor no quadril. Não era uma dor leve. Mas senti uma dor ainda maior, a dor de sempre ser negligenciada. A dor de sempre esperarem que eu deixasse minhas necessidades de lado porque as necessidades de outra pessoa eram mais importantes. Na verdade, não acreditava na ideia de que as necessidades dos outros eram sempre mais importantes. Às vezes, as necessidades deles eram mais parecidas com preferências, enquanto as minhas eram necessidades verdadeiras. Mas o verdadeiro problema era que fui treinada para não ter necessidades, para nem mesmo vê-las — e, se as visse, para não as honrar. Efetivamente, fui treinada a não importar. Agora uma coisa é não importar para os outros, mas não importar para si mesmo? Isso é uma tragédia.

O SURGIMENTO DA GENTILEZA

Ao me abrir para a dor de nunca ter importância, uma ferocidade de amor e carinho surgiu dentro de mim. Eu me recuso a ser negligenciada. Vi a quantidade de sofrimento que advém disso, e meu coração se abriu a todas as pessoas de todos os lugares que são negligenciadas — e a mim mesma. Eu não poderia fazer nada se os outros me viam ou me davam as costas, mas poderia fazer algo em relação a como *eu* me mostrava. Não importa quem quer que tenha me dado as costas, *eu nunca mais iria me dar as costas*. Eu me veria, com minhas alegrias e minhas tristezas, veria o conjunto todo. Eu sabia, da maneira mais profunda possível, que não eram apenas os outros que tinham importância... *eu também tinha*. Surgiu então uma ternura, um *cuidado*. Comecei a inclinar-me suavemente em minha direção. Durante os dias e semanas que se seguiram, eu me perguntei: "O que *você* quer comer no almoço, Michelle? "Aonde *você* quer ir?" "O que devemos fazer a seguir?" Aonde quer que eu fosse, havia uma presença gentil e compassiva que me acompanhava. Uma parte que via, se preocupava e cuidava de mim mesma.

O SURGIMENTO DA AUTOCOMPAIXÃO

Essa mudança alterou tudo. Eventualmente, mudou até meus relacionamentos. No início, experimentei o lado mais suave da autocompaixão, o lado acolhedor. Descobri que poderia me abrir para a dor que estava sentindo — especialmente porque, quando o fizesse, *havia alguém lá que se importava*. Passou a ser realmente seguro me abrir aos meus próprios sentimentos. Eu não dependia da presença de outras pessoas lá por mim — algo que antes era imprevisível. Aconteceu também outra coisa: a coragem que surgiu para falar por mim mesma. Além desse lado mais suave e acolhedor, havia um lado feroz e protetor. Um lado que não queria causar danos a mim mesma ou a qualquer outra pessoa. Eu encontrei minhas costas fortes. Há muito tempo eu tinha um lado que não era o que eu chamaria de totalmente rebelde. Era mais um lado "destemido" que, às vezes, estava disposto a reagir, mas estava mais enraizado na reatividade do que na capacidade de resposta. *Essas* costas fortes de agora estavam verdadeiramente enraizadas no cuidado e podiam ver a verdade da situação, o quadro geral.

OS EFEITOS RELACIONAIS DA AUTOCOMPAIXÃO

Quando declarei não estar mais disposta a tolerar danos, meus relacionamentos mudaram. Essa nova maneira de ser estava longe da estratégia de "ser simpática" que me ensinaram quando eu era jovem, que era ostensivamente uma estratégia de pertencimento, mas que na verdade me deixou privada de direitos, desconectada e impotente. Em vez disso, essa nova maneira de ser me deixou empoderada, autêntica e gentil. Isso me deu resiliência para poder me abrir para cuidar de outras pessoas também, como aquela mulher que exigiu meu cobertor. À medida que me tornei feroz e terna na autocompaixão, passei de um sentimento de irritação por ela para um sentimento de ternura e cuidado. A compaixão não era mais um bem escasso — quanto mais compaixão eu me dava, mais compaixão eu tinha pelos outros. A maioria das pessoas não vê realmente o lado feroz da compaixão e como ele apoia nossa capacidade de sermos ternos para com os outros. Em vez disso, as pessoas tendem a ver as coisas como gentileza *versus* aspereza.

COMPREENDENDO A AUTOGENTILEZA

Kristin Neff fala sobre a autogentileza como o terceiro componente da autocompaixão. Ela descreve a autogentileza como o oposto do autojulgamento e fala sobre o que fazemos quando as coisas dão errado em nossas vidas. Como respondemos a nós mesmos? Encontramos um aliado interno que é gentil e solidário? Será que lidamos conosco com um toque gentil e de apoio e alguma compreensão, como nos exercícios "Colocando a autocompaixão em prática" do Capítulo 5? Ou ouvimos uma voz crítica e áspera — uma voz que nos culpa, nos xinga e nos diz para pararmos de ser tão covardes e simplesmente seguirmos em frente? Este é realmente o dilema gentileza *versus* autojulgamento.

Assim como os outros dois componentes (atenção plena e humanidade compartilhada), vejo a autogentileza como parte de um espectro, conforme ilustrado a seguir. Em um extremo do espectro há muito calor e suavidade, mas podemos tender à autoindulgência, o que não é gentil. No outro extremo, há a ferocidade do autojulgamento. A autoindulgência é boa no momento, mas não é boa para nós. A autogentileza fica no meio do espectro e tende ao bem-estar, ou eudemonia. O que é verdadeiramente gentil não é apenas o que é bom neste momento, pois requer uma visão em longo prazo para considerar o que será realmente bom para nós, o que é realmente gentil.

AUTOGENTILEZA

Autoindulgência — Gentileza — Autocrítica

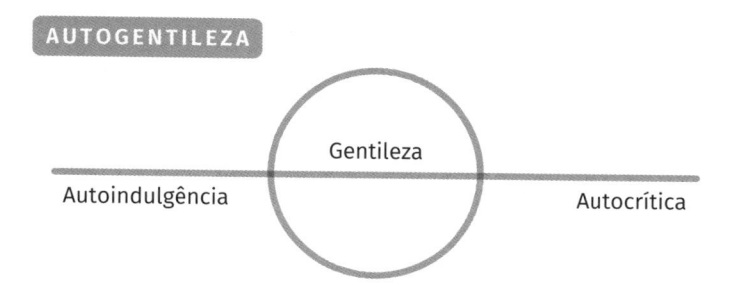

A maioria de nós tem tendência à autoindulgência ou ao autojulgamento, muitas vezes dependendo do que vivenciamos em nossa família de origem. Se nossos pais tenderam a ser indulgentes conosco, por uma noção equivocada de amor ou por uma estratégia para nos apaziguar para que eles não tivessem que lidar com nossas necessidades, provavelmente tenderemos à autoindulgência — confundindo-a com a verdadeira gentileza. Ou, se nossos pais estavam do lado negligente, porque não tinham as habilidades necessárias para serem bons pais ou porque estavam trabalhando duro para nos sustentar, também podemos associar a autoindulgência à autogentileza. A verdadeira autogentileza, porém, nos dá o que precisamos, e não o que queremos quando queremos.

Se tivemos um pai que nos criticava, seja porque estava apenas descarregando sua dor sobre nós ou porque estava tentando nos tornar o melhor que poderíamos ser, em um esforço equivocado para nos oferecer amor, é provável que tenhamos uma voz autocrítica que continua nos criticando a partir de onde eles pararam. Isso também pode ser confuso. Podemos nos perguntar se as críticas são nossa única maneira de nos motivar a alcançar nossos objetivos. A verdadeira gentileza percebe quando não estamos indo bem, mas nos motiva a alcançar nossos objetivos com incentivo e amor, em vez de uma autocrítica severa.

É claro que, como sugere Neff, o autojulgamento e a autocrítica resultante são os opostos mais comuns da autogentileza. É o que acontece quando nossa ferocidade em relação a nós mesmos está enraizada no medo e não no amor. É também o que acontece quando nosso sistema de impulso está ativado e não está enraizado no sistema de cuidado. Se tentarmos evitar a dor trabalhando duro, poderemos nos pegar sendo movidos por uma dura crítica interior, como aconteceu com Mel, protagonista do caso que veremos a seguir.

Do crítico ao afetuoso: a história de Mel

Mel tinha sessenta e poucos anos quando aprendeu o que é verdadeiramente autogentileza. Tendo crescido em plena Hollywood com um pai um tanto famoso, Mel era muito sensível à necessidade de pertencer — e ao preço que era preciso pagar para isso. Entre os conceitos de "corpo ideal" de Hollywood — e, convenhamos, de quase todos os outros lugares —, o envolvimento de Mel na área médica e seu desejo por saúde, ela estava determinada a não ter sobrepeso. Estar acima do peso poderia significar não ser aceita pelos outros, mas também problemas de saúde. Nenhum dos desfechos era aceitável e, por isso, Mel cuidava meticulosamente da dieta e dos exercícios. Seus amigos às vezes comentavam que não podiam acreditar como ela conseguia seguir uma dieta tão austera.

Crescer no mundo das celebridades pode ter um lado sombrio. Os pais de Mel costumavam criticar sua aparência ou seu comportamento, e, quando bebiam, as críticas eram bastante cáusticas. "As pessoas nunca vão gostar de você", "Você não vale nada", "Você é preguiçosa" e "Arrume esse cabelo!" eram o tipo de coisa que eles vomitavam em Mel. Eles achavam que assim a motivariam, e realmente o fizeram, mas com base no medo. À medida que ela crescia, a autocrítica assumiu o centro das atenções como uma maneira de conseguir as coisas. Depois de comer algo que não estava dentro da dieta, Mel ouvia: "Você está gorda", "Não seja tão perdedora", "Você não tem força de vontade" e "As pessoas nunca vão gostar de você". Só que, desta vez, a voz vinha de dentro, o que não tornava a situação menos dolorosa. Era um ataque quase constante, que minou sua sensação de bem-estar e confiança. Mais do que isso, ela ficou obcecada por dieta e exercícios, infeliz e pouco saudável.

Nosso trabalho ajudou Mel a ver de onde veio essa crítica interna e os efeitos disso em seu bem-estar. Começamos então a explorar um modo diferente de ser, um que confiasse na gentileza essencial de Mel, perdoasse seus erros e estivesse enraizado na verdadeira preocupação com o bem-estar. Aos poucos, ela começou a fazer dieta e exercícios por amor. "Porque eu a amo e não quero que você sofra", dizia a voz que motivou Mel a evitar aquele pedaço de bolo de chocolate cheio de açúcar, em vez da voz que dizia: "Não seja tão perdedora". Com o tempo, Mel ficou mais feliz e saudável. Claro, houve uma fase inicial em que ela foi longe demais na autoindulgência, mas, com o tempo, aterrissou diretamente no meio do espectro — na autogentileza e bem-estar eudaimônico, em vez de no hedonismo da autoindulgência ou na autoflagelação da autocrítica. E algo mais aconteceu: os relacionamentos de Mel mudaram. Ela sempre se sentiu incomodada com a gentileza açucarada das pessoas — parecia muito com autoindulgência e não era confiável, mas Mel passou a ver que aqueles relacionamentos baseados na aspereza e nas críticas também não eram atraentes. Ela queria autenticidade — a verdade —, mas não a verdade brutal, e sim a verdade que vinha de um lugar de gentileza. Ela queria relacionamentos enraizados no respeito e na autenticidade.

Encontrando a voz autocompassiva

Ao observarmos a gentileza e a autocompaixão, vale a pena dedicar algum tempo para perceber como nos relacionamos conosco. Se você também descobrir que há um crítico interno severo sempre pronto para julgá-lo, ou se encontrar uma voz interior que o leva à autoindulgência, o exercício a seguir poderá ser útil. Como sempre, envolva-se no nível que achar melhor para si. Esta prática é uma adaptação do exercício "Encontrando sua voz compassiva" do programa MSC e pode, às vezes, nos levar para fora da nossa janela de tolerância (ver Capítulo 6); portanto, sinta-se à vontade para ignorá-lo ou pulá-lo, se achar que deve. Você pode tentá-lo quando quiser, quando se sentir pronto.

Experimente

Motivando-se com compaixão

Áudio 18 (disponível em inglês)

Considere um comportamento que você pratica com frequência e que realmente não está lhe sendo útil. Algo que, na verdade, muitas vezes atrapalha seu bem-estar. Alguma coisa que gostaria de mudar.

Talvez você às vezes coma demais ou procrastine. Ou quem sabe você não faça exercícios nem medite com a frequência que gostaria. Talvez você seja muito reativo, muitas vezes ficando com raiva de pessoas que estão apenas tentando ajudá-lo. Ou quem sabe você tenha flertado demais com outras pessoas, embora esteja em um relacionamento monogâmico e comprometido.

Tal como em todas as nossas práticas, veja se consegue ficar na faixa de leve a moderado ao escolher algo para trabalhar aqui. Escolha algo importante o suficiente para que você possa sentir, mas não algo que lhe seja opressor.

Aprendemos melhor ao aprimorar nossa força ao mesmo tempo em que permanecemos dentro da janela de tolerância.

Quando tiver esse comportamento em mente, anote-o.

Considere o motivo pelo qual você gostaria de mudá-lo:

- O que está lhe custando continuar se comportando dessa maneira?
- O que você acha que iria melhorar em sua vida sem esse comportamento?
- Por que você quer mudar?

Agora observe como você se sente quando tem esse comportamento:

- O que acontece *pouco antes* de você se comportar assim? Se não o fizesse, o que sentiria? Entregar-se a esse comportamento é uma maneira de mudar seus sentimentos?
- O que acontece *enquanto* você está se comportando assim? Qual é a sensação? Esses são sentimentos que você deseja? Existe algum custo enquanto você está se comportando assim?
- O que acontece *depois* que você se comporta assim? Há um preço a se pagar? Há algum dano a você? A seu parceiro? Ao relacionamento? Por favor, anote suas conclusões.

Perceba como você se relaciona consigo mesmo quando se comporta assim.

Existe uma voz interior que o encanta e satisfaz?

- O que essa voz lhe diz? "Vá em frente; você merece", "Não importa", "Começarei amanhã" ou alguma outra coisa?
- Se você tem uma voz interior que incentiva a autoindulgência, escreva o que ela diz.
- Agora analise se essa voz o está realmente ajudando a alcançar seus objetivos. Está ajudando ou causando danos?
- Mesmo que essa voz muitas vezes o desencaminhe, por favor, considere se há uma boa intenção por trás dela. Ela está tentando lhe oferecer facilidade, conforto, prazer?
- Por favor, anote qualquer intenção gentil que encontrar.

Existe uma voz interior que o julga, envergonha ou critica?

- O que essa voz lhe diz? "Você não consegue fazer nada certo", "Você é um perdedor", "Você não vale nada" ou algo mais?
- Se você tem uma voz crítica interior, anote o que ela diz.
- Agora analise se essa voz o está realmente ajudando a alcançar seus objetivos. Está ajudando ou causando danos?
- Mesmo que esta voz possa estar lhe causando danos, considere se há uma boa intenção por trás dela. Ela está tentando ajudá-lo de alguma maneira?

- Ela quer que você se sinta seguro, saudável e amado?
- Por favor, anote qualquer intenção gentil que encontrar.

Observação: às vezes, essa voz ríspida não está realmente tentando ajudá-lo; é apenas uma repetição de uma voz prejudicial de alguém em sua vida. Nesse caso, pode ser melhor deixar de ouvi-la e buscar diretamente sua voz compassiva.

Conforme você se torna consciente da voz interior indulgente ou crítica (ou ambas!) e das boas intenções subjacentes, por favor, reserve um momento para reconhecer os esforços desta parte de você que trabalhou arduamente para tentar ajudá-lo, mesmo que o resultado tenha sido prejudicial.

- Se parecer certo, escreva uma carta livre e espontaneamente para essa parte de você, reconhecendo seus esforços para ser útil e informando-a de que não precisa continuar fazendo isso. Em breve encontraremos uma voz compassiva para apoiar a realização dos objetivos.

Agora que as vozes interiores indulgente e crítica foram reconhecidas, convide-as a dar um passo atrás e dar espaço para que a voz interior compassiva surja. Esta parte o vê, o entende e quer o melhor para você, preocupa-se com seu bem-estar e felicidade e está disposta a fazer o que for necessário para garantir seu sucesso no longo prazo. Ela é capaz de ver como o comportamento está lhe causando danos e quer que você pare. Não acha que haja algo errado com você; em vez disso, entende por que às vezes você é pego nesse comportamento e ainda quer que você pare, *porque você é digno de estar bem, saudável, feliz, amado — tudo o que você realmente precisa*. Essa voz interior compassiva vem de um lugar de amor.

- Por favor, reserve alguns minutos e escreva uma carta a si mesmo com a voz interior compassiva.
- Deixe a voz compassiva falar sobre o comportamento que você deseja mudar, qual a importância disso e os passos que você deveria dar.
- Acima de tudo, deixe a voz interior compassiva falar com você a partir de um lugar de amor.

Qual foi a sensação de motivar-se a partir de uma posição de gentileza e compaixão, em vez de autoindulgência ou autojulgamento? Você pode manter a carta à mão e lê-la diariamente para se manter no caminho da mudança de comportamento. Queremos reforçar a capacidade de nos relacionarmos conosco com verdadeira gentileza, em vez de com autoindulgência ou autojulgamento.

Autocompaixão: suave e forte

Poderíamos pensar nessas extremidades do espectro da autogentileza — autoindulgência e autojulgamento — como a frente suave e as costas fortes do Capítulo 4. A autoindulgência muitas vezes surge quando permitimos que nossos sentimentos — especialmente o desejo de prazer — comandem o *show*. Por outro lado, quando abordamos a nós mesmos apenas com força e determinação, podemos achar que nossa abordagem é demasiado dura e crítica.

Frente suave

Em uma extremidade do espectro, a frente suave tem a capacidade de nos confortar, acalmar e validar. Confortar muitas vezes tem a ver com compaixão física; acalmar tem relação com compaixão emocional; e validar tem a ver com compaixão mental. Este lugar suave para pousar, por assim dizer, nos possibilita ser vulneráveis. A vulnerabilidade é importante — é necessária para que sejamos conhecidos, vistos, compreendidos e amados. Se não sabemos quem realmente somos e o que realmente sentimos, como poderíamos saber como cuidar de nós mesmos? Se não mostrarmos aos outros quem somos e o que sentimos, como eles poderiam saber o que realmente precisamos?

Costas fortes

No outro extremo do espectro, as costas fortes exercem as funções de prover, proteger e motivar a nós mesmos. Será menos gentil atender às nossas necessidades saindo pelo mundo e trabalhando pelo que precisamos — comida, roupas, abrigo e assim por diante? Ou protegendo-nos, tanto fisicamente (abrigando-nos ou lutando quando estamos sob ataque) quanto emocionalmente (estabelecendo limites, dizendo "não" e até mesmo abandonando relacionamentos prejudiciais)? É menos compassivo encontrar a motivação e o incentivo para perseguir nossos sonhos e atender às nossas necessidades, permanecendo firme quando as coisas são difíceis? Precisamos dessas costas fortes tanto quanto da frente suave. Mas, em geral, não é nisso que pensamos quando falamos em autogentileza. Muitas vezes, pensamos na compaixão como algo bastante suave e fofo. Isso pode ser algo que você deseja ou algo que revira seu estômago, como costumava acontecer com Mel. Ambas são reações comuns.

O espectro completo da autogentileza

Dependendo das experiências em nossas vidas, podemos estar mais em falta da suavidade ou da força que vem da compaixão. Existe o perigo de sermos suaves demais, assim como existe o risco de sermos demasiadamente fortes. Na verdade, não é que se seja muito suave ou muito forte por si só, tem mais a ver com ser *apenas suave ou apenas forte*. A verdadeira autocompaixão tem capacidade para ambos e está enraizada na sabedoria da atenção plena. A verdadeira autocompaixão vê o que é necessário aqui — o que é verdadeiramente gentil, não apenas o que é bom — e pode responder com força e suavidade. É o que Germer e Neff chamam de "força afetuosa" no programa MSC.

É provável que nossas tendências para costas fortes ou frente suave também sejam influenciadas pelo que aprendemos com nossos pais. Podemos ter desenvolvido qualidades realmente úteis e podemos também não ter a capacidade de ser vulneráveis (frente suave) ou de ter confiança para defender o que precisamos e estabelecer limites para os outros (costas fortes).

Quando chegamos na extremidade do espectro com muita suavidade e pouca força, podemos facilmente ser inundados por nossas emoções. Ruminamos e muitas vezes nos sentimos oprimidos. Encontramo-nos nesta situação quando fomos treinados para ser "legais" em vez de gentis, cuidando também de nosso próprio bem-estar. Sem a visão clara da atenção plena e da força das costas fortes, tornamo-nos impulsivos. E sem costas fortes, entramos em colapso. A autoindulgência abunda neste lugar de suavidade sem força.

Porém, quando temos a vulnerabilidade da frente suave apoiada pela força das costas fortes, podemos sentir mais, e isso nos ajuda a reconhecer e aceitar a realidade dos fatos. Podemos cultivar estabilidade ou equanimidade com nossa abertura, o que possibilita a cura e a resiliência e nos nutre, constituindo ainda a base para uma ligação saudável com os outros e conosco. Precisamos do apoio das costas fortes para nos abrirmos de maneira confiável à frente suave — nossa vulnerabilidade é a base para nossa conexão.

Assim como a frente suave precisa de costas fortes, as costas fortes também precisam da vulnerabilidade da frente suave. Quando somos totalmente força sem vulnerabilidade, nos tornamos rígidos, inflexíveis e frágeis. Falta-nos o sentimento que informa a boa tomada de decisões e é a base para a capacidade de lidar com as coisas e de curar feridas anteriores. Acabamos reprimindo nossos sentimentos e carregando uma mala de mágoas antigas. É preciso muita energia para arrastar essa mala invisível de dor! Quando afastamos a vulnerabilidade da frente suave, afastamos todos os sentimentos, até mesmo a alegria. Inadvertidamente, afastamos a possibilidade de curar essas feridas e esvaziar a mala. Também precisamos afastar as pessoas que nos fazem lembrar de nossas mágoas — para que os sentimentos não surjam em nós novamente. Sentimo-nos fortes e isolados. O autojulgamento vive neste lugar de ferocidade sem suavidade.

No entanto, quando essa força é combinada com a vulnerabilidade da frente suave, temos a força necessária para nos abrirmos à verdade e a resiliência necessária para enfrentar os desafios e curar-nos deles. Isto é o que descobri quando estava no retiro. Longe do hábito de estoicismo no qual fui criada (muito comum dentre os escandinavos), tive que me abrir para a dor que sentia antes de poder começar a curá-la. Quando nossa força é combinada com a vulnerabilidade da frente suave, há firmeza, estabilidade e capacidade de resistência. Tal como o salgueiro cujos ramos podem dobrar-se com o vento, é muito mais provável que suportemos as tempestades de nossas vidas quando somos capazes de nos dobrar e flexionar do que se fôssemos apenas fortes, duros e rígidos, sem a capacidade flexível. Há coragem para nos abrirmos ao que precisamos enfrentar, em vez de afastar os problemas para nos sentirmos fortes. Especialistas chamam isso de *flexibilidade psicológica*, e estudos descobriram que ela está no cerne de relacionamentos saudáveis.

> Cuidar de nós mesmos com gentileza nos ajuda a passar do sistema de ameaça/defesa para o sistema de cuidado e a responder ao parceiro muito mais sabiamente.

Quando podemos cuidar de nós mesmos com gentileza, podemos nos ajudar a passar da reatividade do sistema de luta/fuga/congelamento para o sistema de cuidado com seu senso de segurança e conexão. A partir deste ponto, é muito mais fácil determinar o melhor curso de ação e, portanto, compreender o que o parceiro diz e do que ele necessita. Em outras palavras, quando reservamos um tempo para perceber e cuidar com gentileza de nosso próprio sofrimento, criamos a oportunidade de cuidar do parceiro e do relacionamento muito mais sabiamente. A prática seguinte, adaptada do programa MSC, pode ser útil.

Experimente

Suavizar, acalmar e permitir

Áudio 19 (disponível em inglês)

Lembre-se de uma situação que está lhe causando algum sofrimento. Ela pode ser um problema relacional, especialmente com seu parceiro, ou pode ser qualquer situação. Todos os tipos de problemas são aceitáveis aqui porque todos os tipos de prática são úteis. Novamente, concentre-se em algo que você possa sentir em seu corpo, mas que não seja opressor. Talvez um 3 a 4 em uma escala de sofrimento de 0 a 10 (em que 0 indica nenhum estresse e 10 estresse extremo).

Ao se abrir à situação, observe como você se sente física, mental e emocionalmente.

- Não há necessidade de mudar as coisas ou fazê-las desaparecer; apenas analise a questão com curiosidade.
- O que está acontecendo em seu corpo? Que pensamentos você está tendo? Quais são as emoções presentes?

Agora, abrindo-se às sensações de seu corpo, veja em que parte dele você sente mais facilmente o sofrimento. Talvez seja uma dor no peito, um aperto na garganta ou uma compressão na barriga. Perceba o que sente.

- Se puder, dê a esse lugar um pouco de compaixão física.
- Ofereça, quem sabe, um toque gentil colocando a mão nessa parte do corpo. Deixe a mão se encher de gentileza fluindo para o corpo.
- Se você achar que o corpo está retendo a tensão em um esforço para ser forte, com pouca suavidade, equilibre essa força com uma sensação de suavidade e facilidade para essa parte.
- Não há necessidade de forçar essa suavidade; apenas deixe o corpo se suavizar. Acaricie, quem sabe, em torno da área de tensão ou em uma região com alguma sensação física.
- Você pode até achar útil sussurrar delicadamente para si: "Suavizar, suavizar, suavizar".
- Leve o tempo que precisar.

Agora, ofereça um pouco de compaixão mental. Se você perceber que tem resistido à situação, talvez com pensamentos de "Isso não é certo" ou "Não deveria ser assim", veja se consegue parar de lutar com a realidade, oferecendo a si mesmo alguma leveza ao permitir isso.

- Lembre-se de que não estamos dizendo que estamos bem com a situação ou que não precisamos fazer diferente no futuro. Estamos simplesmente reconhecendo que neste momento a realidade é essa e permitindo que nossa mente descanse um pouco.
- Se parecer certo, talvez sussurre delicadamente para si: "Permitir, permitir, permitir", enquanto se abre à realidade da situação.
- Leve o tempo que precisar.

Por fim, ofereça-se um pouco de compaixão emocional.

- Dadas as emoções que estão presentes dentro de si, o que você precisa ouvir? Palavras de conforto, validação e segurança? "Você fez o melhor que pôde", "Estou aqui para ajudá-lo" ou "É claro que você está chateado depois de tudo o que aconteceu"?
- Ou quem sabe você precise se lembrar de suas costas fortes? Talvez as palavras que você precisa ouvir sejam mais como "Está tudo bem", "Você consegue" ou "Você vai chegar lá".
- Por favor, reserve um tempo para oferecer a si o que precisa ouvir agora.
- Se estiver tendo dificuldades para encontrar palavras gentis, considere o que diria a um amigo querido na mesma situação. Você pode oferecer a si mesmo uma mensagem semelhante?
- Ou talvez haja alguém em sua vida que sempre lhe ofereça gentileza. O que essa pessoa lhe diria? Você pode lembrar das palavras dela ou dizê-las a si mesmo? Caso não consiga, basta ter a intenção de ser gentil e compreensivo.
- Se encontrou as palavras gentis, veja se consegue abrandar-se para permitir o influxo delas.
- Se parecer certo, diga a si mesmo: "Suavizar, suavizar, suavizar", tratando-se com gentileza.
- Leve o tempo que precisar.

Agora, pare um momento e observe como você se sente depois de cuidar de si mesmo dessa maneira.

- Qual parte da prática lhe foi mais útil? A compaixão física, a compaixão mental ou a compaixão emocional?
- Houve alguma parte que foi mais difícil?
- Cada prática e cada pessoa são diferentes. Não existe certo ou errado, apenas o que for útil.
- O que você notou nas costas fortes e na frente suave? Você percebeu que precisava de mais suavidade (conforto, validação e tranquilização) ou de mais costas fortes (proteção, provisão e motivação)? O objetivo é acessar tanto sua força quanto sua vulnerabilidade.

> Agora você sabe mais sobre o que precisa e o que pode oferecer a si quando se encontrar em meio a emoções difíceis.
> Reserve algum tempo para anotar o que aprendeu neste exercício.

A autogentileza realmente depende da pergunta "Do que eu preciso agora?". Não é uma questão do que é bom no momento ou de não suportar nada para alcançar seus objetivos. A autocompaixão está enraizada na atenção plena. Nós estabelecemos raízes e aceitamos as situações como elas são. Compreendemos que não estamos sozinhos nas lutas da vida. Por meio da humanidade partilhada, sabemos que é normal ter dificuldades e que não há problema em cuidar de nosso próprio sofrimento — apenas não podemos nos iludir de que somos os únicos a ter problemas. Então, dado que podemos ver nosso sofrimento com mais clareza, convocamos intencionalmente a sabedoria perguntando do que precisamos agora. O que é realmente hábil e sábio? Da melhor maneira que pudermos, daremos a nós mesmos o que realmente precisamos, assim como faríamos por alguém que amamos. Como uma boa mãe, damos a nós mesmos o que tem maior probabilidade de levar ao bem-estar verdadeiro e duradouro. Esse é realmente o caminho mais gentil.

> Perguntar-nos do que precisamos neste momento não significa ceder a desejos momentâneos, mas, como uma boa mãe, de nos dar aquilo que nos levará a um bem-estar duradouro.

GENTILEZA EM TRÊS DIREÇÕES

A autogentileza é um componente essencial da autocompaixão. Juntamente com a atenção plena e a humanidade compartilhada, forma uma base sólida de bem-estar que nos possibilita envolver-nos na tarefa muitas vezes mais desafiadora de oferecer gentileza ao parceiro e ao relacionamento. Vamos dar uma olhada em como a gentileza flui no relacionamento.

Autogentileza

Agora que entendemos melhor em que aspecto sentimos falta da verdadeira gentileza e o que precisamos cultivar, temos uma capacidade muito maior de começar a nos abordar com a gentileza que precisamos e merecemos. Nós nos perguntamos: "Do que eu preciso?" e então nos mostramos de maneiras verdadeiramente gentis.

Isso nos possibilita envolver-nos em relacionamentos a partir de uma posição de empoderamento, em vez de dependência. Nenhuma outra pessoa, por mais que nos ame — e mesmo que queira —, pode satisfazer todas as nossas necessidades. Sem uma prática sólida de autocompaixão, nos tornaremos dependentes dos outros em termos de gentileza e compreensão, e ficaremos ressentidos quando eles, por qualquer motivo, não forem capazes de oferecer o que precisamos. Com uma prática confiável de autocompaixão, podemos atender às nossas necessidades, mesmo quando os outros nos decepcionam.

O exercício a seguir, adaptado do programa MSC, pode ajudá-lo a ter compaixão por si próprio, mesmo quando seu parceiro o decepciona.

Experimente

Atendendo às nossas necessidades

Áudio 20 (disponível em inglês)

Lembre-se de um momento em que você precisava de algo de seu parceiro, mas não obteve, isto é, um momento que o deixou com raiva ou magoado de alguma maneira. Por favor, escolha algo que seja difícil o suficiente para que você possa sentir as emoções, mas não algo traumático. Fique dentro de sua janela de tolerância, da melhor maneira possível.

Permita-se lembrar da situação em detalhes. Quem estava ou não lá? O que foi ou não dito? O que aconteceu ou não?

Ao se lembrar da situação, veja se consegue identificar os sentimentos que surgiram em você.

Alguns sentimentos, como a raiva, formam uma camada protetora. Se tiver sentido raiva, você pode validá-la, talvez dizendo a si mesmo: "É claro que você sentiu raiva; qualquer um ficaria com raiva nessa situação", ou o que parecer certo a você. A questão não é reforçar o que aconteceu; é reconhecer e aceitar o que foi sentido.

> Por baixo dessa camada protetora, muitas vezes existe uma camada mais suave e vulnerável. Aqui você pode sentir algo como tristeza, constrangimento ou vergonha, decepção, solidão. Ao identificar esses sentimentos mais suaves e vulneráveis, veja se consegue definir qual é o mais forte.
>
> Nomear o sentimento pode ser muito útil, talvez dizendo a si mesmo com gentileza e compreensão algo como "Solidão — é claro que você estava se sentindo sozinho" ou "Rejeição — sim, parece rejeição". Por trás do sentimento vulnerável, muitas vezes existe uma necessidade não atendida. Esta seria uma necessidade humana universal que, em virtude de se ser humano, todos precisam. Talvez seja a necessidade de ser amado, visto, conectado ou aceito, por exemplo. Veja se você consegue identificar qual é sua necessidade.
>
> Da melhor maneira que puder, tente oferecer a si próprio o que precisa: "Estou vendo você" se precisar ser visto, por exemplo. Ou se precisar pertencer, você pode dizer: "Eu me importo com você; você é importante para mim". Ou, se precisar se sentir amado ou aceito, talvez algo como "Eu o amo exatamente como você é". Veja o que cabe a você. Continue oferecendo a si mesmo sua gentileza pelo tempo que precisar.

Como foi dar a si mesmo o que você precisava? Temos a capacidade de cuidar de nós, mesmo quando outras pessoas não estão disponíveis ou não sabem do que precisamos. Quando podemos contar conosco para obter gentileza, nos sentimos mais seguros no relacionamento. Podemos correr o risco de sermos vulneráveis porque se algo não correr como queremos, podemos contar conosco para obter conforto e tranquilidade.

Quando enraizada na atenção plena e na humanidade compartilhada, a gentileza se transforma em autocompaixão. Quando nos vemos como somos, assumimos nosso lugar como parte da humanidade e nos abordamos com verdadeira gentileza e compaixão, descobrindo a voz interior compassiva. Sempre que esta parte de nós está ativa, ativamos a natureza afiliativa do sistema de cuidado e somos capazes de cuidar de nossa própria segurança e bem-estar — seja por meio da suavidade, da força ou de ambos. Podemos tolerar a vulnerabilidade necessária para criar a verdadeira intimidade nos relacionamentos e podemos estabelecer os limites e fronteiras de que precisamos quando as coisas dão errado no relacionamento. Quando cultivamos nossa própria capacidade de autogentileza, nunca mais precisaremos ficar sem ela.

> Cultivar a gentileza significa que nunca mais teremos que ficar sem ela.

Gentileza para com nosso parceiro: benefícios e bloqueios

Nos capítulos anteriores, exploramos a capacidade de ver melhor nosso parceiro — especialmente quando ele está passando por momentos difíceis. Também precisamos ter em mente que ele é importante para nós — queremos que ele seja feliz e não sofra, tanto quanto possível. Há também outro passo: o cultivo intencional da gentileza para com ele. Quando vemos seu sofrimento e nos lembramos da sua importância para nós, precisamos manter nosso coração aberto. Com um sentimento de curiosidade, começamos a explorar a questão "Do que *você* precisa?"

Tornando-se consciente da resistência

Precisamos estar atentos para que essa pergunta não seja uma forma de resistência. Não queremos usá-la para evitar a dor do parceiro, como fazemos quando acionamos o sistema de impulso, principalmente tentando consertá-lo. Devemos enraizar-nos na verdadeira atenção plena, abrindo-nos verdadeiramente a ele e voltando-nos à sua dor com aceitação, pois isso ativa o sistema de conexão, mostrando que ele não está sozinho. Ele tem a sensação de que é importante para nós. Por si só, este é um ato de gentileza quando prestamos testemunho a outra pessoa. Em vez de se sentir defeituoso e abandonado como quando tentamos consertá-lo, ele se sente amado e valorizado quando damos espaço a ele e a suas dores. Sabemos que estamos neste lugar quando nosso coração está aberto, em vez de resistente ou fechado.

Como a humanidade compartilhada nos conecta

A humanidade compartilhada também comove o coração, se assim permitirmos. Quando mantemos a humanidade do parceiro ao lado da nossa, há um sentimento de conexão e preocupação. Sabemos o que é estar com medo, raiva, magoado, reativo. Sabemos o que é agir de maneira inábil a partir do sistema de ameaça/defesa, em vez da segurança e do contentamento do sistema de cuidado. Quando nos abrimos à dor do parceiro e nos lembramos que ele é importante para nós, surge um desejo de oferecer compaixão.

Quando pousamos neste lugar de coração aberto, naturalmente nos perguntamos do que nosso parceiro precisa. Talvez ele precise de algo suave e nutritivo, como ser confortado, acalmado ou validado. Ou quem sabe seja uma necessidade do tipo costas fortes, como ser motivado ("Você consegue — eu acredito em você!"), protegido (enfrentar pessoas que o insultam, por exemplo) ou receber provisão (assumir mais responsabilidades para que ele possa ter o descanso necessário).

Encontrando o que é verdadeiramente gentil

Um aspecto importante da gentileza para com seu parceiro é saber a diferença entre o que você acha bom e o que ele gostaria de receber na situação específica. Por exemplo, em muitos relacionamentos, um dos parceiros se sente confortado e acalmado pelas palavras. Conversar e saber que outra pessoa o entende e o apoia vem antes de querer o conforto do toque físico, se é que ele é desejado. Outra pessoa pode achar as palavras e a conversa mais desafiadoras e pode preferir o toque físico. Não há certo e errado aqui. O que é hábil é conhecer e entender a diferença para poder oferecer o que seu parceiro precisa, não o que é da sua preferência.

> ## Experimente
> **Descobrindo o que é verdadeiramente gentil**
>
> Lembre-se de um momento em que você estava passando por dificuldades, procurou seu parceiro e se sentiu muito confortado e apoiado. O que ele fez ou disse?
>
> Ou lembre-se de uma dificuldade pela qual você está passando e imagine-se indo até seu parceiro e recebendo o conforto e o apoio de que deseja. O que ele faz ou diz?
>
> Estas são as maneiras pelas quais seu parceiro pode confortá-lo, acalmá-lo ou encorajá-lo. Pode haver aspectos mais suaves, como validação, conforto e tranquilização, ou aspectos mais fortes, como proteção, provisão ou motivação. Reserve um momento para perceber quais são suas preferências. Você pode querer tomar nota disso.
>
> Agora, lembre-se de um cenário em que seu parceiro estava passando por momentos difíceis. Talvez ele tenha se voltado a você em busca de apoio, ou talvez estivesse tentando lidar sozinho, mas você percebeu mesmo assim.

- O que ele achou reconfortante e apoiador? Também é útil perceber o que ele não achou útil.
- Se você não tem noção do que ele acha útil, reflita sobre algumas ideias:
  - E se você simplesmente ficasse perto dele para que ele pudesse sentir sua presença?
  - E se você estendesse a mão e lhe oferecesse um abraço?
  - E se você reconhecesse a situação brevemente, talvez apenas nomeando a situação e acrescentando "Isso deve estar sendo difícil".
  - E se você perguntasse a ele sobre o assunto e depois o ouvisse com atenção, sem julgamento ou aconselhamento, enquanto ele detalha o quanto está sendo difícil para ele?
  - E se você se oferecesse para assumir mais tarefas domésticas para que ele possa ter uma pausa?
- Estas não são soluções mágicas, apenas ideias sobre como começar a explorar o que seu parceiro considera útil.
- À medida que você continua explorando ou lembrando-se do que ele considerou útil, observe se ele prefere o lado mais suave (conforto, validação, acalmamento) ou o lado mais forte (proteção, motivação, provisão).

Observe as semelhanças e diferenças em seus estilos. Você pode achar relevante tomar nota de suas observações.

Na próxima vez que seu parceiro estiver passando por momentos difíceis, reserve um momento para se lembrar do que ele considera útil.

Ajustar a capacidade de abordar seu parceiro com gentileza pode transformar uma espiral descendente em uma espiral ascendente. Embora um momento de gentileza possa mudar o curso da sua noite, uma série de momentos assim pode mudar a qualidade do seu relacionamento.

> Um momento de gentileza pode mudar uma noite. Uma série de momentos gentis pode mudar um relacionamento.

No programa Compaixão para Casais, convidamos os casais a conversar sobre o que os conforta e acalma. Muitos deles acham isso revelador e fortalecedor. Se seu parceiro estiver disposto, você também pode achar útil ter essa conversa. Caso contrário, apenas saber o que você e seu parceiro consideram compassivo pode mudar a situação e o relacionamento ao longo do tempo.

Gentileza no relacionamento

Mais gentileza no relacionamento o leva ao sistema de cuidado. Ambos os parceiros se sentem seguros, satisfeitos e conectados na maior parte do tempo. Mas há uma terceira entidade aqui: devemos cuidar do relacionamento em si. Assim como você e seu parceiro, o relacionamento exige cuidado e nutrição regulares, e isso pode tornar-se angustiante.

Vale a pena reservar um momento para observar como está seu relacionamento. Ele se tornou rotineiro e monótono, sem brilho? Está abandonado e angustiante ou está vivo e é gratificante para ambos os parceiros? Assim como perguntamos: "Do que eu preciso?" para nós mesmos ou "Do que você precisa?" para o parceiro, também podemos considerar perguntar: "Do que nosso relacionamento precisa?".

Podemos perceber as condições que criam bem-estar no relacionamento. Se ele se tornou rotineiro e monótono, por exemplo, pode ser que precise de mais atenção e aventura ou emoção. Talvez acrescentar o compartilhamento de experiências, como encontros ou aventuras familiares. Quebrar a rotina de modo a acrescentar conexão e ânimo pode ser muito útil.

Ou se o relacionamento se tornou difícil, muitas vezes é útil adicionar segurança. Os teóricos falam sobre a segurança como sendo uma pré-condição para a compaixão. O que seria necessário para restaurar a segurança no relacionamento? Alguns limites ou fronteiras precisam ser estabelecidos? Seria útil se ambos os parceiros pudessem contar com a possibilidade de serem vistos e valorizados? Existem gestos de gentileza que poderiam ajudar a curar algumas feridas? Muitas vezes, trabalhar com um terapeuta de casais especializado pode proporcionar a segurança necessária enquanto os parceiros aprendem como construir um relacionamento mais satisfatório.

Talvez seu relacionamento esteja muito bom agora. Se sim, isso é maravilhoso! Manter assim requer cuidado e atenção. Quais são os aspectos que você mais valoriza no relacionamento? Como você pode protegê-los? Por exemplo, se vocês se sentem amados e conectados, talvez seja útil manter a prática regular de abrir espaço para ver e cuidar um do outro, como fazer questão de conversarem durante o jantar ou falar sobre suas esperanças e sonhos.

O objetivo da gentileza no relacionamento é considerar "Do que nosso relacionamento precisa?". E então, da melhor maneira possível, investir nele os recursos necessários.

Não quero dar a você a ideia de que a gentileza tem mais a ver com o lado suave. Mesmo nos relacionamentos, o lado forte é importante. Os limites, por exemplo, são importantes — limites dentro da relação, para que todos se sintam seguros e obtenham o que precisam, e limites entre o relacionamento e o restante do mundo, para que seja protegido de interferências externas. Precisamos proteger o relacionamento. Precisamos fornecer provisão a ele, investindo tempo, atenção e outros recursos. Precisamos, ainda, nos manter motivados a cuidar dele. Quando precisamos estabelecer limites para evitar sermos prejudicados, pode ser desconfortável para ambas as partes. Mesmo assim, porém, é a coisa mais gentil a se fazer. Não queremos ser responsáveis por causar danos.

JUNTANDO TUDO

Para que a compaixão floresça, precisamos de atenção plena, humanidade compartilhada e gentileza, conforme ilustrado no diagrama a seguir. Nós os apresentamos sequencialmente aqui, e muitas vezes eles surgem dessa maneira. No entanto, para que seja verdadeiramente compaixão, todos os elementos precisam estar presentes ao mesmo tempo. Precisamos nos abrir à realidade como ela é (ver com clareza), lembrar que todos são importantes e cuidar de nós mesmos e uns dos outros com gentileza.

Quando os três componentes estão presentes, há compaixão. Então nossos relacionamentos são caracterizados pela presença (atenção plena) amorosa (gentileza) e conectada (humanidade compartilhada).

Cultivar a capacidade de nos abordarmos com compaixão nos possibilita mostrar vulnerabilidade e desenvolver intimidade nos relacionamentos (porque podemos cuidar de nós mesmos se nos desapontarmos), além de fornecer a base de experiência pessoal que nos ajuda a compreender melhor nosso parceiro. Assim como os três elementos (atenção plena, humanidade compartilhada e gentileza) precisam estar presentes para que haja compaixão, a compaixão em nossos relacionamentos exige que tomemos conta das três direções: compaixão por nós mesmos, pelo parceiro e pelo relacionamento.

AUTOCOMPAIXÃO: TUDO JUNTO

- Atenção plena
- Humanidade compartilhada
- Gentileza

A Parte II ajudou-nos a desenvolver uma base para fazer exatamente isso. Na Parte III, analisaremos como colocar essas práticas em ação nos relacionamentos.

PARTE III
COLOCANDO EM PRÁTICA
Adaptando as habilidades de compaixão ao relacionamento

Na Parte I deste livro exploramos três sistemas de regulação emocional — ameaça/defesa, impulso e cuidado — e como eles afetam nossos relacionamentos. Na Parte II, vimos como desenvolver o sistema de cuidado por meio dos três componentes da autocompaixão: atenção plena, humanidade compartilhada e gentileza. A seguir, na Parte III, veremos como colocar esses três componentes em ação em nossos relacionamentos principais. No próximo capítulo, veremos como enraizar nossas ações naquilo que é significativo para nós, nosso parceiro e o relacionamento.

9

"O que é realmente importante para nós?"
Enraizando o relacionamento em seus valores

> *Se você quiser me identificar, não me pergunte onde moro, ou o que gosto de comer, ou como penteio o cabelo; pergunte-me para que vivo, em detalhes, e pergunte-me o que acho que está me impedindo de viver plenamente pelas razões pelas quais quero viver.*
>
> — Thomas Merton

Existe aquela frase sobre casamento: *E os dois se tornarão um*. Para muitas pessoas solteiras, isso parece a resposta para os seus sonhos. Não mais solitárias, não mais incompletas, não mais inseguras sobre sua conveniência, elas viverão felizes para sempre. Um ganhará o que o outro tem a oferecer. O que ninguém pensa é no que terá de desistir neste processo — até chegar à parte do "felizes para sempre". Então começa a batalha pela sobrevivência. Afinal, se de alguma maneira duas pessoas acabaram se tornando uma só, alguém terá de fazer renúncias. É só fazer as contas!

A maioria de nós realmente não faz distinção entre si e o parceiro. No esforço para alcançar a harmonia da unidade, ou nos fundimos com o que o parceiro valoriza ou o vemos através de nossas próprias lentes. Em um sentido mais amplo, às vezes não nos damos conta do que é profundamente significativo para ele. Não o vemos como um indivíduo separado, com necessidades e desejos próprios. Então nos perguntamos por que ele hesita em entrar plenamente no relacionamento.

Outras vezes, temos plena consciência de que somos diferentes de nosso parceiro. Essa consciência leva a uma espécie de campo de batalha, um cabo de guerra em que cada um luta desesperadamente para arrastar o outro para o seu lado em relação ao que importa. Tenho certeza de que não é nenhuma surpresa que todas essas estratégias limitem a alegria nos relacionamentos, na melhor das hipóteses; na pior, causam danos no casal e na relação.

COMO DOIS SE TORNAM TRÊS: DESCOBRINDO VOCÊ, EU E NÓS

Acontece que em relações saudáveis, dois na verdade se tornam três: eu, você e nós. Um sinal de um relacionamento saudável é quando ambas as pessoas se tornam *mais elas mesmas*. Longe de levá-los a desistir de quem são e a se tornarem menos a fim de pertencer, o relacionamento proporciona uma rede de segurança que possibilita que ambos os parceiros se arrisquem mais a se tornarem mais plenamente eles mesmos, buscando o que é verdadeiramente significativo para eles.

Um relacionamento legítimo precisa de duas pessoas inteiras. Isso significa que, além de nos tornarmos mais plenamente nós mesmos, precisamos ver e compreender nosso parceiro e o que ele valoriza. É importante que façamos o nosso melhor para ajudá-lo a descobrir e perceber o que é profundamente importante para ele. Parceiros satisfeitos podem trazer o melhor de si para o relacionamento.

Como a relação pode se tornar uma fonte de apoio para ambos os parceiros? Quando estes reservam um tempo para descobrir e honrar o que o relacionamento em si precisa. Quando cuidamos dos três aspectos do relacionamento, não apenas de uma maneira superficial, mas focando no que é profundamente significativo, passamos a ter uma relação satisfatória, um parceiro satisfeito *e* uma vida satisfatória em sua plenitude. Este é o poder da sabedoria combinada com cuidado.

Então, como chegamos a essa vida profundamente satisfatória? Começamos abrindo-nos a nós mesmos com curiosidade. Ao ler a citação do início do capítulo, não posso deixar de sentir curiosidade. Pergunto-me o que está impedindo você de viver plenamente por aquilo que *você* quer viver. É claro que para responder a essa pergunta você precisa saber para que vive. Acho que este é um tópico um pouco confuso para muitos de nós. É difícil cuidar do que importa sem realmente saber o que importa. Pode ser útil começar explorando o que se valoriza ou não.

NECESSIDADES *VERSUS* VALORES

Como seres humanos, temos em comum certas necessidades. Temos necessidades físicas como alimentos, roupas e abrigo, e emocionais, como sermos vistos, amados, valorizados e sentir pertencimento. O mesmo acontece com os relacionamentos: relações saudáveis precisam de confiança, honestidade, perdão, cuidado e muito mais. Já exploramos muitos aspectos da construção de uma base saudável de acordo com nossas necessidades. Mas os relacionamentos, como a vida, não são um empreendimento único igual para todo mundo. Além dos pontos em comum que nos unem como seres humanos, somos indivíduos — cada um é único. Quando duas pessoas únicas se unem e estabelecem um relacionamento, isso também é único. Para entender o que faz valer a pena viver *sua* vida e *seu* relacionamento, você precisa entender o que valoriza.

Os valores são o que dão sentido à vida. São o que importa pessoalmente para nós e que refletem o que queremos que nossa vida represente. Por exemplo, pode-se valorizar a manutenção de um estilo de vida saudável, o envolvimento em um trabalho desafiador e gratificante, a expressão criativa, a vivência com um senso de aventura, a estabilidade financeira ou o senso de proximidade e conexão com os outros. Consequentemente, o que nos traz felicidade (ou infelicidade) muitas vezes está enraizado em nossos valores fundamentais. Imagine que você tenha um emprego estável e confiável, com uma boa renda, mas que acha esse trabalho um tanto chato. Agora imagine que você descobre que haverá em sua empresa uma redução nos funcionários, e você receberá seis semanas de salário, mas não terá mais emprego. Isso é uma boa ou uma má notícia? A resposta depende do que você valoriza. Se você valoriza a expressão criativa, o trabalho desafiador ou a aventura, isso pode realmente soar como uma bênção — você se libertou daquilo que atrapalhava e agora está livre para buscar o que se alinha com seus valores.

No entanto, se você valoriza a estabilidade financeira, esta provavelmente é uma notícia terrível.

O que nos causa dificuldade não é o que acontece conosco, mas sim o modo como isso afeta o que valorizamos. Claro, isso também se aplica às nossas necessidades. Precisamos de segurança, por exemplo, por isso ser assaltado seria uma má notícia para qualquer um. A diferença é que quando vamos além das nossas necessidades humanas universais, o que nos traz satisfação ou insatisfação depende dos valores pessoais.

> O que acontece conosco não nos causa tanta dificuldade quanto o impacto dessas experiências naquilo que valorizamos.

VALORES *VERSUS* METAS

Outra área de confusão no que diz respeito a valores é o que é um valor e o que é uma meta. Eles estão relacionados, mas são diferentes. Os valores guiam nossas escolhas, mas não somos nós que os escolhemos; em vez disso, nós os descobrimos. Contudo, escolhemos nossos objetivos. Por exemplo, você pode descobrir que se sente profundamente vivo e feliz quando viaja, explora novos lugares e assume novos papéis. É possível que a aventura seja um valor pessoal para você. Sabendo que este é um valor pessoal, você pode planejar uma viagem ao Peru para fazer uma trilha em Machu Picchu. Você pode alcançar o objetivo de viajar para o Peru, e isso pode parecer satisfatório, mas depois da viagem você ainda se sentirá atraído pela aventura. As metas podem ser alcançadas; os valores permanecem, mesmo depois de alcançarmos um objetivo específico. Ou você pode valorizar o aprendizado. Seu objetivo pode ser obter um diploma universitário, mas quando você alcançar esse objetivo, o valor do aprendizado permanecerá. Você se pega aprendendo sobre tudo que lhe interessa ao longo da vida. Quando você está aprendendo, você se sente vivo.

Então, o que acontece quando você não alcança seus objetivos? Descansar nos valores subjacentes não é o fim do mundo. Por exemplo, talvez você tenha tido dificuldades financeiras e tenha precisado abandonar a faculdade. Isso certamente foi decepcionante, mas você pode continuar aprendendo. Você lê livros sobre assuntos do seu interesse, visita museus, assiste a vídeos no YouTube e conversa com especialistas. Enquanto ainda estiver aprendendo, sua vida terá significado. Nossos valores não dependem de alcançarmos nossos objetivos. Nem nossa felicidade. Enquanto vivermos a vida de acordo com o que é significativo para nós — nossos valores —, a vida parece valer a pena ser vivida.

Ficamos mais felizes quando usamos nossos valores para escolher objetivos e comportamentos. Desde que nossos objetivos estejam de acordo com o que realmente importa para nós — nossos valores pessoais —, é provável que tenhamos uma vida satisfatória.

VALORES *VERSUS* NORMAS SOCIAIS

Outra área que muitas vezes causa confusão em torno dos valores são as normas sociais ou expectativas dos outros. Enquanto as normas sociais — aquilo que a sociedade considera importante — vêm de fora, os valores pessoais vêm de dentro. Algumas normas sociais, como honestidade, integridade, gentileza e compaixão, por exemplo, são receitas para bons relacionamentos. Seria sensato valorizá-las, mas o grau em que um indivíduo as valoriza provavelmente irá variar.

Podemos perseguir ideais que outras pessoas consideram importantes para nós, ao mesmo tempo em que negligenciamos o que nós mesmos valorizamos — por exemplo, perseguir o sucesso financeiro permanecendo em um emprego que parece chato e restritivo, quando nosso coração anseia por criar arte. Isso não significa que temos que jogar a cautela ao vento e ficar sem teto na busca pela criação, e sim que temos que abrir espaço para o que faz a vida valer a pena. Talvez, neste caso, signifique simplesmente fazer aulas de arte nos finais de semana, ou se tornar oleiro e ganhar a vida vendendo cerâmica. Podemos considerar as normas sociais, mas quando se trata do cerne das coisas, precisamos conhecer e abrir espaço para os valores pessoais.

A maioria de nós tem muitos valores, por isso é importante sabermos quais deles estão no topo de nossa lista. Estes são chamados de *valores fundamentais*, ou seja, os valores mais fortes que temos ou os que mais importam para nós, aqueles que nos fazem sentir que vale a pena viver.

VALORES SÃO O QUE HÁ DE MAIS PROFUNDO

Entre a confusão em torno de necessidades, objetivos e normas sociais, às vezes é difícil identificar nossos valores fundamentais pessoais. Podemos ficar presos na superfície, mas nossos valores são o que há de mais profundo, então uma atitude que pode ajudar é continuar se perguntando como você se sentiria se realizasse o que parece ser um valor. Isso pode ajudar a esclarecer e aprofundar o que é realmente um valor fundamental para você. Por exemplo, se seu valor parece ser o sucesso financeiro, você pode se perguntar: "Se eu tivesse sucesso financeiro, como minha vida mudaria?". Você pode descobrir que a resposta é: "Não terei que me preocupar tanto em agradar aos outros — eu me sentirei mais livre para ser quem sou". (Você provavelmente valoriza a liberdade ou a autenticidade.) Ou talvez fosse "Outras pessoas iriam querer ficar perto de mim e me pediriam conselhos". (Você provavelmente valoriza a conexão ou a sabedoria.) Continue fazendo essas perguntas esclarecedoras e aprofundadoras até que não haja uma resposta ainda mais profunda. Em breve oferecerei um exercício para ajudá-lo a descobrir o que você realmente valoriza.

VALORES FUNDAMENTAIS PESSOAIS E VALORES FUNDAMENTAIS RELACIONAIS

Além dos valores fundamentais pessoais, também temos qualidades ou valores que são profundamente significativos para nós nos relacionamentos. São aquilo que dá vida ao relacionamento. Esses elementos podem ser iguais aos seus valores fundamentais pessoais, como viagens e aventura, ou podem ser diferentes. A chave é saber o que torna a relação um lugar saudável e feliz para você. Alguns casais acham que seus relacionamentos fluem melhor quando viajam e exploram o relacionamento juntos; outros acham importante qualidades como valorizar a família, ou o humor e a diversão. E, claro, também existem valores que muitas vezes são fundamentais para um relacionamento feliz, como honestidade, gentileza e autenticidade.

VALORES EM TRÊS DIREÇÕES: EU, VOCÊ E NÓS

Olhando através das lentes do relacionamento, vemos que existem três componentes para viver de acordo com nossos valores. Precisamos conhecer e honrar nossos próprios valores, os do parceiro e os que beneficiam o relacionamento. Como já falamos sobre como encontrar nossos valores fundamentais pessoais e os valores fundamentais relacionais, vamos começar encontrando seus próprios valores.

Encontrando seus valores fundamentais pessoais

Uma maneira de descobrir o que você valoriza é trabalhar ao contrário. Nesta prática, também daremos uma olhada em nossos valores fundamentais relacionais, como fazemos no curso Compaixão para Casais. Vamos tentar.

Experimente
Descobrindo seus valores fundamentais pessoais

Áudio 21 (disponível em inglês)

Dado que este exercício tem muitas partes, pode ser mais fácil acompanhá-lo como um exercício de reflexão escrito. Consequentemente, pode ser útil ter em mãos papel e caneta e/ou um diário.

Agora, se estiver tudo bem, por favor, feche os olhos e, mentalmente, encontre-se na sala. Se puder, sorria para si mesmo como um sinal de boas-vindas.

Se desejar, pode colocar a mão sobre o coração ou em outro lugar e sentir seu corpo. Ele o tem apoiado durante toda a sua vida.

Imagine-se na velhice. Você está sentado em um lindo jardim com seu parceiro enquanto contempla a vida. Olhando para o passado, você sente uma profunda sensação de satisfação, alegria e contentamento. Mesmo que a vida nem sempre tenha sido fácil, você conseguiu permanecer fiel a si mesmo e ao relacionamento da melhor maneira possível.

Se preferir, permita-se sonhar com a vida que deseja.

Quais valores fundamentais estão representados nessa vida? Por exemplo, aventura, tranquilidade, estabilidade financeira, saúde física, compaixão, lealdade, prazer, trabalho significativo? Por favor, veja o que lhe cabe. Como você se manteve fiel a si mesmo?

Ao encontrar um valor fundamental, você pode se perguntar: "Se eu tivesse isso, como minha vida mudaria?", para ver se há valores subjacentes mais profundos.

Quando você encontrar o que está mais profundo, esses serão seus valores fundamentais pessoais. Pode ser útil anotá-los.

> Agora, considere quais valores você incorporou que deram significado e satisfação a você *e* ao relacionamento. Em outras palavras, quais valores fundamentais foram expressos em seu relacionamento? Podem ser atributos como aventura e estilo de vida saudável, ou qualidades como lealdade e compaixão. A questão é que a presença dessas qualidades em sua relação levou a um relacionamento satisfatório. Se puder, mantenha o foco no que você deu, não no que recebeu. Estes são seus valores fundamentais relacionais. Você pode querer anotá-los também.
>
> Como sua capacidade de viver esses valores fundamentais se manifestou em seu parceiro? E em seu relacionamento? Em outras palavras, que efeito teve a vivência desses valores fundamentais? Sinta-se à vontade para fazer anotações sobre isso.

O que você descobriu acerca do que é significativo para você? Quais são as semelhanças e diferenças entre os seus valores pessoais e relacionais? Há algo que o surpreendeu? Você pode tomar nota desses seus valores.

Viver uma vida com autocompaixão significa viver de acordo com os valores pessoais e relacionais que são importantes para você.

Considerando os valores do parceiro

Para a maioria de nós, o maior obstáculo para conhecer os valores fundamentais do parceiro é que não o vemos como entidade separada, com sua própria maneira preferida de existir no mundo. Ficamos tentando estabelecê-lo do modo como achamos que deveria existir no mundo. Dar um passo atrás e considerar o parceiro através de seus próprios olhos pode criar um espaço precioso para ambas as pessoas.

Você sabe quais são os valores do seu parceiro? O que lhe deixa feliz? O que ele valoriza no relacionamento? Quando faço o exercício de valores fundamentais a seguir com casais do programa Compaixão para Casais, descubro que as pessoas muitas vezes ficam surpresas com o quão bem seus parceiros as conhecem. É claro que às vezes elas ficam surpresas porque seus parceiros não as conhecem bem. De qualquer modo, é ótimo verificar isso da melhor maneira possível. Se você é um dos sortudos que está lendo este livro com um parceiro, isso deve ser fácil. Ele também fará o exercício e então vocês poderão compartilhar suas respostas. Caso contrário, há duas maneiras de abordar esta questão: discutindo e observando.

Experimente

Discutindo os valores fundamentais do parceiro

Se parecer adequado, você pode ter uma conversa casual durante o jantar ou em outro momento descontraído sobre o que realmente completa a vida do seu parceiro. Ou descubra o que ele imagina que o tornaria completo. Você não precisa guiá-lo nem mesmo deixá-lo saber que você está tentando descobrir seus valores fundamentais. Você pode simplesmente ser curioso e perguntar coisas como:

- Qual foi o momento mais feliz da sua vida? O que tornou esse momento tão precioso para você?
- Se você pudesse fazer qualquer coisa agora, o que faria? O que torna isso atraente neste momento?
- No final da sua vida, o que você teria orgulho de ter conquistado?
- Se você pudesse viver sua vida novamente, o que mudaria? Ao ouvir as respostas, veja se consegue identificar o tema que as permeia. Permita-se ver seu parceiro através dos olhos dele, não dos seus. Lembre-se de que se trata de vê-lo e compreendê-lo com mais clareza.

Experimente

Observando os valores fundamentais do parceiro

Seu parceiro pode não se sentir confortável em ter essa conversa, e tudo bem. Ao observar o motivo pelo qual seu parceiro "vive", você também pode descobrir seus valores fundamentais. Por exemplo, como ele passa o tempo? Às vezes, o modo como alguém distribui seu tempo pode dar uma pista sobre o que ele valoriza. Ele passa muito tempo com a família? Amigos? Jogando? Trabalhando? Fazendo exercícios? Cuidando da alimentação? O problema é que nem sempre destinamos nosso tempo ao que é importante para nós; por isso, é preciso observar também o que de fato o deixa feliz. Por exemplo, quando seu parceiro passa tempo com a família, isso o ilumina? Ele parece mais feliz do que antes desse encontro? Ou parece exaurido e esgotado? Isso lhe dará uma pista sobre se seu parceiro valoriza passar tempo com a família ou se o faz por um senso de dever e obrigação. Ele adora viajar e explorar? Está sempre pronto para a próxima aventura ou prefere ficar em casa cuidando do jardim? Ele gosta daquilo que lhe dá uma sensação de liberdade ou do que é previsível e rotineiro? O que o faz feliz? Você também pode considerar o que é um valor fundamental pessoal para seu parceiro e quais podem ser seus valores fundamentais relacionais.

> *O que você aprendeu sobre os valores fundamentais do parceiro?*
> - Se vocês dois fizeram o exercício "Descobrindo seus valores fundamentais pessoais" neste capítulo, reservem algum tempo para compartilhar o que descobriram.
> - Se seu parceiro não fez o exercício, mas você conseguiu ter com ele a conversa sugerida no exercício "Descobrindo os valores fundamentais do parceiro", o que aprendeu sobre seus valores fundamentais?
> - Se seu parceiro não estava disponível para discutir os próprios valores com você, o que descobriu ao observá-lo? Quando sentir que tem uma noção dos valores fundamentais pessoais e relacionais do parceiro (seja por meio de discussão ou observação), é útil anotá-los também. No próximo exercício, você terá a oportunidade de usá-los para descobrir os valores relacionais que vocês compartilham.

> A base para a intimidade é saber o que torna a vida significativa para a outra pessoa — o que ela valoriza e quem ela é.

Quando conhecemos bem alguém ou quando abrimos os olhos e procuramos pistas sobre a natureza da outra pessoa, começamos a ter uma noção de quem ela é. Entendemos o que torna a vida significativa para essa pessoa. Saber quem ela é e o que valoriza é a base para a intimidade.

Descobrindo os valores relacionais compartilhados

Além de atender às necessidades de cada parceiro individualmente, o relacionamento em si precisa de cuidado e nutrição adequados. Obviamente, o que o relacionamento precisa depende do que cada um dos parceiros valoriza. Assim como você usou a discussão e/ou observação para descobrir quais são os valores fundamentais do seu parceiro, você pode usar as mesmas ferramentas para descobrir do que seu relacionamento precisa.

> **Experimente**
>
> **Falando sobre o que você descobriu**
>
> Se vocês dois estão lendo este livro e fizeram o exercício "Descobrindo seus valores fundamentais pessoais", vocês precisam apenas se reunir e se revezar para contar ao parceiro (e ouvi-lo) o que descobriram sobre seus próprios valores pessoais e relacionais. É útil ter um pedaço de papel em que você liste seus respectivos valores à medida que os compartilha. (Por favor, não se preocupe se o seu parceiro não fez o exercício; a seguir usaremos a discussão e a observação para chegar ao mesmo ponto.)
>
> Depois de se observarem e se ouvirem, vocês podem voltar a atenção aos valores que compartilham. Muitas vezes, as pessoas encontram aspectos em comum em suas listas individuais, como família, viagens ou autenticidade. Eles sabem que isso é fundamental para o relacionamento. Ao encontrar esses valores compartilhados, escreva-os em uma coluna separada sobre as necessidades do relacionamento. Se não houver sobreposições em suas listas, vocês podem perguntar um ao outro o que faz sua relação dar certo. Talvez você descubra que relaxar juntos tem um efeito positivo. Ou talvez seja legal quando vocês exploram lugares novos. Talvez vocês gostem de aprender juntos ou de passar tempo com a família. Isso também deve constar na lista de valores do relacionamento.

Algo que acontece com muita frequência é os casais olharem para suas listas e verem muitas diferenças, o que pode parecer bastante perturbador, especialmente se os valores parecerem incompatíveis. Talvez ele valorize a liberdade, e ela, a conexão. Um pode ficar um pouco assustado com os valores do outro. Na realidade, quando os parceiros compreendem e apoiam os valores um do outro, estes podem ser trabalhados sem muita dificuldade. Talvez ele, que valoriza a liberdade, salte de paraquedas com a bênção dela, porque isso é realmente libertador e ela se preocupa com a felicidade dele. Então, sabendo o quanto a conexão é importante para ela, o paraquedista faz questão de voltar para casa e contar a ela tudo sobre a experiência, ao mesmo tempo em que pergunta como foi o dia dela. Assim, esses valores verdadeiramente *apoiam* a relação. Ter experiências além do relacionamento pode animá-lo e enriquecê-lo quando são trazidas de volta a essa relação e compartilhadas com o parceiro. O valor da liberdade ajuda o relacionamento a crescer, e o valor da conexão ajuda a ancorá-lo na segurança e na confiabilidade. Portanto, não se preocupe se seus valores parecerem diferentes. Seja criativo em como você pode honrá-los de um modo que fortaleça o relacionamento.

Gerenciando valores diferentes: Michael e Stephanie

Michael e Stephanie estavam em uma espécie de encruzilhada. Michael, o único provedor da família, estava na expectativa de ser demitido do trabalho. Embora isso lhe provocasse ansiedade, ele conseguia perceber uma oportunidade para começar seu próprio negócio. Michael valorizava o sucesso profissional e via nisso a chance de administrar seu próprio empreendimento; valorizava, também, ser um bom provedor para sua família e achava que a melhor maneira de fazê-lo seria trabalhando sozinho. Ele sabia que era arriscado, mas acreditava que quanto maior o risco, maior a recompensa. Uma grande recompensa era importante para ele.

Sua esposa, Stephanie, também valorizava a provisão de Michael à família. No entanto, dava muito mais valor à estabilidade financeira do que à acumulação de riqueza. Ela estava disposta a viver uma vida mais modesta, mas ainda confortável, com a segurança de Michael ter um salário e benefícios regulares. Ela realmente queria que ele se concentrasse em encontrar um novo emprego caso a demissão acontecesse.

No início, enquanto discutia o que fazer, o casal bateu de frente. Ele insistia em lançar seu próprio negócio e ela que ele encontrasse um novo emprego. À medida que cada um defendia sua posição, ambos se sentiam não vistos e sem importância para o outro, e a angústia aumentava em ambos os lados. Somente quando eles desaceleraram o suficiente para considerar suas motivações mais profundas — e porque elas eram importantes — é que puderam chegar a uma solução que atendesse a ambos.

Com a ajuda do terapeuta, por um momento eles deixaram de focar no desfecho e tentaram entender por que cada um pensava dessa forma. Quando Michael explicou que valorizava o sucesso financeiro porque o fazia sentir-se mais poderoso e menos sujeito a ter que agradar aos outros (seu chefe e colegas de trabalho), Stephanie compreendeu que a autonomia profissional que advinha de iniciar seu próprio negócio era um valor profundamente arraigado para Michael. Ela conseguia ver como isso tinha relação com o fato de ele ter tido um pai dominador. Ela o amava e queria apoiar algo tão importante para ele.

Stephanie explicou que valorizava a estabilidade financeira porque, quando era mais nova, enquanto sua família estava correndo riscos tentando alcançar o sucesso financeiro, eles às vezes dependiam do dinheiro que ela ganhava como babá para que tivessem comida suficiente na mesa. Isso tinha sido realmente aterrorizante para ela. Michael percebeu que, para Stephanie, ser um bom provedor tinha mais a ver com fornecer segurança financeira do que com acumular riqueza. Ele não queria que ela sentisse a insegurança e o medo constantes que sentiu quando era mais nova, e estava motivado a encontrar uma maneira de fazê-la se sentir mais segura financeiramente.

Depois que eles entenderam o que o outro valorizava e por que esses valores eram relevantes, abriram seu coração um pouco um para o outro. Michael estava agora investindo na sensação de segurança de Stephanie, e ela estava investindo na sensação de sucesso do marido. Ainda não dispostos a abrir mão de suas próprias necessidades e valores, eles começaram a tentar descobrir como poderiam encontrar uma solução que atendesse às necessidades de ambos. Como Michael poderia buscar a autonomia profissional que valorizava e, ao mesmo tempo, honrar a segurança financeira que Stephanie valorizava? Eles juntaram suas ideias e começaram a formular um plano de negócios. Eles analisaram as economias que tinham e calcularam quanto tempo elas durariam. Analisaram quanto tempo levaria até que o negócio de Michael pudesse sustentá-los. No final, decidiram que ele deveria tentar, mas também analisaram detalhadamente como saberiam se e quando seria a hora de ele procurar um novo emprego. Michael sentiu-se apoiado no lançamento de seu novo empreendimento e Stephanie sentiu-se segura de que isso aconteceria de um modo que não ameaçaria sua segurança financeira. Em vez de afastá-los ainda mais, como aconteceu no início, quando cada um deles lutava pelo desfecho que desejava, o processo de explorar *e honrar* os valores um do outro os aproximou. Acontece que seus valores eram de fato diferentes, mas não incompatíveis, como eles inicialmente acreditavam.

> ## Experimente
>
> **Falando sobre o relacionamento**
>
> A maioria das pessoas não contará com um parceiro que também esteja lendo este livro. Tudo bem. Você já fez o trabalho de criar sua própria lista de valores fundamentais e de descobrir os valores fundamentais do seu parceiro. Você pode anotá-los em uma folha de papel, como sugeri. Em seguida, procure valores que se sobreponham. É provável que estes sejam os valores relacionais compartilhados. Quando esses valores são honrados no relacionamento, este fica mais forte. Você pode aumentar essa lista tentando descobrir com o parceiro o que fortalece a relação fazendo perguntas como:
>
> - Qual é a sua lembrança favorita de nós dois?
> - Quando você soube que eu era a pessoa certa para você?
> - Qual é a coisa mais saudável (ou melhor) em nosso relacionamento?
> - Se um de nós se fosse repentinamente, do que você mais sentiria falta em nosso relacionamento?
>
> Perguntas como essas também podem ajudá-lo a identificar o que torna sua relação mais forte e saudável.

> ## Experimente
>
> **Observando o relacionamento**
>
> Se seu parceiro não se sente confortável com conversas assim, a observação pode ser a melhor opção. Você pode considerar suas próprias respostas às perguntas acima. Em seguida, considere como você acha que seu parceiro responderia quando você olhasse através dos olhos dele. Faça disso uma experiência; tente ser fiel a alguns desses valores relacionais e observe os efeitos. Há mais vida no relacionamento quando você o faz?

Quer você use a conversa ou a observação para descobrir os valores relacionais que vocês compartilham, fazer uma lista do que o relacionamento precisa pode lhe fornecer um roteiro para cuidar dessa relação e nutri-la adequadamente. Depois de elaborar esse roteiro, você pode decidir as metas que podem apoiar as necessidades do seu relacionamento. Por exemplo, fazer um plano de viagem pode nutrir o valor essencial da aventura, ou planejar um encontro noturno pode nutrir o valor essencial da conexão. Divirta-se explorando como esse novo roteiro pode guiá-lo para um relacionamento mais profundo e satisfatório.

HONRANDO NOSSOS VALORES FUNDAMENTAIS

Como sempre, a intenção e o tom são muito importantes. Não queremos usar o que descobrimos como arma contra o parceiro: "Você sabe que a liberdade é importante para mim e não está me honrando!!!". Em vez disso, queremos aprender o que é profundamente relevante como um modo de cultivar sabedoria e compaixão. Quando sabemos quais são nossas necessidades, as do parceiro e as relacionais, é como ter um roteiro para uma vida mais satisfatória.

Podemos usar esse roteiro para honrar nossos próprios valores e necessidades. Quando vemos e falamos sobre o que é importante para nós, estamos trazendo nosso eu vulnerável para o relacionamento e arriscando sermos vistos. Não há intimidade sem vulnerabilidade. Para ser visto pelo seu parceiro, você precisa primeiro ver e honrar a si mesmo. Saber o que lhe traz vida pode motivá-lo a cuidar de sua própria felicidade, em vez de ficar frustrado porque seu parceiro não está na mesma página. Você pode se enraizar no que realmente importa para si. Explicar pelo que você vive pode ajudar seu parceiro a realmente vê-lo e querer apoiá-lo — no fundo, seu parceiro realmente se preocupa com seu bem-estar.

Ao mesmo tempo, precisamos criar espaço para ver e compreender o parceiro de forma mais profunda. O que ele valoriza? Pelo que ele vive? Quando lembramos que nos preocupamos com o bem-estar *dele*, juntamente com o nosso, nos motivamos a encontrar uma maneira de apoiá-lo para que ele também tenha o que precisa. Na verdade, é uma alegria saber que algo importante está acontecendo para ele. Nas palavras de Maya Angelou: "Aprendi que as pessoas vão esquecer o que você disse e o que fez, mas elas nunca esquecerão como *você as fez se sentir*". Quando você vê e apoia os valores mais profundos do seu parceiro, ele se sente seguro, amparado e verdadeiramente amado. Nada nos diz com mais potência "você é importante para mim" do que se sentir apoiado em seus desejos mais profundos. Quem não quer sentir que tem um parceiro que torce por ele?

Às vezes, podemos estar lá para a pessoa, mas na correria da vida esquecemos do que o relacionamento precisa. Quando isso acontece, os casais se distanciam — mesmo quando ambos os parceiros estão crescendo. Se você descobrir que isso está acontecendo em seu relacionamento, é ainda mais importante focar nos valores relacionais que vocês compartilham. O que é ou o que foi que trouxe aquela centelha de vida e prazer ao seu relacionamento? É hora de descobrir como começar a incluir isso novamente.

Talvez vocês costumassem tirar férias exóticas juntos, mas agora vocês têm uma família e estão com pouco tempo e dinheiro, então férias exóticas estão fora de questão no momento. Você pode se perguntar: "Que valor essas férias satisfaziam?". Era um tempo a sós? Uma sensação de explorar algo novo? Algo mais? Se for um tempo a sós, você pode se comprometer com um "encontro noturno" uma vez por semana — mesmo que seja na sala de jantar de casa com as crianças no outro cômodo assistindo a um filme. Se for mais no sentido de explorar algo novo, talvez encontrar novos lugares para explorar com a família comece a satisfazer essa necessidade de aventura.

A questão é que é fácil deixar os obstáculos da vida assumirem o controle e ficar à deriva na correnteza, como um barco sem leme. Você pode não estar indo na direção que deseja, mas se conseguir chegar à terra firme e identificar o que traz significado e bem-estar ao seu relacionamento, então, como se estivesse usando o leme, poderá aplicar esse conhecimento para conduzir a relação de volta a águas mais tranquilas. Quando nos ancoramos em nossos valores fundamentais relacionais, há uma sensação de "Estou torcendo por nós!".

10

"Como podemos realmente nos dar bem?"

Usando habilidades de comunicação compassiva

As raízes de um relacionamento duradouro são a atenção plena, a escuta ativa e uma fala afetuosa, além de uma comunidade forte para apoiá-lo.
— Thich Nhat Hanh

A comunicação é o método que usamos para nos entendermos. No exato momento em que realmente "nos damos bem", o coração se abre. É por isso que a comunicação compassiva é tão importante. Sem cultivar intencionalmente a compaixão como base para a comunicação, muitas vezes acabamos nos comunicando a partir dos sistemas de ameaça/defesa ou de impulso.

Muitos de nós conhecemos algum tipo de fórmula de comunicação. Uma que eu gosto é a do programa de *comunicação não violenta*: Eu me sinto _____ quando você _____ e preciso de _____. Esta é uma fórmula ótima por vários motivos. Ela foi projetada para nos tirar do modo de culpar e nos colocar no modo mais vulnerável de compartilhar como nos sentimos e do que precisamos. Quando você está nesse modo mais vulnerável, fica mais fácil ser ouvido por seu parceiro. É como um antigo desenho animado que assisti. Havia dois porcos-espinhos. Os dois estavam lado a lado, um com os espinhos para baixo e o outro com os espinhos eriçados. Aquele com os espinhos eriçados diz ao outro: "Por que você não quer mais me abraçar?". A vulnerabilidade o ajuda a abaixar os espinhos para que seu parceiro possa se aproximar sem levar uma espetada. Quando você diz diretamente o que precisa, também fornece ao ouvinte um roteiro sobre como ter sucesso no relacionamento. Os parceiros apreciam infinitamente instruções explícitas em relação ao que fazer. Muitas vezes, eles querem ajudar e ficam angustiados quando o parceiro está com dor — e têm medo de não ter sucesso. É um grande alívio saber exatamente do que o parceiro precisa.

Mas aqui está a questão: fórmulas como essa sempre funcionam? Não necessariamente. Imagine que seu parceiro faz aquela coisa chata que ele sempre faz — aquilo de que você está realmente exausta. Digamos que ele se atrase novamente, deixando você sentada sozinha em um restaurante, ou em casa sozinha com crianças famintas e um cachorro que precisa ser levado para passear. Imagine que você está lá sentada esperando por ele há 5 minutos, depois 10, depois 20 e, então, 35 minutos enquanto repassa em sua mente o quão insensível ele é e como você se sente sozinha. Quando ele entra pela porta 45 minutos atrasado, você está muito irritada. Nesse momento, você é capaz de seguir essa fórmula? Provavelmente não. Seu sistema não está no modo comunicação. Você está no sistema de ameaça/defesa, em que está preparada para lutar ou fugir.

Mas digamos que você esteja estudando como se comunicar e trabalhando duro para ter um relacionamento melhor. Surpreendentemente, mesmo estando em seu sistema de ameaça/defesa, você se lembra da fórmula e reprime a vontade de atacar seu parceiro. Em vez disso, diz algo como "Fico com muita raiva quando você se atrasa e preciso saber que estará aqui quando disser que vai estar". Você usou as palavras certas, mas se ainda estiver com raiva e cheia de culpa ou repulsa, a mensagem que enviou provavelmente ainda foi de raiva, culpa ou repulsa.

TEM MAIS A VER COM O ESTADO EM QUE NOS ENCONTRAMOS DO QUE COM AS PALAVRAS QUE USAMOS

Grande parte da nossa comunicação acontece além das palavras e depende até mesmo do tom de voz que usamos. As dicas não verbais que damos contam muito mais do que aquilo que verbalizamos. Nosso estado é o que é comunicado, quer seja o que queremos comunicar ou não. Considere estes três cenários:

Cenário 1: Você teve uma ótima noite de sono. Acorda naturalmente, sentindo-se bem e pronto para acordar. Você olha para sua parceira e fica feliz em vê-la. Está se sentindo muito bem consigo mesmo, com sua parceira e com o relacionamento, e está ansioso pelo dia que começou. Você cumprimenta sua parceira com um bom-dia.

Cenário 2: Você acorda com o despertador tocando. Você se sente péssimo, pois praticamente não dormiu e tem um difícil dia pela frente. Para piorar a situação, você olha para sua parceira e se lembra de como está irritado com ela. O dia começou péssimo. Você cumprimenta sua parceira com um bom-dia.

Cenário 3: Você acorda se sentindo bem. Você olha para sua parceira e se sente muito bem com ela e com o relacionamento. Percebe o quanto se sente atraído por ela e tem vontade de flertar, na esperança de que a manhã fique ainda melhor. Você cumprimenta sua parceira com um bom-dia.

Você usou as mesmas palavras nos três cenários, mas o que comunicou foi totalmente diferente por causa dos distintos estados em que se encontrava. No primeiro cenário, você comunicou que estava feliz em ver sua parceira. No segundo, a mensagem que você passou foi a de que não gostou de vê-la pela manhã; no terceiro, você comunicou que tinha interesse em manter intimidade. Como captamos as emoções um do outro, sua parceira foi capaz de entender o que você estava realmente comunicando, mesmo que as palavras em si fossem um simples bom-dia. Isso tem a ver com o "contágio emocional" de que falamos no Capítulo 3, que nem sempre é útil. Quando estamos chateados, o que queremos não é necessariamente que nosso parceiro perceba essa chateação. O que queremos é que ele sinta e compreenda nossa dor, mas esperamos ainda mais que essa compreensão abra o seu coração e ele nos conforte e acalme.

Veja o caso de Brian e Tai. Brian ficou em casa com as crianças o dia todo. Tinha sido um dia agitado e os filhos pequenos bagunçavam bastante, mas ele estava se sentindo muito feliz. Era gratificante estar em casa com eles, e ele se sentia grato por poder ficar com as crianças. Tai teve um dia terrível no trabalho. Ele perdeu um paciente e teve um conflito com um colega. Ainda estava cansado do estresse do dia quando chegou em casa. Ele esperava um ambiente pacífico no qual pudesse se recuperar do grande cansaço. Quando entrou e viu brinquedos espalhados pela casa toda, perdeu o controle e ficou furioso.

Ele se conteve para não dizer o que realmente queria dizer: "Tudo o que você precisa fazer é cuidar das crianças e manter a casa arrumada, Brian, e nem isso você consegue fazer!". Ele sabia que precisava enviar uma mensagem mais gentil; então, em vez disso, conseguiu dizer: "Eu realmente preciso voltar para casa e encontrar um lugar arrumado". Mas seu rosto estava vermelho, as veias de sua testa estavam saltadas e sua voz saiu alta demais. Brian sentiu a raiva por trás do comentário e imediatamente ficou com raiva também. Ele se pegou respondendo: "Acho que você nem se importa que eu trabalhei o dia todo cuidando de nossos filhos e garantindo que eles crescessem se sentindo amados. Eu realmente não importo para você, não é?" Agora ambos estavam com raiva e Tai estava se sentindo ainda pior. O que ele realmente queria era que Brian entendesse que ele teve um dia difícil e lhe oferecesse algum apoio. Ele precisava de compaixão.

DO CONTÁGIO EMOCIONAL À COMPAIXÃO

Tania Singer, pesquisadora que estuda empatia e compaixão, fala sobre a diferença entre contágio emocional, empatia e compaixão e como eles se complementam.

Contágio emocional

O contágio emocional está na raiz das relações. Sentimos o que os outros estão sentindo e captamos sua emoção, como na história que contei no Capítulo 3 sobre como me peguei rindo, embora não tenha achado o balão engraçado como meus filhos acharam, ou a história de Brian e Tai que acabamos de ver. Essa capacidade de sentir o que as pessoas ao nosso redor estão sentindo é realmente útil, pois nos conecta aos outros e nos ajuda a perceber o estado em que se encontram. Para a maioria de nós, o riso compartilhado é muito mais poderoso do que rir sozinho. Infelizmente, a raiva compartilhada também é mais poderosa.

Empatia

Um passo à frente do contágio emocional, observa Singer, está a empatia. Ela define empatia como o contágio emocional com a sensação de um "eu separado". Por exemplo, sinto a sua tristeza, mas sei que é a sua tristeza que estou sentindo e não a minha. Essa sensação de identificar de quem são as emoções tem muita utilidade na comunicação. Nós não precisamos captar as emoções. Podemos usar o sentimento de contágio emocional para nos ajudar a entender como a outra pessoa está se sentindo. Funciona até mesmo quando ela ainda não sabe ou não tem palavras para descrever o que está sentindo. Como terapeuta, acho isso muito útil. Um paciente que chega triste não quer que eu fique triste. Se eu ficasse, ele sentiria que teria que cuidar de mim. Em vez disso, ele quer que eu conheça e sinta sua tristeza, sem que eu mesma fique triste. Desse modo, posso permanecer estável e ajudá-lo. Na verdade, este espaço para discernir quem está sentindo o quê nos dá espaço para responder em vez de reagir.

Tai não queria que Brian ficasse com raiva. O que ele queria era que o parceiro percebesse que estava com raiva — *um sinal de que Tai estava sofrendo*. Em vez de sentir raiva, ele esperava que Brian se importasse com o fato de ele estar sofrendo e lhe oferecesse o espaço de que precisava para se acalmar e cuidar de si mesmo.

Compaixão

Um passo à frente da empatia, de acordo com Singer, está a compaixão. Ela define compaixão como a empatia com amor. Quando meus pacientes estão tristes, por exemplo, para eles não basta que eu saiba e aceite que eles estão tristes. Eles também querem saber que eu me importo com eles. A tristeza deles é importante para mim porque eles me são importantes. Essa parte do amor (o fato de eu me importar com eles) também é protetora para mim.

Muitas vezes, as pessoas se perguntam como consigo ouvir a dor das pessoas o dia todo. (Parece que é isso que eles acham que os terapeutas fazem.) Quando se perguntam sobre isso, estão na verdade presumindo que há contágio emocional (que eu também sinto dor o dia todo) ou pelo menos empatia (que eu sinto a dor das pessoas o dia todo, mesmo sabendo que essa dor não é minha). O que eles não sabem é que quando existe um forte sentimento de preocupação com outra pessoa, podemos lidar com a dor sem nos sentirmos oprimidos, então o sentimento dominante no final é o amor ou o carinho. Esse amor é o amortecedor que permite lidar com a dor sem nos esgotar. Quando o amor é mais forte que a dor, o sentimento predominante é o amor. Estar em um estado de preocupação com outra pessoa não é esgotante da mesma maneira que apenas ressoar com a dor de alguém.

Em nossos relacionamentos amorosos, tudo se amplifica porque a outra pessoa é muito importante para nós. Então, quando as coisas dão errado, a sensação é a de uma emergência. Não podemos perder essa pessoa que está no centro de nossas vidas. Quando sentimos a ameaça dessa perda, ficamos afastados dos cuidados que poderiam nos permitir entrar em um estado de compaixão. Podemos também ficar presos no sistema de ameaça/defesa ou recrutar o sistema de impulso na esperança de resolver o problema.

Brian e Tai sentiram a ameaça de perder um ao outro. Quando Tai criticou Brian, este sentiu a perda do parceiro geralmente gentil e solidário que Tai era. Brian se sentiu ameaçado por essa perda, e também captou a raiva de Tai. Agora Brian estava em seu sistema de ameaça/defesa e atacou o parceiro para protestar contra a perda. Quando Brian o atacou, Tai perdeu a única pessoa que normalmente o apoiava. Agora ambos estavam em seus sistemas de ameaça/defesa e uma espiral relacional descendente tinha sido acionada. Um ou ambos precisariam fazer uma pausa e usar a compaixão para que pudessem reverter a espiral.

O que não percebemos é que o problema não é o problema em si. No caso de Brian e Tai, o problema não eram os brinquedos no chão, como Tai sugeriu. O problema era que Tai estava estressado e precisava de cuidado. Os problemas — mesmo os que não podem ser resolvidos — são uma parte normal da vida, embora os consideremos, na melhor das hipóteses, desagradáveis.

> O "problema" não é o problema si. O problema é não se lembrar de passar para o sistema de cuidado quando se está angustiado.

Na verdade, a pesquisa do especialista em relacionamentos John Gottman sugere que 69% dos problemas em um relacionamento não têm solução. O ponto é que não nos lembramos de ativar nosso sistema de cuidado quando estamos angustiados. Então, quando nos comunicamos, não estamos realmente comunicando amor e carinho, mas sim qualquer que seja o estado em que nos encontremos:

Sistema de ameaça/defesa:

- Quando estamos no modo luta, o que comunicamos é: "A culpa é sua".
- Quando estamos no modo fuga, o que comunicamos é: "Eu não quero estar aqui".
- Quando estamos no modo congelamento, o que comunicamos é: "Não me sinto seguro em ser vulnerável com você".

Sistema de impulso:

- Quando estamos no modo controle, o que comunicamos é: "Você não é capaz de lidar com as coisas".
- Quando estamos no modo criticar, o que comunicamos é: "Há algo de errado com você".
- Quando estamos no modo tentar corrigir, o que comunicamos é: "Você está quebrado" ou "Você é incapaz".

O que realmente queremos e precisamos quando estamos angustiados é sermos amados. O amor pode ser o amortecedor que torna possível lidar com os nossos problemas, os de nosso parceiro e os do relacionamento — sem entrar em uma espiral relacional descendente.

> O amor é o amortecedor que nos possibilita enfrentar os problemas com os quais estamos lutando e não entrar em uma espiral relacional descendente.

PASSANDO PARA UMA COMUNICAÇÃO COMPASSIVA

Então, como Brian e Tai — e todos nós — podem fazer uma pausa e sentir compaixão? Podemos explorar os três componentes da autocompaixão: atenção plena, humanidade compartilhada e gentileza. Ou, como gosto de pensar neles, presença (atenção plena) amorosa (gentileza) e conectada (humanidade compartilhada).

Atenção plena (presença): Precisamos perceber como estamos nos sentindo e como nosso parceiro está se sentindo, permitindo que sejamos exatamente como somos. Discernimos de quem são esses sentimentos e o que está acontecendo na situação. Brian pode ter notado a raiva surgindo nele. Se tivesse feito uma pausa e reconhecido sua raiva, e então tivesse percebido que na verdade estava feliz, poderia ter reconhecido que a raiva que estava sentindo não era sua, era um sentimento de Tai. Isso poderia tê-lo alertado para o fato de que Tai estava angustiado. Poderia também ter dado a Brian um pouco de espaço em que a raiva de Tai não o dominava mais, embora ainda fosse desagradável.

Humanidade compartilhada (conectada): Lembramos que, "assim como eu", meu parceiro quer ser feliz e ver-se livre do sofrimento. Assim como eu, meu parceiro nem sempre dá o melhor de si, especialmente quando está assustado ou triste. Assim como eu, meu parceiro também quer se sentir amado e aceito e está fazendo o possível para estar presente nesse relacionamento, mesmo quando este não está indo bem. Teria sido útil se, em vez de julgar Tai como sendo egoísta ou indiferente por sua explosão de raiva, Brian tivesse entendido que ele também não fica em sua melhor forma quando está angustiado e que, às vezes, quando está com raiva, ele ataca, quando o que realmente precisa é ser amado em seus momentos de dificuldade — como o porco-espinho com os espinhos eriçados que deseja ser abraçado. Brian poderia dizer a si mesmo: "Assim como eu, Tai fica bravo quando não se sente seguro".

Gentileza (amor): Lembramos que a pessoa é alguém que amamos e a quem desejamos que seja feliz e não sofra. Permitimos que nossos corações se abram e abandonamos o comportamento de defesa. Permitimos que surjam sentimentos de compaixão por nós mesmos e pelo parceiro e voltamos nossa atenção e pensamentos para ações que reflitam nosso desejo de ajudar essa pessoa. A gentileza é aplicada com sabedoria quando consideramos o que seria realmente útil, o que nem sempre pode estar de acordo com nossas reações.

Sabendo que Tai está angustiado, usando sua própria experiência prévia da raiva que sente quando está assim, e lembrando o quanto Tai significa para ele, Brian provavelmente teria o impulso de que precisa para identificar e oferecer tudo o que Tai possa precisar agora. A partir desse ponto de vista apaziguado e em contato com o quanto ele se preocupa com Tai, talvez ele pudesse ter dito algo como "Uau, você está mesmo muito zangado. Seu dia no hospital não deve ter sido fácil. Quer conversar sobre isso ou precisa apenas de um pouco de espaço? Estou aqui por você; apenas me diga do que precisa". Além das palavras específicas, haveria ainda uma presença afetuosa. Seria necessário apenas que Brian ativasse seu sistema de cuidado por meio da prática da atenção plena, da humanidade compartilhada e da gentileza para que transformasse a espiral relacional descendente em uma espiral ascendente.

O quadro a seguir dá uma ideia dos estágios da compaixão e das habilidades e ações necessárias para nos abordarmos com compaixão, mesmo em momentos difíceis.

Abordando-nos com compaixão

Estágio	Habilidade	Ação
Abrindo-nos um para o outro como somos	Atenção plena	Aceitar
Compreendendo nossa condição humana partilhada	Humanidade compartilhada	Conectar
Desejando bem-estar	Afeto-gentileza	Amar
Mesmo em momentos dolorosos	Compaixão	Confortar

Isso requer alguma prática. Não é possível conectar-se profundamente ao parceiro sem conhecer também nossa própria vulnerabilidade. Precisamos correr o risco de sermos vulneráveis para nos abrirmos à possibilidade de conexão.

Em *The Book of Awakening: Having the Life You Want by Being Present to the Life You Have* (*O livro do despertar: ter a vida que você deseja estando presente na vida que você tem*), Mark Nepo ilustra muito bem esse ponto.

> Desperdiçamos tanta energia tentando encobrir quem somos quando subjacente a cada atitude está o desejo de ser amado, e junto a cada raiva há uma ferida a ser curada, e a cada tristeza está o medo de que não haverá tempo suficiente.
>
> Quando hesitamos em ser diretos, inconscientemente colocamos algo, alguma camada adicional de proteção que nos impede de sentir o mundo, e muitas vezes essa fina cobertura é o início de uma soli-

dão que, se não for eliminada, diminui as nossas chances de sentir alegria.

É como usar luvas sempre que tocamos em alguma coisa e depois, esquecendo que escolhemos calçá-las, reclamamos que nada parece real. Assim, nosso desafio diário não é nos vestirmos para enfrentar o mundo, mas nos despirmos a fim de sentir que o trinco da porta está frio, que a maçaneta do carro está molhada e que o beijo de adeus está tocando os lábios de outro ser humano, de maneira suave e única.

No entanto, mesmo quando estamos vulneráveis, nosso parceiro, tal como nós, é humano e nem sempre responde de um jeito que consideramos bom. É aqui que nossa prática de autocompaixão é particularmente útil. Podemos arriscar a proximidade *e* a dor porque somos capazes de confortar e acalmar a nós... e a nosso parceiro.

BLOQUEIOS À COMUNICAÇÃO COMPASSIVA

Quando não nos sentimos confortáveis em ser vulneráveis com nosso parceiro, podemos desenvolver hábitos que realmente interferem na comunicação compassiva. Um deles é a crítica.

Por que criticamos?

A crítica é um bloqueio comum à comunicação compassiva. Quando ser vulnerável não parece seguro, podemos usar a crítica na tentativa de deixar a nós e ao relacionamento mais seguros, mesmo que isso normalmente torne a relação mais insegura. Quando pergunto aos participantes do programa Compaixão para Casais por que criticamos, eles citam ideias como:

- Deste modo meu parceiro para de ter aquelas atitudes que precisa mudar e posso sentir-me seguro perto dele.
- É um mecanismo de defesa para que eu não me sinta a pior pessoa do lugar.
- Com isso meu parceiro fará as coisas do jeito que eu gosto e eu me sentirei confortável.

- Para ajudar meu parceiro a se tornar o melhor de si, para que eu possa me orgulhar dele.

O tema que permeia estas respostas é que estamos tentando manter a nós, ao parceiro e o relacionamento em segurança — ao mesmo tempo em que nos protegemos de ficar excessivamente vulneráveis. Por isso, viramos todos os holofotes para o parceiro, dizendo-lhe que ele deve fazer as coisas de maneira diferente. Queremos que ele fique vulnerável e que assuma o delicado trabalho de mudar, enquanto nos mantemos escondidos. Porém, se não nos permitirmos ser vistos, nunca nos sentiremos amados.

De certo modo, a crítica pode ser uma tentativa de conexão. Estamos tentando tornar as condições mais seguras para que possamos ficar vulneráveis. Também podemos pensar na crítica como uma espécie de protesto. "Você não estava me ouvindo quando meu volume emocional estava em 5. O que acontece então se eu aumentar para 10? Agora que estou gritando e apontando o dedo, você está ouvindo o quão importante isso é para mim?". Infelizmente, a resposta costuma ser "não". Não ouvimos muito bem quando estamos sob ataque. As críticas podem ser comuns e compreensíveis, mas na verdade não tornam o relacionamento mais seguro. Isso não aproxima o parceiro de você; pelo contrário, geralmente o afasta.

Por que nos retiramos ou evitamos?

A retirada é outra estratégia que costumamos usar quando não nos sentimos seguros. Quando pergunto aos participantes do curso Compaixão para Casais por que nos retiramos ou evitamos, eles citam aspectos como:

- Tenho medo de me ferir se ficar.
- Tenho medo de que, se ficar, direi ou farei algo que magoe meu parceiro.
- Estou irritado e preciso de um pouco de espaço para me acalmar.
- Não sei como falar sobre meus sentimentos; é muito desconfortável para mim.
- Estou vendo que a discussão não vai a lugar algum e não quero que piore.

O tópico em torno destas respostas também tem a ver com manter nossa segurança, a do parceiro e a do relacionamento. Estamos tentando evitar conflitos e os danos que eles podem causar ao relacionamento. Não queremos ser magoados e não queremos magoar o parceiro.

No entanto, o afastamento deixa o parceiro sozinho, e é provável que ele se sinta pouco amado. O amor flui para onde vai a atenção. Nenhuma atenção é o mesmo que nenhum amor. Isso não significa que não possamos fazer uma pausa. Na verdade, dar um tempo — que nos dá o necessário para sermos capazes de responder em vez de simplesmente reagirmos — é uma habilidade. Há uma diferença entre dar um tempo em nome da evitação ou da resistência e dar um tempo em nome da compaixão.

O que fazemos quando damos um tempo é importante. Você se distrai recorrendo a filmes e séries ou seu *hobby* favorito, sem perspectiva de voltar e lidar com os problemas? Se sim, isso é evitação. Ou você dá um tempo para se acalmar e descobrir a melhor maneira de retornar e discutir o assunto? Se sim, provavelmente a compaixão está em ação. Mesmo que sua intenção seja a compaixão, você precisa considerar o que seu parceiro precisa durante esse seu tempo. Faz uma grande diferença se você puder dizer algo tranquilizador nesse momento, como "Estou muito nervoso e não consigo me comunicar bem agora. Vou dar um tempo e me acalmar dando uma caminhada para que as coisas não piorem. Eu te amo, vou voltar e conversamos sobre isso depois dessa caminhada". O segredo é que seu parceiro entenda a intenção por trás do tempo e que você logo estará de volta. Assim, ele poderá sentir-se seguro de que é importante para você, em vez de sentir-se pouco amado e abandonado.

PASSOS PARA PERMANECER CONECTADO COM COMPAIXÃO

Quando emoções fortes surgem em nós, elas muitas vezes controlam nosso comportamento e prejudicam nossos relacionamentos, se permitirmos. Nós nos pegamos agindo por medo, raiva, desespero, vergonha. Quando permitimos que nossa reatividade comande o espetáculo, perdemos o contato com nossa própria vulnerabilidade, a vulnerabilidade da outra pessoa e a nossa capacidade de responder a partir de um ponto de vista de sabedoria e compaixão. Sempre que o sofrimento excede nossos recursos, muitas vezes o resultado é um comportamento inábil.

O trabalho que você realizou nas Partes I e II deste livro e o trabalho sobre valores fundamentais do capítulo anterior lançaram as bases para colocar a compaixão em ação. Continue praticando isso. Quanto mais forte for o alicerce que construímos, melhor resistiremos às tempestades causadas pelos problemas.

Quando essas tempestades acontecem, nós realmente precisamos um do outro. Precisamos nos voltar ao parceiro, em vez de nos afastarmos dele. Para fazê-lo, precisamos tornar a comunicação segura. Podemos aprender a falar e a ouvir a partir de um lugar de presença amorosa e conectada. Podemos abordar a nós e uns com os outros com compaixão.

Para passar de uma posição de reatividade para uma resposta compassiva, existem quatro passos básicos:

1. *Precisamos nos libertar da reatividade.* Começamos nos dando espaço depois de perceber que estamos presos na reatividade. Fazemos uma pausa e nos ancoramos na sensação da respiração ou em outras sensações; com isso, possibilitamos uma compreensão mais estável da situação. Esta é a prática da atenção plena.
2. *Nós nos atentamos ao nosso próprio estado.* O que foi desencadeado em nós e do que precisamos? Podemos escolher responder a nós mesmos com sabedoria e compaixão? Ao fazê-lo, despertamos a possibilidade de nos abrirmos aos outros. Esta é a prática da autocompaixão.
3. *Nós nos atentamos à vulnerabilidade do outro.* É possível que não conheçamos toda a história ou experiência do outro? Começamos a cuidar dele ouvindo atentamente o que ele está dizendo. Depois ampliamos nossas observações de modo a abranger a pessoa como um todo. Quando nos abrimos à experiência e à vulnerabilidade do outro, permitimos que nosso coração amoleça em resposta a ele. Esta é a prática da compaixão.
4. *Nós nos atentamos à escolha de nossa resposta.* Lembrando-nos de nossos valores, escolhemos responder de uma maneira que seja íntegra para nós. Nossa resposta então estará enraizada na sabedoria e na compaixão. Seremos guiados por nossos valores.

Reuni todas essas etapas para ajudar a tornar mais fácil falar e ouvir com compaixão.

Encontrando sua voz compassiva: falando com compaixão

Uma das minhas práticas favoritas é aquela que desenvolvi com base na prática STOP que você aprendeu no Capítulo 6. Com esse exercício, cuidamos de nós mesmos; quando nossa fisiologia se estabiliza, voltamos nossa atenção ao parceiro com o exercício LOVE. Vamos lá.

Experimente

STOP e LOVE

Áudio 22 (disponível em inglês)

Comece encontrando uma posição confortável. Feche seus olhos, se sentir-se melhor assim, e volte sua atenção para dentro de si. Encontre uma sensação de si mesmo na sala e ofereça-se um sorriso de boas-vindas. Por favor, lembre-se de um momento em que você e seu parceiro estavam discutindo e você se sentiu um pouco angustiada — não foi a pior briga que vocês já tiveram e não foi nada traumático. Basta escolher algo angustiante o suficiente para que possa ser sentido no corpo. Um 3-4 na escala de angústia. Mesmo que você fique tentada a trabalhar com algo difícil neste momento, será mais provável que você tenha sucesso se ficar com algo em torno de 3-4 na escala de dificuldade.

Você pode, ainda, pensar em algo que deseja contar a seu parceiro e sobre o qual seja difícil falar. Lembre-se, esta é uma oportunidade para praticar e desenvolver habilidades, então, por favor, não escolha algo que seja muitíssimo difícil de discutir; fique com algo em torno de 3-4. Talvez você esteja realmente cansada de comer naquele restaurante que seu parceiro adora ir. Ou talvez você esteja cozinhando mais do que gostaria. Talvez você queira adotar um novo *hobby* e teme que seu parceiro não o aprove.

Isso leva algum tempo. Quando tiver algo em mente, reserve um momento para anotá-lo mentalmente. Então deixe-se abrir à situação, sentindo seu desejo por algo diferente.

Para cuidar de nós mesmos, começamos com a prática STOP:

S — *Stop* (Pare). Lembre-se de fazer uma pausa. Começamos a romper a reatividade diminuindo a velocidade, fazendo uma pausa e abrindo espaço para que algo novo aconteça. Deixe de lado a história que escolheu e volte sua atenção a este momento.

T — *Take a breath* (Respire fundo). Na verdade, respire algumas vezes. Deixe todo o restante ficar em segundo plano enquanto privilegia o foco na sensação da respiração. Apenas respire. Onde você sente a respiração? Qual é a sensação? Observe as sensações onde quer que você as sinta com mais facilidade.

Ancorar a consciência na respiração nos dá a chance de nos conectarmos a este momento e a este corpo. Sinta-se à vontade para usar uma âncora diferente para a consciência se a respiração não parecer a âncora correta para você. Por exemplo, você pode sentir seus pés ou mãos.

O — *Observ* (Observe). O que está acontecendo aqui neste momento e neste corpo? Observe os pensamentos, emoções e sensações presentes. Não há necessidade de alterá-los de modo algum. Apenas observe-os.

Permita que a atenção se amplie um pouco de modo absorver completamente o que está acontecendo agora. Dada a sua nova perspectiva, talvez você se pergunte: "Do que eu preciso agora?".

P — *Proceed* (Prossiga para a prática). Agora que você entende melhor o que está acontecendo e do que precisa, veja se consegue encontrar uma maneira de atender às suas necessidades. Talvez parar (STOP) fosse tudo o que você precisava. Ou talvez você precise dar um passeio, tomar um chá ou meditar. Talvez haja algumas palavras que você precise ouvir. Você pode dizê-las a si mesma agora?

O objetivo é dar a nós mesmos o que precisamos para sair do estado de reatividade e entrar em um estado de capacidade de responder. Cuidar de nossas reais necessidades, em vez de reagir a partir do que quer que tenha sido acionado em nós, é a chave.

Veja qual o seu estado agora. Você pode ficar aqui se precisar. Não há necessidade de seguir em frente se você ainda precisar de tranquilização.

Se estiver em um estado de receptividade, poderá voltar sua atenção à vulnerabilidade da outra pessoa com a prática LOVE (amor).

Para cuidar do parceiro e do relacionamento, continuamos com a prática LOVE:

L — *Listen* (Escute). Isso significa abrir mão de nós mesmos, de nossa visão de como as coisas são ou deveriam ser, de estarmos certos ou errados, de sermos bons ou maus. Deixe tudo isso em segundo plano.

Ouça o que a outra pessoa está dizendo. Qual é sua perspectiva, sua verdade? O que ela quer que saibamos? Ou se você ainda não conversou sobre isso, como ela pode estar se sentindo? O que ela dirá?

Quando verdadeiramente nos abrimos para absorver o que o outro está dizendo, nos permitimos ser tocados e nos comover, a fim de aprender aquilo que não sabíamos. Ouvir é um ato de generosidade e de amor.

O — *Observ* (Observe). Absorver a experiência do outro exige mais do que apenas ouvir as palavras que ele diz. Qual é o tom das palavras? Como o corpo dele está reagindo? Há lágrimas? Um rosto vermelho e quente? Um olhar de medo?

Ao ouvirmos essa pessoa, podemos perceber o estado em que ela se encontra. Ela parece assustada, zangada, solitária ou triste? Seu comportamento reflete seus esforços para se sentir segura e amada? Há algo por trás de sua possível reatividade? Ela está apenas tentando se manter segura?

Se a conhecermos bem, poderemos também saber que esta é uma dor fundamental que ela carrega, e poderemos aprofundar nossa compreensão da situação vulnerável em que ela se encontra. Podemos nos lembrar de que, tal como nós e todos os seres humanos, esta pessoa deseja ser feliz e não sofrer.

Permitimos que nosso coração seja tocado pelo estado do outro. Vemos com mais clareza o que a outra pessoa precisa.

V — *Values* (Valores). É útil fazer uma pausa aqui, a fim de recordar nossos próprios valores fundamentais. Sempre que reconhecemos a vulnerabilidade da outra pessoa, podemos escolher como responderemos a ela. Fundamentar essa escolha em nossos valores fundamentais possibilita uma resposta sábia e compassiva.

Pode ser útil lembrar que se trata de alguém que amamos e que nos ama também. Poderíamos recordar como é importante para nós que ela se sinta segura e amada, livre de perigos. Podemos lembrar como desejamos que todos os seres humanos sejam felizes e que não sofram.

Podemos nos recordar de nossos próprios valores ou até mesmo prometermos ser compassivos, corajosos ou gentis, ou o que quer que seja.

Damos uma pausa e nos fundamentamos em nossos próprios valores e votos, e então fica mais claro quais ações estão alinhadas com o que é profundamente significativo para nós. Ancorar-nos deste modo possibilita que nossa resposta seja guiada pela sabedoria.

E — *Express* (Expresse). Esta é a parte da ação da compaixão. Quando aprofundamos nossa compreensão de nós mesmos e da outra pessoa e permitimos que a sabedoria e a compaixão surjam, muitas vezes fica muito mais fácil saber como responder.

O que você precisa dizer ou não dizer? Existe algum gesto que seria útil? Um sorriso, um contato visual, um tapinha nas costas ou um abraço? Talvez a coisa mais compassiva que você possa fazer seja dizer "não" ou estabelecer um limite.

Ou talvez seja lembrar ao parceiro da importância que ele tem para você. Muitas vezes, deixar o outro saber que o vemos e valorizamos é a coisa mais amorosa que podemos fazer. Confie em sua própria resposta e prossiga expressando o que é necessário neste momento.

> Agora, escreva uma carta para ele, praticando de maneira livre e espontânea o que você gostaria de lhe dizer.
> *Observação*: essa carta é apenas para você praticar o que gostaria de expressar. Mais tarde, praticaremos a escuta e a fala compassivas. Essa carta é uma maneira de você praticar a fala de um jeito que pareça seguro.

O que achou dessa prática? Sua carta foi diferente da maneira como você normalmente falaria com seu parceiro? Às vezes, parece estranho desacelerar tanto e passar por esse processo. Com o tempo, porém, ele se torna uma segunda natureza e você pode percorrê-lo com muito mais rapidez.

Outro aspecto que ocasionalmente surge é que quando você pensa no que poderia dizer ao parceiro, sua fisiologia pode ser ativada novamente e você pode descobrir que está de volta ao sistema de ameaça/defesa. Isso significa apenas que você precisa voltar à prática STOP — principalmente a parte em que você dá a si mesma o que precisa. Ou pode significar que você assumiu um problema muito grande para começar. Você pode repetir o processo com algo mais fácil?

Se você se sente provocada *sempre* que pensa em falar com o parceiro, iniciar essas conversas na segurança da terapia de casal provavelmente será benéfico. Bons terapeutas de casais interrompem espirais descendentes e ajudam a restaurar a segurança; um terapeuta especializado pode fornecer treinamento e segurança no consultório para que você possa se sentir bem-sucedido ao falar.

Os quatro C da fala compassiva

Obviamente, colocar a fala em prática *com* o parceiro pode parecer um pouco mais desafiador do que praticar escrevendo uma carta. Os quatro C da fala compassiva podem ajudar:

1. *Centrado: Corpo acordado* — É útil fazer uma pausa agora, tirar uns momentos para focar a atenção na respiração (ou em outra âncora segura) e atentar ao seu corpo. Libere qualquer tensão desnecessária.

2. *Curioso: Mente aberta* — Perceba o que pode estar por trás da sua raiva ou frustração. Existem sentimentos vulneráveis aos quais é necessário atentar? Mantenha o foco em si mesmo e fale a partir de uma posição de vulnerabilidade.
3. *Conectado: Coração afetuoso* — Lembre-se que o ouvinte é alguém que você ama e que o ama também, mesmo quando surgem angústias. Fale com uma atitude de gentileza. Evite culpar, acusar e xingar.
4. *Compassivo: Ação gentil* — Há algo que você precisa do ouvinte? O que pode fazer com que você se sinta calmo, confortado e tranquilizado? Peça a ele o que você precisa.

Você sempre pode utilizar a prática STOP ou qualquer prática de atenção plena ou autocompaixão que considere útil sempre que sentir a angústia pairando no ar. Ao falar, você deve se sentir à vontade para levar o tempo que precisar, fazer uma pausa sempre que for necessário continuar falando, quando souber o que quer dizer.

Cultivando uma presença amorosa e conectada: ouvindo com compaixão

Obviamente existem dois lados na comunicação compassiva. O modo como ouvimos torna seguro (ou não) que nosso parceiro fale quando algo o incomoda. Idealmente, também queremos estar em nosso sistema de cuidado.

Quando nos abrimos à dor da outra pessoa, ainda mais quando esta dor está relacionada conosco, podemos nos sentir oprimidos e levados à reatividade. Uma das reações comuns é tentar consertá-la ou aconselhá-la para que ela não sinta mais dor e, por consequência, não haja mais emoção a ser "captada". Em outras palavras, tentamos sair da nossa própria dor — a dor que vem com a ressonância empática — consertando a outra pessoa para que não haja mais dor com a qual ressoar.

Outra reação comum é nos distanciarmos culpando ou criticando. No entanto, ouvir exige que abandonemos a nossa "história" das coisas e realmente absorvamos o que a outra pessoa está dizendo. O que seu parceiro precisa quando está angustiado é sua presença — uma presença amorosa e conectada. Portanto, controle a vontade de se intrometer e responder ou se defender. Em vez disso, pratique o ato de permanecer presente e o mais aberto possível enquanto seu parceiro estiver falando. Os quatro C da escuta compassiva também podem ser úteis neste caso.

Os quatro C da escuta compassiva

1. *Centrado: Corpo acordado* — É útil fazer uma pausa agora, tirar uns momentos para focar a atenção na respiração (ou em outra âncora segura) e atentar ao seu corpo. Libere qualquer tensão desnecessária.
2. *Curioso: Mente aberta* — Tente abrir sua mente. Torne-se um detetive, procurando entender o que o orador está comunicando. Quando chegar sua vez de falar, você poderá fazer perguntas para uma melhor compreensão. Deixe de lado a certeza tóxica, lembrando que isso é sobre ele, não sobre você; ouça com uma atitude de encorajamento.
3. *Conectado: Coração afetuoso* — Lembre-se que o orador é alguém que você ama e que o ama também, mesmo quando surgem angústias. Lembre-se de algum episódio em que você também se sentiu assim. "Assim como eu, essa pessoa _____."
4. *Compassivo: Ação gentil* — Há algo que você possa dizer ou fazer para ajudar a acalmar, confortar ou tranquilizar seu parceiro? "Do que você precisa? Como posso ajudar?".

Como em tudo na vida, ouvir compassivamente é uma habilidade que pode ser desenvolvida, mesmo que pareça estranho no início. Algo que ajuda é abordar suas conversas com a intenção de ouvir tentando entender, em vez de ouvir procurando resolver o problema. Quando você se concentra no processo e não no desfecho, seu parceiro será capaz de sentir a diferença. Quando você ouve tentando entender, é provável que seu parceiro se sinta importante e preocupado e, no final, possa se sentir compreendido. Quando você se concentra no desfecho, seu parceiro pode sentir que não é importante para você, que o que você realmente quer é apenas chegar ao desfecho que deseja. Ele pode sair da conversa sentindo-se não visto e negligenciado. É uma pequena mudança que faz muita diferença. Vamos experimentar o que acontece quando você ouve tentando entender.

Experimente

Ouvir tentando entender — Desenvolvendo a habilidade de ouvir compassivamente

Ao longo do dia, esteja atento às oportunidades de ouvir alguém. Você pode achar mais fácil começar com amigos ou outras pessoas antes de praticar com seu parceiro. Conforme melhoram suas habilidades, lembre-se de experimentar também com ele.

Quando você perceber que alguém tem algo a dizer e quiser praticar a escuta, tente se lembrar da sua intenção de ouvir tentando entender. Este é um exercício de escuta, então resista à vontade de falar.

Defina a intenção de ouvir tentando entender. Lembre-se dos quatro C: centrado, curioso, conectado e compassivo. Lembrar deles e definir sua intenção pode ajudá-lo a se centrar. Você se sente centrado? Caso não, coloque a mão no coração, acompanhe a respiração ou sinta seus pés — o que for necessário para se centrar.

Ao voltar sua atenção ao orador, observe sua aparência. Grande parte da comunicação é não verbal. Ele parece à vontade ou há tensão no rosto e no corpo? Que estado de sentimento o corpo dele está comunicando? Um rosto vermelho e quente pode significar constrangimento ou raiva; uma lágrima nos olhos pode indicar tristeza ou que ele está profundamente comovido, por exemplo. O que você percebe em relação ao estado em que ele se encontra?

Se o orador parecer angustiado e surgir em você um desejo de confortá-lo ou consolá-lo de alguma maneira, observe que a compaixão está surgindo em você. Deixe seu coração se abrir a essa pessoa, mas não a conforte nem a acalme nesse momento.

Confie que sua presença gentil e atenciosa é suficiente neste instante.

Se você perceber que está ficando angustiado com o que ele está dizendo, veja se consegue ficar com ele e cuidar de si mesmo, acrescentando uma prática de compaixão. A cada inspiração, experimente inspirar algo de que você precisa — como coragem ou segurança. A cada expiração, expire algo que você gostaria de oferecer a ele — como alívio da dor ou amor. Também pode ser uma cor, uma sensação de calor ou um lindo pôr do sol. Qualquer coisa que você ou ele precisem. Você pode ajustar a proporção conforme necessário. Talvez você só precise inspirar algo para si por um tempo enquanto o ouve. Ou você pode querer se concentrar mais em expirar algo bom para ele. Veja o que lhe parece melhor neste caso.

Se você ainda se sente oprimido pelo que ele está dizendo, pode colocar a mão no coração ou oferecer a si próprio algumas palavras gentis e tranquilizadoras. Ou talvez seja melhor sentir seus pés no chão ou sintonizar a sensação da respiração. Veja o que lhe parece melhor. Fique o máximo que puder com ele enquanto ainda estiver em sua janela de tolerância. Você sempre pode parar de ouvir se isso se tornar opressor e você não conseguir encontrar uma prática que o ajude a permanecer presente dentro da sua janela de tolerância. Lembre-se de que permanecer nela o ajuda a desenvolver habilidades, em vez de ficar nervoso.

Recorde-se que a intenção é conhecer mais sobre o orador. Isso não é sobre você.

Agora sintonize-se com o que o orador está realmente dizendo. Traga uma atitude de curiosidade ao ato de ouvir e veja se consegue entender sua perspectiva ou experiência.

Observe quaisquer pensamentos que surjam acerca do que ele está dizendo — especialmente argumentos em sua mente — e afaste-os. Recorde-se que se trata de compreendê-lo, não de concordar com ele. Sintonize-se de novo no que ele está realmente dizendo. Pode ser necessário fazê-lo repetidamente para entender melhor suas ideias.

Se você perceber que situações de sua própria vida estão surgindo, que o que ele está dizendo lhe traz as memórias de momentos semelhantes em sua própria vida, isso é o surgimento da humanidade compartilhada. É ótimo que você possa se identificar com o que ele está dizendo, pois isso cria o sentimento de conexão. Você provavelmente está com a sensação de: "comigo é assim também". É importante manter o foco no orador, então resista à tentação de compartilhar essas situações neste momento.

Agora, veja se você consegue ampliar ainda mais sua atenção. O que você sabe sobre essa pessoa? Se for alguém que conheça bem, você pode entender que isso toca em uma dor central em sua vida — algo contra o qual ele vem lutando durante grande parte dela. Existe uma razão para que este evento que ele está descrevendo tenha um significado ou impacto mais profundo para ele? Você consegue entender por que isso é tão importante para ele?

Fique atento aos sinais de que ele parou de falar sem interromper o processo. Ele pode estar apenas fazendo uma pausa para considerar o que quer dizer a seguir. É bom dar-lhe espaço para isso. Você pode descobrir que ele se aprofunda cada vez mais em sua experiência quando você o faz. Isso é ótimo, porque você aprenderá muito mais sobre ele quando o fizer. Com a prática, você será capaz de captar os sinais de que ele terminou de falar. Ele pode olhar para você e dizer: "Obrigado". Ou pode relaxar um pouco. Quando ele terminar de falar — e somente quando terminar mesmo — é a sua vez.

Se você entendeu o que ele estava dizendo, pode refletir isso para ele, validá-lo ou, de outro modo, deixá-lo saber que você o compreendeu e que se preocupa com ele. Por exemplo, você pode dizer algo como "Uau, isso parece muito difícil. Eu não tinha percebido como isso o afetava. Obrigado por confiar em mim", ou o que parecer melhor no seu caso. Lembre-se de que isso ainda não é sobre você.

> Se você não entendeu o que ele disse ou está confuso em relação a alguma coisa, agora é sua chance de fazer perguntas esclarecedoras. Você pode dizer algo como "Não entendo o que você está dizendo em relação a _____, mas quero entender. Você poderia me falar mais sobre _____?" ou "Você quis dizer que _____?". Lembre-se de que isso ainda é sobre ele, e as perguntas são para esclarecer sua compreensão, não para refutar o que ele estava dizendo.
>
> Quando você entender o que ele está dizendo, o estado em que se encontra e o contexto mais amplo, poderá ter uma noção do que ele precisa. Ainda assim é melhor confirmar para ter certeza de que o que você deseja oferecer-lhe *é* o que ele precisa. Você pode dizer algo como "Há algo de que você está precisando agora?" ou você pode ser mais específico e perguntar: "Gostaria de receber um abraço?". Da melhor maneira possível, ofereça qualquer compaixão que pareça adequada a vocês dois.
>
> Ainda pode haver sentimentos persistentes de sua parte e você pode precisar de uma chance para falar sobre o que surgiu em você. Nesse caso, certifique-se de dar um tempo suficiente entre ser o ouvinte e ser o orador. Muitas vezes, é melhor esperar até o final do dia ou o dia seguinte para falar.

Reserve um momento para notar quaisquer efeitos desta prática. Qual a diferença em relação ao modo como você normalmente escuta? Houve algum benefício para você ouvir dessa maneira? Houve algum benefício para o orador? Como escutar desse modo pode impactar seu relacionamento?

UNINDO O FALAR E O ESCUTAR COM A COMUNICAÇÃO COMPASSIVA

Agora que você teve a oportunidade de praticar a fala e escuta compassivas, só falta um pequeno passo para a comunicação compassiva. Se você tiver um parceiro disposto, poderá praticar a comunicação compassiva com o exercício que meus alunos chamam de "A coisa dos 5 minutos" — isso porque existe uma espécie de mágica em praticar por 5 minutos. É um período de tempo longo o suficiente para aproveitar a onda de reatividade que pode surgir e focar novamente no que seu parceiro está dizendo, mas curto o suficiente para parecer possível escutar por 5 minutos.

Se seu parceiro não estiver disposto a praticar essas habilidades com você, tudo bem também. Você pode praticar com um amigo, se quiser. De qualquer modo, saiba que suas próprias práticas de falar e ouvir compassivamente terão um impacto em seu parceiro e no relacionamento. Tanto a fala compassiva quanto a escuta compassiva têm o poder de transformar uma espiral descendente em uma espiral ascendente, ou evitar totalmente uma espiral descendente. Quando nos manifestamos de maneira sincera — como orador ou ouvinte — nos tornamos mais seguros para o parceiro. Permitir-nos ser vistos desse modo cria a base para o surgimento da intimidade.

> Tanto a fala quanto a escuta compassiva podem transformar uma espiral descendente em uma ascendente.

Experimente

A coisa dos 5 minutos — Comunicação compassiva

Você precisará reservar 20 minutos com seu parceiro para este exercício. Você pode agendar um horário em que não haverá distrações.

É importante lembrar que este é um momento para praticar o desenvolvimento de habilidades de comunicação compassiva — você não está tentando resolver um problema ou chegar a um desfecho específico, e sim apenas praticando falar e ouvir com compaixão.

Você pode começar com alguns minutos respirando, colocando a mão no coração ou em qualquer outro lugar que lhe dê apoio — como um lembrete de sua intenção de prestar uma atenção gentil e amorosa em si e no parceiro.

Decida quem será primeiro o orador e quem será o ouvinte. O orador reserva um momento para se preparar para falar. A fim de se preparar, ele pode optar por fazer o exercício de fala compassiva, STOP e LOVE, ou usar o que escreveu quando fez o exercício anterior, se aplicável.

Quando estiver pronto, se você for o orador:

Reserve um momento para se centrar e depois sinta curiosidade em relação ao que está acontecendo com você em um nível mais profundo. Lembre-se de que seu parceiro é alguém que você ama e que o ama também, e estabeleça a intenção de falar com uma atitude de gentileza. Tenda para o que você consideraria compassivo, informando o que precisa ao ouvinte.

Se você for o ouvinte:

Reserve um momento para se centrar e depois adote uma atitude de curiosidade, tornando-se um detetive tentando entender o que o orador está comunicando. Promova a conexão, recordando que quem fala é alguém que você ama e que o ama também, mesmo quando surgem angústias. Lembre-se de que, "assim como eu", essa pessoa está fazendo o melhor que pode e tentando encontrar a felicidade e livrar-se do sofrimento. Em seguida, trate o parceiro com compaixão, considerando o que ele precisa.

Os primeiros 5 minutos:

Os primeiros 5 minutos são para o orador falar o que estiver em seu coração e mente; o ouvinte apenas escuta. Por favor, pratique usando as habilidades aprendidas de falar e ouvir compassivamente. O orador pode demorar, falar quando e como quiser, dar uma pausa quando precisar e voltar a falar.

O ouvinte apenas ouve. Por favor, resista ao impulso de falar ou tocar no parceiro e deixe-o ter a plenitude de sua experiência.

Ajuste um cronômetro para 5 minutos. Assim que o orador se sentir pronto, dispare-o. Quando este tocar, reserve um momento para perceber como seria falar dessa maneira se você tiver sido o orador, ou ouvir dessa maneira se você tiver sido o ouvinte. (Não há necessidade de discutir isso agora, apenas observe.)

O segundo período de 5 minutos:

Os próximos 5 minutos são uma oportunidade para o ouvinte fazer perguntas para entender melhor o que o orador está tentando comunicar. O foco ainda está no orador, não na experiência do ouvinte. Se o ouvinte compreendeu o orador e surgir um desejo de oferecer conforto ou segurança (compaixão) ao parceiro, verifique primeiro com o orador para ter certeza de que é isso que ele deseja e, em seguida, sinta-se à vontade para oferecer-lhe compaixão.

Lembre-se de ajustar o cronômetro para 5 minutos. Quando este soar, deixe que isso seja o suficiente por enquanto. Faça uma pausa e observe o que aconteceu com você nesta parte. Em seguida, respire fundo algumas vezes, deixando de lado a situação que acabou de discutir e encontrando o caminho de volta a este momento e a este corpo.

O terceiro período de 5 minutos:

Agora vocês trocarão de função. O orador se torna o ouvinte e o ouvinte se torna o orador. Você pode se preparar para seu novo papel dedicando alguns minutos para sintonizar na respiração ou colocando a mão no corpo.

O orador escolhe sobre o que falar. O tema pode ser algo completamente diferente do que o parceiro acabou de compartilhar. Isso muitas vezes requer proficiência. O orador pode usar as práticas STOP e LOVE para se preparar para falar, ou usar o que escreveu no exercício de fala compassiva.

Os próximos 5 minutos são para o orador falar o que estiver em seu coração e na sua mente; o ouvinte apenas escuta. Pratique usando as habilidades aprendidas de falar e ouvir compassivamente. O orador pode demorar, falar quando e como quiser, dar uma pausa quando precisar e voltar a falar.

O ouvinte apenas escuta. Por favor, resista ao impulso de falar ou tocar no parceiro e deixe-o ter a plenitude de sua experiência.

Ajuste um cronômetro para 5 minutos. Assim que o orador se sentir pronto, dispare-o. Quando este tocar, reserve um momento para perceber como seria falar dessa maneira se você tiver sido o orador, ou ouvir dessa forma se você tiver sido o ouvinte. (Não há necessidade de discutir isso agora, apenas observe.)

O quarto período de 5 minutos:

Estes últimos 5 minutos são uma oportunidade para o ouvinte fazer perguntas para entender melhor o que o orador está tentando comunicar. O foco ainda está no orador, não na experiência do ouvinte. Se este compreendeu o orador e surgir um desejo de oferecer conforto ou segurança (compaixão) ao parceiro, verifique primeiro com o orador para ter certeza de que é isso que ele deseja e, em seguida, sinta-se à vontade para oferecer-lhe compaixão.

Lembre-se de ajustar o cronômetro para 5 minutos. Quando este soar, deixe que isso seja o suficiente por enquanto. Faça uma pausa e observe o que aconteceu com você nesta parte. Em seguida, respire fundo algumas vezes, deixando de lado a situação que acabou de discutir e encontrando o caminho de volta a este momento e a este corpo.

Ao final deste exercício, a maioria dos casais quer um tempo para discutir o que vivenciaram nesta prática. Se surgir o desejo de aprofundar o que foi compartilhado e trabalhar até chegar a um desfecho, resista ao impulso. Fazer isso interferirá no processo na próxima vez que você reservar um tempo para praticar a comunicação compassiva. Em vez disso, você pode achar útil dizer sobre suas experiências de falar e ouvir neste formato de 5 minutos. Compartilhe o que funcionou ou não para você.

Então, se necessário, personalize a prática de acordo com suas necessidades à medida que avança.

Lembre-se de começar aos poucos. Comece com assuntos menos ameaçadores, seja com seu parceiro ou com um amigo. À medida que a prática funciona, você aos poucos desenvolverá confiança e habilidade e estará pronto para trabalhar gradualmente, discutindo tópicos mais difíceis. É melhor construir a partir do sucesso em vez de apressar o processo e ter um desfecho negativo. É preciso prática, e a frequência é mais importante do que a dificuldade ao construir o novo hábito de comunicar-se com compaixão.

Barbara Fredrickson disse: "Uma vez que duas pessoas se entendem — realmente 'têm' um ao outro em todo momento —, as preocupações benevolentes e as ações de cuidado mútuo podem fluir sem impedimentos". Essa também tem sido minha experiência.

Quando usamos uma técnica para alcançar determinado desfecho, nosso parceiro pode achar que está acontecendo uma tentativa sutil (ou não tão sutil) de manipulação. Quando, em vez disso, focamos no processo de abrir nosso coração um para o outro — ver a outra pessoa, compreendê-la e abordá-la com amor —, é muito mais provável que entendamos um ao outro ("nos demos bem"). Quando nos sentimos conectados — vistos, compreendidos, aceitos e amados — de maneira confiável, naturalmente queremos nos conectar com o parceiro e cuidar do bem-estar compartilhado.

Em meu trabalho com casais, fiquei surpresa ao ver como mesmo a tentativa mais mal formulada de falar foi recebida com gentileza, compreensão e compaixão quando o ouvinte foi capaz de sentir a intenção subjacente de amor e cuidado do orador (e como mesmo a tentativa mais bem formulada fracassou quando o ouvinte foi capaz de ter os sentimentos subjacentes de culpa ou ressentimento).

Por favor, pegue leve em todos esses exercícios. Eles são projetados para ajudá-lo a encontrar aquele ambiente de abertura emocional. No final, você precisará abandonar a técnica e descobrir o que o ajuda a manter o amor em você, no parceiro e no relacionamento, ou voltar ao ponto exato em que saiu do curso. Quando o faz, isso realmente muda tudo. No fundo, o que todos queremos é apenas sermos amados e aceitos.

11

"Podemos curar nossas feridas?"

Cultivando as condições para o perdão

Perdoar não é esquecer; na verdade, é lembrar — lembrar e não usar o direito de revidar. É uma segunda chance para um novo começo. E a parte da lembrança é particularmente importante, sobretudo se você não quiser repetir o que aconteceu.
— Arcebispo Desmond Tutu

Imagine se você ainda tivesse uma ferida aberta em cada arranhão, escoriação ou corte que sofreu ao longo da vida. Seu corpo físico provavelmente estaria detonado. Há ainda uma boa chance de que a dor cumulativa fosse quase insuportável. É importante que o corpo tenha um mecanismo de cura, afinal, ninguém passa a vida sem algumas escoriações e arranhões, e alguns de nós passam por situações muito piores que isso.

Da mesma maneira, não passamos a vida sem feridas emocionais. Os relacionamentos são um terreno fértil para elas, embora também possam fornecer suporte para a cura emocional. Nossos relacionamentos primários são o principal contexto em que tais feridas ocorrem. Quanto mais importante alguém é para nós, maior é nossa vulnerabilidade em sermos magoados por essa pessoa. Apesar de nossas boas intenções e habilidades crescentes, às vezes ferimos uns aos outros. É importante ter habilidades para reparar nossos relacionamentos quando surgirem as inevitáveis feridas.

Lembre-se de que somos seres imperfeitos programados para "lutar, fugir ou congelar" quando nos sentimos inseguros. Somos capazes de agir de modo danoso — tecer críticas que ferem profundamente o parceiro, paralisam-no e afastam nosso afeto. Ou pior, somos capazes de voltar nosso afeto a outra pessoa, traindo aquela promessa sagrada que fizemos. A lista de possíveis maneiras de ferir ou ser ferido em um relacionamento parece interminável.

No entanto, na maioria das vezes, também há coisas boas no relacionamento: compartilhamento de histórias ou famílias, além das qualidades que originalmente o atraíram no parceiro — o senso de humor, a gentileza, a coragem ou a confiabilidade, seja o que for no seu caso. Frequentemente, resta o suficiente para permanecermos na relação. No entanto, quando não sabemos como reparar feridas, carregamos conosco um fardo cada vez maior delas. Incapazes de nos curarmos e incapazes de sair do relacionamento, podemos nos sentir presos no purgatório. Sentindo-nos cada vez mais inseguros, nos afastamos, e, mantendo distância, sentimos uma profunda sensação de solidão e desconexão. Muitas vezes, carregamos raiva e ressentimento como uma maneira de nos ajudar a lembrar de manter essa distância.

Buda é citado como tendo dito: "Agarrar-se à raiva é como segurar um carvão em brasa com a intenção de jogá-lo em outra pessoa; você é quem se queima". Ele também teria dito: "Agarrar-se à raiva é como beber veneno e esperar que o outro morra". A questão é que nos apegar à raiva e ao ressentimento crônicos é prejudicial a nós. Além das consequências emocionais e relacionais da raiva e do ressentimento crônicos, o corpo não foi feito para ser constantemente dosado com hormônios do estresse, que são conhecidos por causar problemas de saúde. Longe de nos manter seguros, o ressentimento nos prejudica.

O perdão é o bálsamo que pode curar essas feridas e reparar o relacionamento. Eu não digo isso de forma leviana. Talvez, como eu, você tenha sido ensinado a "perdoar e esquecer". Deu certo para você? Eu odiei isso. Para mim, isso se traduziu como uma instrução para reprimir a dor que sofri e receber uma bofetada em uma cara feliz. Reprimir a dor não cura nada. A ferida apenas inflama no escuro. Portanto, não é desse tipo de perdão que estou falando aqui. Na verdade, muito pelo contrário; a ferida precisa de cuidados ou ela simplesmente não cicatriza.

Se você acompanhou este livro até aqui, está construindo uma base de habilidades que o ajudará a lidar com as feridas de uma maneira que pareça mais segura. A segurança é importante! Ninguém quer se ferir novamente, ainda mais se for da mesma maneira. Tolerar danos não beneficia ninguém. Desenvolveremos essa base de habilidades e exploraremos como nos envolver, de maneira confiável, nas práticas de perdão. Primeiro, vamos ver por que você pode não querer perdoar.

DÚVIDAS ACERCA DO PERDÃO

A maioria de nós tem um bloqueio para o perdão. Quando convidados a participar do processo de perdão, podemos sentir certa resistência. É importante compreender e resolver nossos bloqueios. Reserve um momento para identificar o que está por trás da resistência ao perdão, no seu caso. Aqui estão alguns bloqueios comuns:

Justiça: "Seria injusto perdoar; não posso deixar essa pessoa escapar impune".

O perdão não deixa as pessoas livres dos danos que causaram. Não subverte nem impede a justiça. Ele abre espaço para um processo de justiça que não seja corrompido pela pressão por vingança.

Fraqueza: "Perdoar é para os fracos".

Pelo contrário: enfrentar a ofensa sofrida e a dor que vem disso requer muita força e coragem.

Desculpar: "Perdoar significaria dizer que o que aconteceu é aceitável".

O verdadeiro perdão não tolera nem desculpa o mau comportamento, mas reconhece a humanidade da pessoa que se envolveu no comportamento. Diz: "Você é aceito, mesmo que seu comportamento não seja".

Reter: "Ele me feriu. Não estou interessado em dar nada a ele".

Embora o perdão seja uma dádiva, não precisamos nos concentrar no que ele dá à outra pessoa. Na verdade, como no caso de perdoar alguém que já faleceu, o perdão pode ocorrer sem o envolvimento daquele que nos feriu. Podemos escolher perdoar apenas por termos consciência do modo como sofremos quando nosso coração está apertado, encouraçado, ressentido e impiedoso. O perdão é o caminho para a liberdade.

Proteger: "Se eu o perdoar, isso acontecerá novamente".

Perdoar não significa abrir mão dos limites necessários e colocar-se em uma situação de insegurança. Também não significa que devemos continuar nos relacionando com a pessoa que nos feriu. Não é o mesmo que reconciliação. A etapa final no processo de perdão é renovar ou liberar o relacionamento, e devemos decidir por nós mesmos o que é mais sábio em cada caso.

Esquecer: "Nunca poderei esquecer o mal que ela me causou".

Perdoar não é o mesmo que esquecer. Na verdade, quando nos libertamos da raiva e do ressentimento, pode ser possível transformar a dor profunda de ser ferido em amor e significado. A partir desta posição, podemos também ajudar outras pessoas a se curarem; na verdade, lembrar é importante justamente por esse motivo. Minha amiga e colega Margaret Cullen, desenvolvedora do programa Mindfulness-Based Emotional Balance, observa: "Perdoar não é esquecer. O perdão é como você mantém em seu coração algo que está errado enquanto toma as medidas necessárias para corrigir isso e ajudar a evitar que aconteça novamente".

Incapacidade: "Eu não consigo perdoar. Tentei e não consigo".

Todos têm a capacidade de perdoar. Não podemos forçar o perdão, mas podemos estar dispostos a perdoar. O perdão leva tempo. Frequentemente, precisamos passar por vários ciclos de lembranças, tristeza e falta de perdão antes de sermos libertos.

O perdão é um processo. Tentar forçar-se a perdoar seu parceiro (ou seu parceiro a perdoá-lo) só trará mais dor. Você tem a responsabilidade de cuidar de sua segurança e, se sentir que o perdão em si o deixará inseguro, será quase impossível perdoar.

Com efeito, o verdadeiro perdão pode torná-lo mais seguro. Você ainda precisa cuidar de sua própria segurança por meio de bons limites e outros meios. Como eu disse previamente neste livro, a segurança é uma pré-condição para a compaixão. O perdão não substitui a segurança. Por favor, faça o que for necessário para cuidar de sua própria segurança, física e emocional. O perdão pode lhe oferecer segurança contra a prisão interna da raiva e do ressentimento.

CULTIVANDO AS CONDIÇÕES PARA O PERDÃO

Sozinho, você não é capaz de querer perdoar (nem seu parceiro é capaz de querer perdoá-lo!). Além disso, a raiva e o ressentimento não têm data de validade. Até que a ferida seja tratada, ela ainda estará viva no presente para nós, não importa quanto tempo tenha passado. O melhor que podemos fazer é cultivar as condições para o perdão e estarmos abertos à nossa disposição de perdoar. Então isso acontece em seu próprio tempo. Como Margaret Cullen apontou quando a entrevistei para o *podcast* Well Connected Relationships, é normal sentir que perdoamos em um momento e voltarmos a um estado de não perdão no momento seguinte. Gradualmente, ao nos envolvermos no processo de perdão, passamos mais tempo tendo perdoado do que não perdoado. Isso pode levar uma vida inteira, e algumas feridas são tão profundas que nunca chegamos ao perdão. Ainda assim, este processo de abrandar o coração e cuidar da ferida pode aliviar nosso sofrimento.

É um processo que requer cuidado. Assim como um jardim exige rega regular para que as sementes cresçam, cultivar o perdão requer que se cuide das condições para que ele aconteça.

Provavelmente agora não é nenhuma surpresa para você que eu diga que goste de ver os fatos através das lentes da atenção plena, da humanidade compartilhada e da gentileza. Vamos dar uma olhada no perdão através dessas lentes agora.

Atenção plena

Embora muitos de nós estejamos motivados a perdoar na esperança de podermos nos ver livres da dor, na verdade esta não pode ser ignorada. Se quisermos cura, devemos nos abrir à ferida em si. Há um ditado que diz: "O que sentimos, somos capazes de curar". Isso também é verdade nos relacionamentos. Quando nos abrimos para sentir nossa própria dor e a dor do nosso parceiro, abrimos a porta para a cura. Vivenciar nossa dor e a do nosso parceiro é, aliás, o primeiro passo para cultivar as condições para o perdão.

Muitas vezes, porém, não queremos vivenciar a dor. Não queremos saber que ferimos alguém. Quando nos abrimos à dor do parceiro, podemos sentir a dor da ressonância empática. Na verdade, é doloroso sentir a dor de alguém que amamos, e é especialmente doloroso se formos a causa dela. Evitar a dor do parceiro muitas vezes é uma tentativa de evitar a vergonha de saber que causamos mal a alguém que amamos. Ou talvez seja a nossa própria dor que estamos evitando, não a dor do parceiro. Frequentemente, há uma sensação de desesperança por trás dessa evitação. Não acreditamos que ser vulnerável e abrir-nos à dor resulte realmente em cura. "Qual a utilidade disso?" — nos perguntamos enquanto nos mantemos firmes sem demonstrar emoções.

Por outro lado, podemos ser rápidos em admitir falhas e em tentar consertá-las. Podemos até oferecer um pedido de desculpas. Você já se pegou usando essa estratégia? Já foi alvo dela? Como se sentiu? A menos que nosso parceiro se abra e reconheça nossa dor e os danos causados por seu comportamento, suas desculpas podem parecer uma estratégia para evitar assumir responsabilidades. Assim como usar o cartão "sair da prisão" no jogo *Monopólio*, nosso parceiro pode querer evitar lidar com as consequências de suas ações e ir direto para "perdoar e esquecer". Este é o oposto do estar presente (atenção plena).

> Evitar ver a dor do parceiro é uma maneira de evitar a vergonha de ter causado essa dor.

Trabalhando conscientemente com nossas feridas

O que precisamos quando estamos feridos é que nossa dor seja reconhecida. Precisamos saber que nosso parceiro se preocupa conosco e com nosso bem-estar. Não queremos ficar sozinhos com nossa dor. A presença deles junto à nossa dor pode começar a nos devolver segurança. Se não tivermos a certeza de que nosso parceiro se importará e suportará a dor conosco, será muito mais difícil ser vulnerável a ele. Isso pode realmente minar a intimidade.

Pode ser desafiador falar sobre como fomos magoados. Quando somos feridos, e especialmente quando não nos sentimos seguros em ser vulneráveis, tendemos a falar a partir do sistema de ameaça/defesa. As atitudes que usamos são lutar, fugir e congelar. Podemos atacar com palavras, evitar completamente falar sobre nossa dor ou apaziguar em um esforço para evitar conflitos. Em vez disso, é útil falar, mas de um modo que não ative uma atitude defensiva no parceiro. A fala compassiva apresentada no Capítulo 10 pode ser bem-vinda neste caso.

Quando somos a parte ferida, precisamos falar a partir de uma posição de vulnerabilidade. Muitas vezes nos concentramos no comportamento do parceiro e em como ele errou, porque isso nos faz sentir menos vulneráveis do que revelar quanta dor estamos sentindo... como o porco-espinho com os espinhos eriçados. É muito mais fácil se aproximar de alguém que está ferido do que de alguém que está tentando nos culpar.

É importante encontrar segurança ao mesmo tempo em que cuidamos de nossas necessidades. Podemos optar por praticar a autocompaixão antes de falar com nosso parceiro sobre a mágoa e do que precisamos, pois isso pode nos propiciar os recursos emocionais para tolerar a vulnerável posição de revelar nossa dor ao parceiro. Falar a partir de uma posição de vulnerabilidade sobre como estamos feridos exige muita coragem. Quando formos capazes de agir assim, teremos uma chance muito maior de sermos ouvidos e de ter nossa ferida reconhecida.

Trabalhando conscientemente com os sofrimentos do parceiro

Por mais desafiador que seja falar de forma aberta, frequentemente é muito mais doloroso ouvir sobre a dor que causamos ao parceiro. É comum querermos proteger nosso ego da vergonha e da culpa, o que muitas vezes ativa o sistema de luta/fuga/congelamento no ouvinte. Além disso, para nos protegermos de sentir a dor do outro, pode ser tentador adotar uma atitude de tentar consertar. Se pudermos fazer com que a dor do parceiro desapareça, não precisaremos mais senti-la. O que nosso parceiro realmente precisa é que o ouçamos de um modo que verdadeiramente o acolha.

Quando nosso parceiro nos revela sua dor, este é um ato de intimidade. Ele está nos dando o presente de nos deixar chegar mais perto dele. Precisamos ter certeza de que honraremos esse presente respondendo de maneira atenciosa. Fazê-lo pode exigir algum trabalho de nossa parte.

A melhor maneira de cuidar do parceiro é oferecer nossa presença. Se pudermos deixar de lado nosso próprio ego e tornar a outra pessoa mais importante do que nossa autoimagem, poderemos sentir curiosidade em relação a essa pessoa e sua dor. O exercício de escuta compassiva do Capítulo 10 pode ser útil neste caso.

Nem sempre é confortável ouvir sobre a dor do parceiro, sobretudo quando somos a causa dela. É preciso coragem para conviver com a dor que podemos ter causado pelo tempo que ele precisar que o ouçamos. Podemos ouvir, e quando ele terminar de falar — realmente terminar —, podemos deixá-lo saber que vemos e ouvimos sua dor. Podemos mostrar que nos importamos com ele, podemos assumir qualquer responsabilidade em termos de erros que cometemos e dizer que entendemos a dor que nosso comportamento lhe causou.

> Abrir-se à dor do outro diminui a probabilidade de repetir o erro cometido, o que gera no parceiro mais segurança e cria uma base para a reparação.

Este é um passo importante. É muito menos provável que repitamos o erro se nos abrirmos totalmente à dor que isso causou ao parceiro. Portanto, abrir-se à plenitude da dor do outro aumenta a probabilidade de ele se sentir seguro no relacionamento. Ouvir é verdadeiramente um ato de amor. Portanto, abrir-se de forma consciente à mágoa estabelece a base para a reparação.

Humanidade compartilhada

Quando somos feridos, é tentador pensar em nós mesmos como vítima e no parceiro como culpado. É claro que, em toda situação, às vezes uma pessoa é a vítima e, outras vezes, é o culpado, mas isso não representa realmente quem somos. Não somos apenas quem fere ou é ferido. Não importa quão bondosos e bem-intencionados sejamos, ninguém passa pela vida sem ter ferido outras pessoas e sem ser ferido. Como seres humanos, acabamos por machucar e ser machucados; quando estamos no papel de vítima, não vemos, reivindicamos nem compreendemos nossa própria capacidade de causar danos e de sentir arrependimento. Da mesma maneira, quando vemos o dano que causamos e somos consumidos pela culpa e pela vergonha, não somos capazes de considerar nossas boas qualidades junto com nossas ações indesejáveis. Essa separação só aumenta a dor e bloqueia a oportunidade de reparação.

Quando somos capazes de reconhecer que a condição humana partilhada inclui pontos fortes e fracos, é mais fácil sentir compaixão por nós mesmos e pelos outros. Em vez de colocar você ou seu parceiro na categoria de "mau", a tarefa é ver todos no contexto de nossa humanidade, com pontos fortes e fracos. Isso não significa que encobrimos a ferida — precisamos nos abrir a ela com atenção — mas quando o fazemos, podemos separar o comportamento danoso da pessoa que o causou.

A humanidade compartilhada de cometer erros

Toda vez que nosso sofrimento excede nossos recursos, é provável que o resultado seja um comportamento inábil (que às vezes chamamos de "mau comportamento"). Isso faz parte da condição humana. O que somos capazes de fazer em um dia em que tudo vai bem para nós não é o mesmo do que naquele dia em que tudo vai mal. Portanto, uma coisa a considerar são as condições atuais de vida daqueles que nos feriram. Eles estavam em meio a um período estressante na vida e não estavam em seu melhor em termos de capacidade?

Ao mesmo tempo, também somos impactados pela nossa história. Tornamo-nos mais sensíveis em certos pontos em que já fomos feridos de modo semelhante no passado. Essa sensibilidade extra não é culpa nossa, afinal, ninguém pede para ser ferido em um relacionamento. Tivemos a infância que tivemos. Temos a história que temos. Estamos fazendo o nosso melhor para dar conta disso e, quando pudermos entender melhor, poderemos fazer melhor. Paul Gilbert, mencionado na Parte I deste livro, fala sobre isso quando escreve que, se tivesse nascido em circunstâncias diferentes, ele também poderia ter se tornado um membro de gangue capaz de matar outras pessoas. Nem todos tiveram as mesmas oportunidades na vida. Nem todo mundo teve a chance de se sentir seguro nos relacionamentos. Portanto, outra coisa a considerar é a história pessoal de quem causou a ferida. Houve forças externas que moldaram a personalidade dessa pessoa?

Além de nossa história pessoal, há também nossa história familiar e cultural. Por meio de nossas ligações com esses contextos, transmitem-se a dor e as formas inábeis de ser, muitas vezes de uma geração para outra. Também é útil considerar o contexto de vida mais amplo da pessoa que causou o sofrimento (você ou seu parceiro). Devemos reconhecer como também poderíamos agir de maneira inábil e como, em dadas condições históricas e contextos distintos, poderíamos ter sido nós os causadores do sofrimento em questão. Fazer isso suaviza um pouco o coração por meio da compreensão.

No entanto, lembre-se: não estamos dizendo que o sofrimento ou o comportamento que o causou foi bom. Podemos e devemos tomar medidas para evitar que esse dano volte a acontecer. Em vez disso, o que estamos fazendo é o exercício de perceber que o ser humano que causou a mágoa não agiu sozinho; esta pessoa faz parte de um sistema maior, que também influenciou a forma como ela agiu naquele momento.

A humanidade compartilhada de se sentir magoado

Ser ferido também faz parte da humanidade compartilhada. Estamos programados para sentir dor quando somos abandonados ou criticados, por exemplo, pois essas são ameaças ao nosso bem-estar e nossos relacionamentos. Quando nos sentimos magoados, não quer dizer que há algo de errado conosco, e sim que somos simplesmente humanos e que situações como essa são parte da nossa natureza.

Algumas pessoas sofrem muito mais do que outras em uma determinada situação, e precisamos evitar julgar se o grau de dor é justificado. Nosso nível de sofrimento também depende de nossas condições atuais de vida. Quando tudo está indo bem para nós, tende a ser mais fácil enfrentar as dificuldades com calma. Quando as coisas não vão bem, às vezes até os menores ferimentos parecem gigantes.

Nisso também somos impactados pela nossa história. Quando já fomos feridos em um relacionamento, especialmente de uma maneira semelhante, podemos estar prontos a detectar até mesmo a menor infração. Essas mágoas também são transmitidas por nossos pais e por nossa cultura. Por exemplo, uma moça cuja mãe foi ferida por homens é frequentemente orientada a não permitir que homens se aproveitem dela. Deste modo, a ferida é transmitida de mãe para filha. Essas lições transmitidas podem salvar vidas ou podem, por outro lado, aumentar a ansiedade de que seremos feridos e incutir em nós um sentimento de desconfiança.

É importante que as pessoas feridas sejam recebidas com generosidade e compreensão. Se você considerar a história delas em associação às condições atuais, faz sentido que sintam-se machucadas. Devemos também reconhecer que provavelmente sentiríamos a mesma mágoa se estivéssemos sujeitos às mesmas condições.

Gentileza

Quando nos abrimos à mágoa sentida e consideramos o parceiro e a nós mesmos no contexto da humanidade compartilhada, muitas vezes surge um sentimento de compreensão e temos o desejo de ajudar. Se antes o impulso de agir vinha do desejo de evitar a dor, agora ele vem de abraçá-la e, principalmente, de acolher a pessoa que está sofrendo.

É importante que estejamos exercendo nosso próprio sistema de cuidado antes de tentar consertar a situação com outra pessoa. Portanto, muitas vezes é útil dar uma pausa e cuidarmos de nós mesmos com autocompaixão antes de prosseguir com a reparação da ferida.

AGINDO PARA CORRIGIR E REPARAR

À medida que avançamos para a parte de agir com gentileza, consideramos o que é necessário e o que seria hábil. Ao mesmo tempo, não estamos mais apegados ao desfecho, e sim nos apoiando em uma presença afetuosa e conectada. A nossa presença gentil em si é um ato de amor e generosidade. Às vezes, essa presença é tudo o que é necessário, mas em outras o reparo exige que assumamos a responsabilidade por nossas ações, pedindo desculpas.

Pedindo desculpas com habilidade

Pedir desculpas não significa assumir uma posição de inferioridade ou considerar-se um ser humano horrível. Pelo contrário, isso tornaria o seu pedido de desculpas algo totalmente relacionado a você. Pedir desculpas é um desfecho natural de atender às necessidades da parte ferida. Um bom pedido de desculpas:

- assume a responsabilidade pela ação que causou o sofrimento, sem justificá-la;
- reconhece o dano que suas ações causaram ao parceiro, de um modo que valida os sentimentos dele e o sofrimento resultante;
- assume a responsabilidade de agir a fim de evitar a recorrência do dano, zelando pela segurança da pessoa que foi ferida;
- busca entender e honrar o que o parceiro precisa no momento;
- dá ao parceiro o tempo e o espaço necessários para se curar.

Perdoar com habilidade

Ser capaz de perdoar nos liberta do fardo de carregar raiva e ressentimento. Também cria uma nova base para a renovação do relacionamento — caso você decida que isso é do seu interesse. É difícil se aproximar de alguém quando se está cheio de raiva e rancor.

> O perdão é um processo, não um destino, e o processo não pode ser forçado.

É importante lembrar que o perdão é um processo, não um destino. Não podemos *fazer* com que perdoemos, ou com que outra pessoa nos perdoe. Também não precisamos esquecer ou permitir que nos machuquem novamente. Temos a responsabilidade de cuidar de nossa própria segurança e de prevenir e aliviar nossas próprias feridas, tanto quanto possível.

Você pode se perguntar se está pronto para iniciar o processo de perdão. O perdão não deve ser abordado do ponto de vista de "ter de" perdoar. Ele vem do coração, por isso querer ser capaz de perdoar requer abertura. Se você não deseja iniciar o processo, tudo bem. Saiba apenas que carregar o fardo da raiva e do ressentimento impedirá que você consiga se aproximar de seu parceiro novamente.

Pode ser que o que você precise neste momento seja se concentrar em restabelecer a segurança para si e para o relacionamento. O perdão não substitui a segurança. Quando você se sentir pronto para iniciar o processo, as etapas a seguir podem ser úteis:

1. Comece cuidando de sua própria segurança. Saiba que você não se permitirá ser machucado novamente.

2. A partir desse lugar de segurança, abra-se conscientemente à dor que você sente e ofereça compaixão a si mesmo.
3. Ciente do custo de continuar carregando a dor e o ressentimento, estabeleça a intenção de se livrar desse fardo.
4. Considere as causas e condições que podem estar por trás do comportamento prejudicial do seu parceiro.
5. Abra-se lentamente a começar a oferecer perdão.

Lembre-se de que se trata de um processo e que é normal alternar entre perdoar e não estar disposto a perdoar. Da melhor maneira possível, aceite-se como você é, seja qual for o estado em que se encontre. Um poema que fala sobre o desafio do processo de perdão é este belo trabalho de Desmond e Mpho Tutu em *The Book of Forgiving* (*O livro do perdão*):

Oração antes da oração

Quero estar disposto a perdoar,
Mas não ouso pedir a disposição de perdoar,
Caso você me dê essa disposição
Mas eu ainda não esteja pronto.
Ainda não estou pronto para abrandar meu coração,
Ainda não estou pronto para voltar a ser vulnerável,
Nem para ver que há humanidade nos olhos de quem me feriu,
Ou que aquele que me feriu também pode ter chorado.
Ainda não estou pronto para a jornada,
Ainda não estou interessado no caminho,
Ainda estou fazendo a oração anterior à oração do perdão.
Conceda-me a disposição para querer perdoar.
Conceda-a em breve, mas não ainda.
Será que posso sequer formar as palavras
Me perdoe?
Será que ouso sequer olhar
E ver o mal que causei?
Tenho um vislumbre dos estilhaços daquela coisa frágil,
Daquela alma tentando se erguer nas asas partidas da esperança,
Mas apenas com o canto dos olhos;
Tenho medo dela,
E se tenho medo de ver,
Como posso não ter medo de dizer

Me perdoe?
Há algum lugar onde possamos nos encontrar,
Você e eu?
O lugar é no meio,
Na terra de ninguém,
Onde ficamos de um lado e do outro;
Onde você pode ter razão
E eu também;
Onde ambos ferimos e fomos feridos.
Podemos nos encontrar lá?
E buscar o local onde começa o caminho —
O caminho que termina quando se perdoa?

Colocando o perdão em prática

Quando você se sentir pronto para se abrir ao processo de perdoar seu parceiro ou perdoar a si mesmo, é importante trabalhar primeiro com as feridas menores. À medida que desenvolvemos competências e recursos, podemos avançar em direção a feridas maiores; no entanto, é melhor começar com a extremidade mais fácil do espectro.

Antes de iniciar a prática, é aconselhável considerar se você tem os recursos emocionais para começar este exercício agora mesmo. Se não tiver, dê a si mesmo o que precisa agora. Você sempre pode voltar e fazer este exercício mais tarde, quando sentir que tem mais recursos.

Se você sentir que está pronto, vamos começar com uma prática para ajudá-lo a perdoar os outros.

Experimente

Perdoando os outros

Áudio 23 (disponível em inglês)

Comece encontrando uma posição confortável e acomodando-se como achar melhor. Você pode optar por acompanhar sua respiração por um momento, sentir as sensações no ponto em que seu corpo está em contato com o que quer que o esteja sustentando, ou talvez você queira se abrir aos sons da sala. Escolha a prática que melhor o ajude a se centrar e se abrir ao momento presente.

Quando estiver pronto, lembre-se de algo pequeno ou médio que seu parceiro fez e que o feriu. Por favor, não pense em algo traumático. Vamos ficar na extremidade mais fácil do espectro neste momento. Isso também pode significar trabalhar com alguém que o feriu e lidar com um evento específico.

Por favor, certifique-se de escolher algo que você gostaria de perdoar, se possível.

Entre em contato com a dor que essa pessoa lhe causou, talvez sentindo-a em seu corpo como um estresse residual.

Se parecer correto, ofereça a si mesmo um toque gentil e de apoio, quem sabe colocando a mão na parte do corpo que está sustentando o estresse e permitindo que a gentileza flua da sua mão para o corpo. Sinta o apoio do toque.

Comece oferecendo a si mesmo compaixão pelo que você sofreu, talvez dizendo: "Que eu fique seguro, que eu esteja em paz, que eu seja gentil comigo mesmo, que eu possa me aceitar como sou", ou usando suas próprias frases.

Se sentir que precisa permanecer nisso um tempo, continue oferecendo-se compaixão pelo tempo que precisar.

Se ainda parecer certo, comece a perdoar, considerando o fardo que pesa sobre si enquanto você carrega a dor e o ressentimento da ferida. Se for útil e você se sentir pronto para se livrar desse fardo, talvez diga algo a si mesmo como "Já carreguei essa dor por tempo suficiente. Estou pronto para deixá-la aqui, agora".

Veja se você consegue ver a outra pessoa com mais clareza e compreender as forças que a levaram a agir desse modo, magoando-o profundamente. Reconheça que cometer erros é humano.

Quais eram as condições de vida atuais dessa pessoa? Por exemplo, ela estava sob muito estresse naquele momento?

Quais foram os fatores que podem ter moldado a personalidade dessa pessoa? Por exemplo, ela teve uma infância difícil?

Houve algum fator cultural ou social que a moldou, como ser marginalizada ou oprimida?

Se o seu coração começar a se abrandar com a compreensão de que todos cometemos erros quando nosso sofrimento excede nossos recursos, saiba que o erro da outra pessoa — embora não aceitável — foi um erro humano.

Se parecer certo, comece a oferecer perdão à pessoa, talvez dizendo a frase "Posso começar a perdoá-lo pelo que você fez e que me feriu". Ou talvez seja melhor dizer: "Posso começar a me abrir à possibilidade de perdoá-lo pelo que você fez e que me feriu". Ou você poderia dizer: "Eu lhe perdoo conforme me sentir pronto". Veja o que parece melhor no seu caso.

Quando se sentir pronto, reserve um momento para descansar, voltando a acompanhar a respiração, sentindo-se ancorado e amparado pela cadeira ou almofada em que está sentado ou oferecendo a si mesmo seu próprio toque ou palavras gentis.

> Saiba que você pode e cuidará de sua própria segurança, da melhor maneira possível, seguindo em frente. Considere o que isso significa para você no relacionamento atual.
>
> Você pode reservar um momento e fazer uma pausa para fazer anotações que possam ser úteis. Lembre-se de que este é um processo e não se preocupe com o desfecho. Quando praticamos o perdão, treinamos o coração a se livrar do fardo que carregamos. Se você se sentiu aliviado por essa prática, anote como o fato de liberar o ressentimento que carregava o libertou de alguma maneira.

Embora possa ser útil trabalhar a fim de perdoar seu parceiro, às vezes o que você precisa mesmo é perdoar a si próprio. Também é difícil aproximar-se do parceiro quando você carrega culpa ou vergonha acerca de como suas ações o feriram. Às vezes, ficamos tão envolvidos em nossa própria culpa e vergonha — e em nossas defesas contra nos abrirmos e no sentimento de arrependimento e remorso — que não conseguimos mais ver a outra pessoa. Então acabamos carregando o fardo da vergonha, nosso parceiro fica sozinho com a mágoa e nos afastamos um do outro. Perdoar a si mesmo pode ajudá-lo a se curar, para que você possa ajudar seu parceiro a se curar e também possa reconstruir e reparar o relacionamento. Se você se sentir pronto, vamos tentar isso agora.

Experimente

Perdoando a si mesmo

Áudio 24 (disponível em inglês)

Comece reservando um momento para se conectar e adentrar no presente da maneira que for melhor para você. Você pode retornar à sensação do seu corpo respirando, colocar a mão no coração ou em outro lugar, sentir-se apoiado na almofada ou na cadeira, ou abrir-se a um som, por exemplo. Passe alguns minutos se conectando com o momento presente, centrando-se e ancorando-se.

Quando estiver pronto, lembre-se de algo pelo qual gostaria de se perdoar. Por exemplo, você pode estar sentindo algum remorso pelo que aconteceu com a pessoa com quem praticou o exercício "Perdoando os outros". Talvez essa pessoa não tenha trazido à tona o que há de melhor em você e você saiba disso.

Se não sente culpa ou responsabilidade pelo que aconteceu, concentre-se em outra situação em que sinta algum remorso pelo modo como se comportou. Novamente, é melhor praticar com algo leve a moderado para começar.

Reserve alguns momentos para considerar como suas ações impactaram o próximo e permita-se sentir arrependimento e remorso.

Ao mesmo tempo em que se abre à verdade do que você fez, reconheça também que é humano cometer erros. Talvez você sinta um pouco de vergonha. Isso também é humano. Observe o fardo que você está carregando.

Comece a oferecer a si mesmo compaixão pelo seu sofrimento, dizendo, por exemplo: "Que eu fique livre do medo, que eu fique livre da vergonha, que eu seja gentil comigo mesmo, que eu me aceite como sou", ou o que lhe parecer correto.

Se sentir que precisa permanecer nisso um tempo, continue oferecendo-se compaixão.

Quando estiver pronto, tente se ver com mais clareza e entender alguns fatores que levaram ao seu erro. Reserve um momento para considerar:

Houve algum fator atual que o fez ter um nível de capacidade menor do que o normal — por exemplo, você estava sob muito estresse?

Certos aspectos da sua personalidade foram provocados de maneira irracional? Gatilhos antigos foram acionados?

Houve algum fator cultural ou social que afetou seu nível de capacidade, como um histórico de ter sido marginalizado ou oprimido de alguma maneira?

Se o seu coração começar a amolecer com a compreensão de que todos cometemos erros quando nosso sofrimento excede nossos recursos, saiba que o seu erro — embora não aceitável — foi um erro humano.

Agora, veja se consegue se perdoar dizendo "Posso começar a me perdoar pelo que fiz e que causou mal a essa pessoa". Ou talvez você precise começar com "Que eu possa começar a me abrir à possibilidade de me perdoar".

Quando se sentir pronto, reserve um momento para descansar, voltando a acompanhar a respiração, sentindo-se ancorado e amparado pela cadeira ou almofada em que está sentado, ou oferecendo a si mesmo seu próprio toque ou palavras gentis.

Saiba que, ao seguir em frente, você pode e tenderá a manter essa pessoa e a si mesmo em segurança, da melhor maneira possível. Considere o que isso significa para você neste relacionamento.

Você pode reservar um momento e fazer uma pausa para fazer anotações que possam ser úteis. Lembre-se de que isso tem a ver com o processo e não se preocupe com o desfecho. Quando praticamos o perdão, treinamos o coração a se livrar do fardo que carregamos. Se você se sentiu aliviado por essa prática, anote como a liberação da culpa e da vergonha que você podia estar carregando o libertou de alguma maneira. Observe se isso tornou possível que você se abrisse mais plenamente à dor que seu parceiro carrega e se possibilitou que você se voltasse novamente ao relacionamento, em vez de se manter afastado de alguma maneira.

O PODER DO PERDÃO E DA REPARAÇÃO

Embora o perdão e a reparação sejam processos que se desenrolam em seu próprio tempo, temos alguma influência sobre a quantidade de tempo e se essa reparação acontece ou não. Por favor, não se desespere se isso não acontecer imediatamente. Cada vez que você pratica, rega as sementes do perdão. Com o tempo, o solo fica mais macio e fértil. A chave é desconsiderar o desfecho e praticar porque você, seu parceiro e seu relacionamento são importantes para si. As sementes florescerão em seu próprio tempo. Continue praticando, porque os benefícios são enormes. Existe um caminho para a reconciliação e a reparação. Existe um caminho de volta à intimidade.

12

"Como manter nosso amor vivo?"
Celebrando juntos experiências positivas

*Sejamos gratos às pessoas que nos fazem felizes;
são os jardineiros charmosos que fazem nossa alma florescer.*
— Marcel Proust

Faz alguns meses que estou atendendo Chelle e Sérgio na terapia de casal. Tem sido uma jornada acidentada. Ficou claro que eles se apaixonaram perdidamente um pelo outro e, então, quando o estresse da vida chegou, as coisas não correram tão bem. Sérgio pintava residências e trabalhava duro, mas tinha um cronograma bastante previsível e gostava do trabalho. Por natureza, era calmo e confiável. Essas foram algumas das qualidades que atraíram Chelle. Ela tinha mais ambição e, com isso, mais ansiedade. Trabalhava no mundo corporativo arduamente. Sérgio tinha orgulho de sua esposa e de como ela era forte e ambiciosa.

No início, o trabalho dela era empolgante, mas nos últimos anos as tarefas ficaram muito estressantes em seu emprego. Na verdade, este havia se tornado opressor, e Chelle estava com muita dificuldade para lidar com a situação. No início, ela começou a tomar uma taça de vinho quando chegava do trabalho, mas isso acabou se revelando uma ladeira escorregadia. Quanto mais sua vida desmoronava, mais ela bebia, e quanto mais bebia, mais sua vida desmoronava. Chelle se envolveu em diversos incidentes que fugiram do controle, em que disse e fez coisas que não eram apenas embaraçosas, mas perigosas. Sérgio estava muito preocupado com a esposa, principalmente quando ela não voltava para casa e não ligava — o que estava se tornando um evento regular. Ele estava com medo de que ela estivesse em apuros e não sabia como protegê-la. Sérgio tentou alertá-la do quanto estava preocupado e até tentou conversar com Chelle sobre o alcoolismo. Ela tinha sido a melhor coisa que tinha acontecido em sua vida e agora ele a estava perdendo. Sua preocupação era que ela não sobreviveria por muito mais tempo.

A terapeuta de Chelle os encaminhou para a terapia de casal e, pouco depois de começarmos a trabalhar juntos, tudo se desfez. Para crédito do casal, eles lidaram bravamente com esses problemas em nosso trabalho conjunto. Não foi fácil nem tranquilo, mas eles apareceram, semana após semana, e enfrentaram a dor neles mesmos, um no outro e no relacionamento. Tínhamos trabalhado em muitos aspectos que já exploramos neste livro e tudo estava melhorando muito. Chelle estava em recuperação e trabalhando bastante. O casal passou a se entender, aceitar e tranquilizar um ao outro. Eles se tornaram muito mais habilidosos um com o outro, mas ainda havia uma insatisfação que pairava no ar quando estavam juntos.

Então algo relevante aconteceu. Foi no final de uma de nossas sessões e, quase como um comentário sem pensar, Chelle explicou que tinha uma semana de folga do trabalho e que eles queriam muito usar esse tempo para trabalhar no casamento. Ela se perguntou se haveria algum tipo de retiro ou trabalho intensivo e profundo que eles pudessem fazer durante a semana. Fiquei impressionada com a intensidade do desejo deles de melhorar. Na verdade, partiu um pouco meu coração que, quando algum espaço se abriu, eles quisessem preenchê-lo com *mais* trabalho duro. O casal estava trabalhando de forma árdua há algum tempo. O que eles realmente precisavam era de uma pausa. Precisavam de um pouco de espaço para voltar à alegria e à conexão que experimentaram no início do relacionamento.

Recusei a ideia do trabalho adicional. Eu lhes disse que eles já estavam trabalhando muito, que tinham aprendido bastante e percorrido um longo caminho. Sugeri: "Vocês poderiam se permitir um pouco de espaço para descansar, renovar, conectar e desfrutar da companhia um do outro?". Eles ficaram chocados. Eu lhes disse que achava que o que eles realmente precisavam era tirar uma semana de folga e sair de férias juntos. Eles ficaram um pouco atordoados, mas prometeram considerar a opção.

No final, confiaram em mim e saíram de férias. O grau de cura resultante daquela semana de férias surpreendeu a todos nós. Naquela semana, eles recuperaram o bem-estar para si mesmos, para o outro e para o relacionamento. O casal se abriu novamente à plenitude e alegria da vida. Até então, eles tinham focado nos problemas reais de seu relacionamento e trabalhado duro para resolvê-los, o que tinha sido muito importante, mas era tudo o que eles enxergavam até o momento. Quando saíram de férias juntos, seu mundo se expandiu novamente e eles puderam travar toda aquela luta no contexto do profundo amor que tinham um pelo outro. O casal recuperou a capacidade de relaxar, se conectar e brincar juntos.

Nosso trabalho terminou logo depois daquelas férias. Eles tinham o que precisavam. Nos meses e anos que se seguiram, foram felizes juntos. Compraram uma casa, formaram uma família e assumiram seus novos papéis, cercados de amor e gratidão. Algo no fato de quase terem se perdido no processo tornou a conexão deles ainda mais doce. Eles se sentiam gratos.

ENCONTRANDO O SISTEMA DE CUIDADO

Na Parte I deste livro, passamos muito tempo desvendando os sistemas de regulação emocional: ameaça/defesa, impulso e cuidado. Vimos como nós, nosso parceiro e nossos relacionamentos podemos ficar presos no sistema de ameaça/defesa. Também analisamos como muitas vezes resistimos à dor desse sistema, recrutando o sistema de impulso para tentar consertar e controlar as situações, a fim de evitar a dor ou não mais senti-la. Vimos como, em vez de resistir a essa dor, é importante abrir-se a ela. Também exploramos como usar o sistema de cuidado para apoiar a nós mesmos e ao parceiro quando houver dor. Estas maneiras de enfrentar a dor com gentileza (a própria definição de compaixão) podem nos ajudar a passar do sistema de ameaça/defesa para o sistema de cuidado, com seus sentimentos característicos de segurança, contentamento e conexão. Quando utilizamos estas técnicas, com o tempo, um relacionamento ancorado no sistema de ameaça/defesa pode passar para o sistema de cuidado. Foi o que aconteceu com Chelle e Sérgio. O relacionamento em si, uma vez preso no sistema de ameaça/

defesa, passou para o sistema de cuidado quando eles redescobriram a sua capacidade de conexão por meio do descanso, da renovação e da brincadeira. Juntamente com a habilidade de cuidar de si mesmos e um do outro quando a dor surge, esta capacidade renovada da alegria e do bem-estar partilhados fez pender a balança para uma relação baseada no sistema de cuidado.

Cultivando a "proporção mágica"

O pesquisador de casais John Gottman fala sobre a proporção mágica de 5:1, na qual relacionamentos seguros e felizes são caracterizados por pelo menos cinco interações positivas para cada interação negativa. A questão é que, uma vez que o efeito do coquetel hormonal inicial de um novo relacionamento passa e podemos ver falhas no parceiro ou no relacionamento, podemos focar tão estreitamente nesses problemas que não somos mais capazes de ver ou apreciar as qualidades positivas do parceiro ou do relacionamento. Ficar preso nesse viés de negatividade não é divertido. Precisamos nos abrir aos problemas, como fizemos neste livro. Os problemas são oportunidades de crescimento e aprofundamento da intimidade.

> Precisamos criar uma base de interações positivas, intencionalmente cultivando e ancorando experiências positivas.

No entanto, também precisamos criar uma base de interações positivas. Isso envolve *intencionalmente* cultivar e ancorar experiências positivas, ainda mais se você está preso a um padrão relacional negativo com seu parceiro. Neste capítulo, examinaremos em detalhes como cultivar essas interações positivas.

ATENÇÃO PLENA E SABOREAR

Um aspecto da atenção plena é a consciência. Quando experiências positivas acontecem em nossas vidas, tendemos a nos acostumar e nem nos darmos mais conta delas. É assim que somos. Muitas vezes, apreciamos experiências novas porque recebemos dopamina. Mas, com o tempo, tomamos isso como algo garantido, e então passamos simplesmente a nem as notar mais. Por exemplo, talvez seu parceiro odeie lavar a louça. Você se pega preparando o jantar e lavando a louça, e se sente oprimida por ter que "sempre" lavar a louça. Então, uma noite, sem você pedir, ele se levanta depois da refeição, tira a mesa e lava a louça. Depois de superada a surpresa, você provavelmente se sentirá grata. Mas se ele assumir esse novo papel e sempre lavar a louça depois do jantar, em algum momento você talvez não dê mais valor a isso. Com o tempo, é possível que você nem o note parado na pia lavando a louça. Não é mais novidade.

Consciência atenta

A questão é que provavelmente já estão acontecendo experiências positivas em nossa vida e em nossos relacionamentos, e não as estamos percebendo. O renomado instrutor de atenção plena Thich Nhat Hanh assim afirmou: "Quando estamos com uma forte dor de dente, a felicidade é ver-se livre dela. Quando nos libertamos da dor de dente, esquecemos de ser felizes". Portanto, o primeiro passo é perceber quando estamos "livres da dor de dente" ou quando nosso parceiro lava a louça.

No entanto, a atenção plena é muito mais do que apenas a simples consciência ou observação, pois tem tudo a ver com experimentar as situações conforme acontecem. É a diferença entre saber que você está tomando banho e vivenciar o banho sentindo o calor da água, a espuma do xampu e a suavidade do sabonete. Quando estamos atentos, estamos nos abrindo a qualquer experiência vivenciada.

A atenção plena consiste no processo de mergulhar em nossos hábitos de entorpecimento e evitação para podermos sentir e vivenciar a vida. Sem isso, nossas experiências positivas muitas vezes simplesmente descem pelo ralo.

Saborear

O que acontece quando você repara em algo como um lindo pôr do sol? Você diz a si mesma: "Ah, que lindo pôr do sol!" e depois continua andando? Ou você se permite parar e absorver a experiência positiva, talvez sentando e percebendo o formato das nuvens e as cores do horizonte? Isso é chamado *saborear*, e pode fazer uma grande diferença em nossas vidas. O psicólogo Rick Hanson se refere a isso como "absorver o que há de bom". Ele observa que leva apenas 30 segundos para permanecermos com uma experiência positiva e nos permitirmos absorvê-la. Quando

> Saboreando experiências positivas juntos, passamos a vivenciar o relacionamento em geral de maneira mais positiva.

fazemos isso, na verdade mudamos nossa memória implícita e começamos a corrigir nosso viés de negatividade. Quando saboreamos experiências positivas com o parceiro, passamos a vivenciar o relacionamento em geral de maneira mais positiva.

Práticas de atenção plena e de saborear

Na próxima prática, ajustamos um cronômetro e nos permitimos nos abrir a experiências positivas e saboreá-las à medida que surgem para nós. É importante notar que não exigimos que sejamos positivos ou que encontremos coisas de que gostamos; em vez disso, estamos simplesmente nos abrindo às possibilidades e saboreando-as quando elas surgem.

Experimente

Sentir e saborear uma caminhada

Comece encontrando um local, de preferência em meio à natureza, em que você se sinta confortável e à vontade, atraído pelo ambiente. Pode ser em uma floresta, em seu quintal ou em um parque no bairro. Se o clima ou o cansaço forem empecilhos, pode ser também dentro de casa, na mesa da cozinha, ou descansando no quarto.

Quando você chegar a esse local, ajuste o cronômetro para um período fixo de tempo. Pode ser de 5 a 15 minutos, dependendo de quanto tempo você tem e do seu nível de conforto. Tempos mais longos possibilitam nos abrir mais plenamente a experiências positivas.

Abra sua consciência ao que há ao seu redor e, ao fazê-lo, veja para onde sua atenção naturalmente vai. Se você estiver em casa, pode ser a sensação de um cobertor quente ou o cheiro e o sabor de uma xícara de chá. Se você estiver em meio à natureza, a experiência pode ser tão aberta quanto as nuvens no céu ou tão estreita quanto uma gota de orvalho em uma folha de grama. Se você achar a experiência agradável, veja se consegue se abrir totalmente a ela.

Permita-se perceber coisas que costumam passar despercebidas, e as vivencie de forma plena. O calor do sol em seu rosto, o vento em seu cabelo ou o que quer que seja.

Você pode usar todos os seus sentidos, conforme apropriado: visão, olfato, paladar, tato e audição. Permaneça com a experiência até que ela pareça completa para você e depois se abra novamente para ver o que mais lhe chama a atenção. Sinta o ambiente ao redor e permita-se saborear quaisquer experiências positivas.

Quando o cronômetro tocar, reserve um momento para refletir sobre o que você percebeu e como isso se compara ao modo como você costuma viver seus dias. Muitas vezes, descobrimos que nossa maior preocupação era com a rotina. Percebemos o que estávamos perdendo enquanto vivíamos nossas vidas no piloto automático.

Quando compartilhamos essas experiências com outra pessoa, surge uma oportunidade para a ressonância positiva. Ao estudar os mecanismos do amor, a pesquisadora Barbara Fredrickson fala sobre o amor como uma série de momentos de ressonância positiva. "O amor é aquele micromomento de calor e conexão que você compartilha com outro ser vivo", escreve ela. Ao longo do tempo, esses momentos compartilhados de ressonância positiva são o modo como construímos uma experiência compartilhada de bem-estar com os outros. Na verdade, podemos usar nossa própria capacidade de sentir e saborear experiências positivas para construir momentos de ressonância positiva com nosso parceiro. Uma prática que gosto é o que chamo de "Caminhada com o parceiro", que se baseia em uma experiência que tive com a instrutora de atenção plena Joanna Macy. Se seu parceiro estiver disposto (ou se você tiver um amigo disposto), experimente-a.

Experimente

Caminhada com o parceiro

Tal como a prática "Sentir e saborear uma caminhada", estaremos abertos a experiências positivas e iremos saboreá-las, só que desta vez partilhando-as com o parceiro.

Comece encontrando um lugar que você gostaria de explorar, que pareça seguro e em que vocês dois se sintam atraídos por experiências positivas.

Ajuste o cronômetro para um período fixo de tempo, talvez 5 minutos por parceiro. Determine quem será o guia e quem será o experimentador primeiro.

Se você for o experimentador, comece fechando os olhos. O guia então conduz ambos suavemente enquanto vocês percorrem um caminho. Quando o guia vê algo interessante — especialmente algo que considera prazeroso —, ele posiciona você diante disso. Ele pode até mesmo posicionar delicadamente a sua cabeça para que você olhe diretamente para o que encontrou. Quando ambos estiverem prontos, o guia lhe dirá: "Abra os olhos e veja".

> Você, o experimentador, abre os olhos e absorve tudo o que o guia lhe indicou. Reserve um momento para saborear a experiência. Não há necessidade de falar sobre ela — muitas vezes, o efeito é muito maior quando a prática é feita em silêncio. Quando o guia estiver pronto para seguir em frente, você fecha os olhos mais uma vez, e o guia o conduz gentil e cuidadosamente à próxima experiência, posicionando-o delicadamente e convidando-o a "Abrir os olhos e ver". Isso continua até que o cronômetro toque, e então os parceiros trocam de função.
>
> *Observação*: tal como em todos os exercícios e práticas, é importante personalizar esta prática de acordo com as necessidades de ambos os parceiros. Por exemplo, pode ser demais para algumas pessoas manterem os olhos fechados enquanto são guiadas. Tudo bem; o experimentador pode simplesmente manter-se olhando para baixo até ser orientado a direcionar o olhar.
>
> Depois de os dois terem tido a oportunidade de orientar e vivenciar, reservem algum tempo para discutir o que viram juntos e suas experiências com essa prática. Como é ver através dos olhos do parceiro? Além desses momentos de ressonância positiva, é útil praticar a compreensão da perspectiva do parceiro. Muitas vezes, aprendemos algo que não sabíamos sobre ele. Por exemplo, um casal que vivia em uma região muito fria fazia esta prática dentro de sua própria casa. O marido ficou surpreso ao descobrir o quanto sua esposa amava o fogão.

Perceber e saborear o que há de bom em nossas vidas dá lugar à gratidão e ao apreço.

GRATIDÃO E APREÇO

Além das práticas de compartilhamento de experiências positivas, podemos abrir-nos à gratidão pelas bênçãos da nossa vida, incluindo as boas qualidades do parceiro, e podemos oferecer-lhe o nosso apreço.

Gratidão

A prática da gratidão tem sido associada a uma melhor saúde mental e a um relacionamento melhor — mesmo que a gratidão não seja partilhada. Em razão das grandes evidências em apoio aos benefícios da gratidão, muitos terapeutas recomendam que seus pacientes mantenham um diário de gratidão. Em um horário determinado, muitas vezes antes de dormir, os pacientes são instruídos a registrar de três a cinco aspectos pelos quais são gratos.

Essa prática também pode ajudar a corrigir o viés de negatividade em nossos relacionamentos quando o aplicamos ao nosso parceiro.

Experimente

Gratidão pelo parceiro

Áudio 25 (disponível em inglês)

Frequentemente, há pequenas atitudes de seu parceiro que você não percebe, mas das quais se beneficia. Talvez ele lhe traga café, cuide das contas ou ria de suas piadas sem graça. Pode ser algo que ele fez por você ou alguma qualidade que ele tenha e que você realmente aprecia. Além do que é óbvio e pelo qual você é grata, esta prática oferece a oportunidade de tentar ver e apreciar as pequenas qualidades relacionadas ao seu parceiro que muitas vezes podem passar despercebidas.

Por favor, pegue cinco pedaços de papel e escreva neles:
O que aprecio em você é _____.
Quando isso acontece, eu sinto _____.
Obrigada.

Ou crie um documento digital e imprima cinco cópias. Deixe bastante espaço para o que você deseja inserir nos espaços em branco.

Por favor, permita que seus olhos se fechem, se isso for confortável, e direcione sua atenção para si. Você pode reparar na sensação de respirar ou na sensação de ouvir sons. Você pode também simplesmente reparar na sensação do corpo apoiado na almofada ou na cadeira.

Agora, pense no seu parceiro. Esta pessoa imperfeita que faz coisas, especialmente as pequenas, pelas quais você é grata.

O que em seu parceiro a faz se sentir grata — principalmente os gestos tangíveis que você muitas vezes tem como garantidos ou ignora, como ele muitas vezes prepara o jantar para você, como sorri quando a vê, como a ajuda com tecnologias, como é gentil com seus amigos e familiares. Ou a maneira como ele olha para você durante momentos difíceis.

Observe como cada situação faz você se sentir quando ela acontece. Preencha os espaços em branco na folha de papel enumerando cada qualidade que você aprecia nele.

Observe como você se sente em comparação com 10 minutos atrás. Esse é o poder da gratidão em produzir emoções positivas e construir intimidade.

É provável que mesmo que você não tenha expressado sua gratidão em voz alta ao parceiro, você já esteja se sentindo mais próximo dele, apenas por ter parado para observar suas boas ações e as boas qualidades dele. Se você achou essa prática útil, imagine como uma prática regular de gratidão para com seu parceiro poderia beneficiá-lo. Se achar adequado, você pode manter um diário de gratidão. Todas as noites (ou no horário definido), tente reservar alguns momentos para registrar três coisas pelas quais você é grato em sua vida e três coisas em seu parceiro pelas quais você é grato.

Apreciação

Além de cultivar a gratidão, que muitas vezes resulta em bons sentimentos e boa vontade na pessoa que a pratica, existe aqui uma oportunidade para o cultivo do amor por meio da ressonância positiva. Quando compartilhamos com o parceiro o que notamos e apreciamos nele, podemos aproveitar juntos suas boas qualidades e seu impacto sobre nós.

Bloqueios ao apreço

Embora compartilhar essas notas de gratidão possa fazer você se sentir vulnerável, recebê-las pode fazer com que algumas pessoas se sintam ainda mais vulneráveis. Muitos de nós somos ensinados a evitar elogios. Na verdade, tendo ensinado autocompaixão pelo mundo todo, esta é a única coisa que descobri que toda cultura considera ser única para ela. Quando discutimos a autoapreciação (ou abertura às nossas próprias boas qualidades), eles dizem algo como "Você não entende. Em nossa cultura, temos algo chamado _____, que significa que não é bom ser cheio de si". O termo exato pode diferir entre as culturas, mas parece existir em todas elas.

No cerne desta aversão a sermos "cheios de nós mesmos" muitas vezes está nosso desejo de pertencer. Se acharmos que sermos vistos como tendo qualidades particularmente boas irá, de alguma maneira, nos afastar dos outros ou nos tornar um alvo para eles, iremos, é claro, resistir ao elogio.

No entanto, a humanidade compartilhada defende o oposto. Assim como é humano sofrer (todos nós ocasionalmente enfrentamos dificuldades), também é comum ter pontos fortes. Isso não nos torna diferentes dos outros; pelo contrário, é também uma condição do ser humano. Podemos não ter os mesmos pontos fortes que os demais, assim como podemos não ter os mesmos sofrimentos, mas todos os temos. Para alguns, não é seguro ser visto como possuidor de boas qualidades, principalmente na família de origem. Talvez você tenha se deparado com um "Quem você pensa que é?" ou as pessoas a tenham chamado de "princesa" ou usado termos depreciativos. Ou talvez você tenha sido punido ou magoado de outra maneira quando pessoas próximas a você não toleraram conhecer seus pontos fortes. Quando esse for o caso, reconhecer nossas qualidades pode ser o gatilho de um trauma. Abrimos o coração para receber o elogio, e a dor de ter sido prejudicado é provocada. Quando isso acontece, ficamos assustados com a ideia de receber elogios. Ainda assim, com o tempo é possível estabelecer outras vias. Podemos aprender a absorver a apreciação, assim como aprender a absorver a compaixão. Leva tempo e precisamos ir muito devagar.

> Se você teme que ser "cheio de si" o afaste dos outros e faça de você um alvo para eles, lembre-se de que, assim como todos enfrentamos dificuldades, todos nós também temos qualidades.

Praticando a apreciação do parceiro

Menciono esses aspectos porque pode ser ótimo ter o coração cheio de gratidão e expressá-la ao parceiro. No entanto, se ele se sentir desconfortável em receber elogios, você precisará moderar a intensidade da apreciação, para que esta seja uma experiência positiva para ambos, em vez de traumática para ele. Quando necessário, pode-se diminuir a intensidade mantendo a brevidade da apreciação (até mesmo uma só palavra), não fazendo contato visual, sorrir dizendo apenas "obrigado" ao flagrá-lo fazendo algo que você aprecia, ou escrevendo-lhe um bilhete de agradecimento em vez de dizê-lo em voz alta; estas são maneiras de baixa intensidade de valorizar seu parceiro. Você pode até deixar um bilhete que ele encontre mais tarde, se isso ajudar. Se este for o caso com seu parceiro, você pode conversar com ele sobre qual a melhor maneira de lhe mostrar seu apreço, se possível. Ou você precisará observá-lo para ver com qual modalidade de apreciação ele se sente confortável.

Outros, no entanto, anseiam por apreciação e sentem como se tivessem passado anos no deserto sem água. Eles anseiam por todo o reconhecimento que você puder lhes dar. Às vezes, eles não conseguem aceitar um simples agradecimento quando você o faz casualmente. Essas pessoas realmente precisam que seja especial. O exercício a seguir pode ajudar.

Experimente

Apreciação do parceiro

Este exercício tem duas partes: demonstrar apreço e ser apreciado. Se seu parceiro estiver disposto a tentar o exercício com você, pode-se começar fazendo o exercício anterior ("Gratidão pelo parceiro"). Em seguida, vocês se revezarão demonstrando e recebendo apreço. Você pode ajustar um cronômetro para 5 minutos cada. No entanto, se você não tiver um parceiro disposto a praticar este exercício, pode tentar exercitar ambas as partes dele — demonstrar e receber apreço —, embora provavelmente não o faça de uma só vez e precise ficar alerta para quando seu parceiro (ou outra pessoa) lhe demonstrar apreço a fim de tentar praticá-lo aqui.

Demonstrar apreço
Com suas anotações do exercício de gratidão, reserve um momento para se acalmar cuidando da respiração ou fazendo o que achar melhor para se conectar com o momento presente.

Em seguida, volte sua atenção ao parceiro. Considere o quão importante ele é para você e as coisas pelas quais você é grata. Observe especialmente o impacto que a gentileza dele teve sobre você e as boas qualidades ou traços de caráter por trás de suas ações gentis.

Quando se sentir pronta, por favor, agradeça a ele de qualquer maneira que seja sincera e confortável para o parceiro. (Este é o momento de modificar a prática conforme discutido previamente, se necessário.)

Ao dizer ao seu parceiro o que você aprecia (p. ex., trazer café pela manhã), informe-o sobre o impacto que essas ações têm sobre você. Em seguida, considere e nomeie quaisquer boas qualidades em seu parceiro demonstradas por essa ação gentil. Um exemplo seria:

"Amo que me traga café pela manhã. Quando você o faz, me sinto amada e importante para você. Isso também me faz apreciar sua gentileza. Obrigada!".

Também pode ser útil entregar ao parceiro o bilhete de agradecimento que escreveu para ele.

Se estiver fazendo essa prática com seu parceiro de maneira formal, ajuste o cronômetro para cerca de 5 minutos a fim de que ele avise quando sua vez terminar. Você pode continuar nomeando coisas que aprecia em seu parceiro até que o cronômetro toque.

> Se estiver fazendo essa prática de maneira informal com seu parceiro, observe-o para ver como ele está recebendo a apreciação. Contanto que pareça ser uma experiência positiva para ambos, sinta-se à vontade para oferecer o máximo de apreciação que achar adequado. Quando perceber resistência ou desconforto em seu parceiro, provavelmente é um sinal de que ele já está farto. Neste caso, menos é mais e mais é menos. Você pode oferecer mais apreciação em outro momento.
>
> Quando chegar a sua vez de receber apreço (seja porque o cronômetro disparou e vocês trocaram de papel ou porque seu parceiro está lhe agradecendo), veja se consegue deixar o elogio ser plenamente absorvido. Da melhor maneira possível, esteja aberta a receber a gratidão do seu parceiro e observe (ou imagine) como isso o fez se sentir. Sinta prazer em ter feito seu parceiro se sentir bem.
>
> Então observe quais boas qualidades em você lhe permitiram fazer algo gentil para ele. Da melhor maneira que puder, veja se consegue absorver isso também. Lembre-se de que todos temos boas qualidades que demonstramos de vez em quando — isso apenas nos torna humanos.

Quando somos capazes de demonstrar apreço e ser apreciados por nosso parceiro, podemos entrar em um estado de ressonância positiva. Esses são os micromomentos do amor. Conhecer o que tem um impacto positivo sobre você provavelmente aumentará a motivação de seu parceiro em tentar. Nada produz sucesso como o sucesso. Apreciarmos juntos pode realmente criar uma espiral relacional ascendente.

ADMIRAÇÃO

Outra oportunidade para a ressonância positiva é a admiração. Pesquisadores identificaram a admiração como uma via para a compaixão. Uma definição de admiração (de Dacher Keltner, do Greater Good Science Center) é "a sensação que temos quando nos deparamos com algo vasto que desafia nossa compreensão do mundo, como olhar para milhões de estrelas no céu noturno ou maravilhar-nos com o nascimento de uma criança. Quando as pessoas sentem admiração, podem usar outras palavras para descrever a experiência, como fascinação, espanto, surpresa ou perplexidade".

Podemos compartilhar um momento de admiração com nosso parceiro quando assistimos a um lindo pôr do sol ou quando passamos um tempo na floresta de sequoias e vemos o tamanho desses gentis gigantes. Estes são definitivamente momentos de ressonância positiva. A prática "Caminhada com o parceiro" é uma ótima maneira de nos abrirmos a experiências de admiração juntos.

Também podemos sentir admiração por outra pessoa. Talvez fiquemos impressionados com as habilidades artísticas ou a capacidade de bondade de alguém. Muitas vezes fico impressionada quando um paciente ou participante de uma aula que estou ministrando articula algo profundo sobre sua experiência. Eu literalmente fico arrepiada. Meu mundo dá uma pausa e não sinto vontade de falar muito. Muitas vezes, a única coisa que consigo dizer é "Uau. Tão sublimemente articulado. Obrigada." Como diz meu colega Chris Germer: "Dizer algo a mais é como adicionar tinta a um Rembrandt".

Há algo de poderoso em desfrutar da beleza da outra pessoa, especialmente quando essa pessoa é seu parceiro. É difícil não ser lembrado do quanto os amamos ou, se formos a parte que está recebendo apreço, do quanto somos amados e apreciados. Ser visto pelo parceiro de uma maneira positiva e ser reconhecido pelas nossas qualidades positivas promove uma sensação de segurança e pertencimento no relacionamento. Não há nada melhor do que ser amado e apreciado por quem somos.

> Desfrutar da beleza de outra pessoa, especialmente da beleza do parceiro, é muito poderoso.

BRINCAR E ALEGRAR-SE

Há um ditado que diz: "Família que brinca unida, permanece unida". Muitas vezes, ficamos tão oprimidos com as responsabilidades da vida, que é fácil adiar atitudes aparentemente opcionais, como brincar. Brincar é essencial para o nosso bem-estar. Alivia a carga que carregamos quando nos permitimos a liberdade de nos divertirmos juntos. Brincar juntos aumenta o vínculo, a comunicação, a resolução de conflitos e a satisfação no relacionamento. Alguns estudos descobriram até que divertir-se em conjunto é o fator mais importante em termos de amizade e compromisso, e o que mais influencia na satisfação conjugal geral. Você se lembra do que faziam juntos? Existe um espírito alegre e lúdico em seu relacionamento? Um segredo para se lembrar de praticar a compaixão juntos é tornar a prática divertida. Por exemplo, no programa Compaixão para Casais, ajudamos os casais a formular desejos personalizados de amor-gentileza que possam partilhar um com o outro. Um jeito de iluminar essa prática e tornar esses desejos mais acessíveis é trabalhar com pedras.

Meu parceiro e eu catamos pedras na praia local e escrevemos palavras (você pode também fazer desenhos ou símbolos) nelas que representavam desejos gentis um para o outro — amor, confiança, descanso, tranquilidade e alegria. A ideia é compartilhar as pedras informalmente sempre que der vontade. Gostamos de nos divertir um pouco com elas sendo um pouco travessos. Por exemplo, podemos colocar uma ou duas pedras na mala do outro antes de uma viagem. Ou podemos colocar uma debaixo do travesseiro do outro, para serem encontradas na hora de dormir. Os desejos são genuínos e há uma sensação de diversão e facilidade em oferecê-las um ao outro.

Esta é uma prática que também ensinamos no programa Compaixão para Casais, e fiquei impressionada com o modo como outros casais personalizaram a diversão para si próprios. Um casal escreveu seus desejos em fichas de pôquer. Outra participante escreveu secretamente palavras nas bolas de golfe do marido. Ele ficou bastante emocionado (e seu parceiro de golfe ficou com inveja) quando puxou as bolas para jogar e encontrou os desejos gentis escrito nelas. (Não fiquei sabendo se as palavras tiveram algum efeito sobre seu desempenho no jogo.)

Quando nos abrimos ao parceiro com um senso lúdico e compartilhamos atividades que achamos divertidas, nossa felicidade se multiplica. Talvez estas atividades reflitam os valores fundamentais relacionais que você identificou no Capítulo 9. Quais deles se sobrepõem? Foi família, aventura ou exercício? As atividades que honram esses valores fundamentais provavelmente serão significativas e agradáveis. Elas são um presente para você, seu parceiro e seu relacionamento. Por favor, reserve um tempo para brincar e se divertir.

Estar em um relacionamento exige que estejamos presentes um para o outro nos bons momentos e também nos momentos difíceis. Passamos a maior parte do livro explorando como construir uma base de cuidado que nos apoiará quando inevitavelmente surgirem momentos difíceis e analisando como navegar por essas situações com sabedoria e compaixão. Felizmente, essa não é toda a história. Reservar tempo, abrir-se e saborear esses bons momentos mantém essa base sólida. O amor tem muitas faces.

Adoro este poema de Julia Fehrenbacher, que expressa como o amor resulta em uma série de presentes:

Estenda sua mão

Esqueçamos o mundo por um instante
recuemos e retornemos
ao silêncio e ao sagrado
do agora

você está ouvindo? Essa respiração
o convida
a escrever a primeira palavra
de sua nova história

o início de sua nova história é:
Você é importante

você é necessário — aliviado
e desarmado
disposto a dizer sim
e sim e sim

Perceba
o sol brilha, dia após dia
tenha fé
ou não
os passarinhos continuam
a cantar sua canção
mesmo quando você se esquece de cantar
a sua

pare de questionar: *Sou bom o suficiente?*
Apenas pergunte
Estou me mostrando
com amor?

A vida não é uma reta
é uma abundância de presentes, por favor —
estenda a sua mão

Recuperar o encanto como casal muitas vezes requer o cultivo intencional com alegria. As experiências partilhadas de alegria, juntamente com a capacidade de enfrentar momentos difíceis com compaixão, estabelecem a base para um relacionamento afetuoso. Conforme observado no Capítulo 1, enquanto os casais trocavam desejos gentis em nosso *workshop*, Chris Germer comentou: "Isso é que é *verdadeiramente* fazer amor".

Lembre-se de que o que você pratica fica mais forte. Espero que você tenha aprendido ferramentas úteis para colocar seu relacionamento de volta nos trilhos ou mantê-lo saudável se tudo estiver indo bem. Continue praticando. Você é importante. Seu relacionamento é importante. Este é apenas o começo de sua nova história. Prossiga.

Recursos

LIVROS

Baraz, J., & Alexander, S. (2012). *Awakening joy*. Berkeley, CA: Parallax Press.

Brach, T. (2003). *Radical acceptance: Embracing your life with the heart of a Buddha*. New York: Bantam.

Brach, T. (2013). *True refuge*. New York: Bantam Books.

Brach, T. (2021). *Trusting the gold*. Louisville, CO: Sounds True.

Brown, B. (2015). *Daring greatly: How the courage to be vulnerable transforms the way we live, love, parent, and lead*. New York: Penguin Random House.

Chödrön, P. (1997). *When things fall apart: Heart advice for difficult times*. Boston: Shambhala.

Chödrön, P. (2002). *Comfortable with uncertainty*. Boulder, CO: Shambhala.

Chödrön, P. (2020). *Welcoming the unwelcome: Wholehearted living in a brokenhearted world*. Boulder, CO: Shambhala.

Cullen, M. (2015). *Mindfulness-based emotional balance workbook: An eightweek program for improved emotional regulation and resilience*. Oakland, CA: New Harbinger.

Dalai Lama [Tenzin Gyatso]. (1995). *The power of compassion*. New York: HarperCollins.

Fehrenbacher, J. (2021). *Staying in love*. New York: CCB Publishing.

Fredrickson, B. (2013). *Love 2.0: Finding happiness and health in moments of connection*. New York: Plume.

Germer, C. K. (2009). *The mindful path to self-compassion*. New York: Guilford Press.

Germer, C. K., & Neff, K. (2019). *Teaching the mindful self-compassion program*. New York: Guilford Press.

Gilbert, P. (2009). *The compassionate mind.* Oakland, CA: New Harbinger.

Gilbert, P., & Choden, P. (2013). *Mindful compassion: Using the power of mindfulness and compassion to transform our lives.* London: Constable & Robinson.

Gottman, J., & Silver, N. (2015). *The seven principles for making a marriage work: A practical guide from the country's foremost relationship expert.* New York: Crown.

Halifax, R. J. (2008). *Being with dying: Cultivating compassion and fearlessness in the presence of death.* Boston: Shambhala.

Halifax, R. J. (2018). *Standing at the edge: Finding freedom where fear and courage meet.* New York: Flatiron Books.

Hanh, T. N. (1998). *Teaching on love.* Berkeley, CA: Parallax Press.

Hanson, R. (2009). *The Buddha's brain.* Oakland, CA: New Harbinger.

Hanson, R. (2011). *Just one thing: Developing a Buddha brain one simple practice at a time.* Oakland, CA: New Harbinger.

Hanson, R. (2014). *Hardwiring happiness.* New York: Harmony Books.

Hanson, R. (2018). *Resilient.* New York: Harmony Books.

Hanson, R. (2020). *Neurodharma: New science, ancient wisdom, and seven practices of the highest happiness.* New York: Harmony Books.

Harris, D. (2014). *10% happier.* New York: HarperCollins.

Harris, R., & Hayes, S. (2008). *The happiness trap: How to stop struggling and start living.* Boston: Trumpeter Books.

Hayes, S. C., Strosahl, K. D., & Wilson, K. G. (2012). *Acceptance and commitment therapy* (2nd ed.): *The process and practice of mindful change.* New York: Guilford Press.

Hickman, S. (2021). *Self-compassion for dummies.* Hoboken, NJ: Wiley.

Johnson, S. (2008). *Hold me tight: Seven conversations for a lifetime of love.* New York: Hachette.

Kabat-Zinn, J. (1990). *Full catastrophe living.* New York: Dell.

Kornfield, J. (1993). *A path with heart.* New York: Bantam Books.

Kornfield, J. (2008). *The art of forgiveness, loving-kindness, and peace.* New York: Bantam Books.

Kornfield, J. (2008). *The wise heart.* New York: Bantam Books.

Kornfield, J. (2017). *No time like the present.* New York: Atria.

Neff, K. (2011). *Self-compassion: The proven power of being kind to yourself.* New York: William Morrow.

Neff, K. (2021). *Fierce self-compassion: How women can harness kindness to speak up, claim their power, and thrive.* New York: Harper Wave.

Neff, K., & Germer, C. (2018). *The mindful self-compassion workbook.* New York: Guilford Press.

Nepo, M. (2020). *The book of awakening* (20th anniv. ed.). Newburyport, MA: Red Wheel Publishers.

Nye, N. S. (1995). *Words under the words: Selected poems*. Portland, OR: Eighth Mountain Press.

Pollak, S. M. (2019). *Self-compassion for parents: Nurture your child by caring for yourself*. New York: Guilford Press.

Pollak, S. M., Pedulla, T., & Siegel, R. D. (2014). *Sitting together*. New York: Guilford Press.

Rosenberg, M. (2015). *Non-violent communication: A language of life*. Encinitas, CA: Puddle Dancer Press.

Salzberg, S. (1997). *Lovingkindness: The revolutionary art of happiness*. Boston: Shambhala.

Salzberg, S. (2011). *Real happiness: The power of meditation*. New York: Workman.

Salzberg, S. (2017). *Real love: The art of mindful connection*. New York: Flatiron Books.

Treleaven, D. (2018). *Trauma-sensitive mindfulness: Practices for safe and transformative healing*. New York: Norton.

Tutu, D., & Tutu, M. (2014). *The book of forgiving: The fourfold path for healing ourselves and our world*. New York: HarperCollins.

PODCAST

Well Connected Relationships
https://wisecompassion.com/podcast

Juntamente com convidados especialistas nas áreas de atenção plena, compaixão e relacionamentos, exploro tópicos relacionados com a interseção entre compaixão e relacionamentos.

SITES

Center for Compassion and Altruism Research and Education, Stanford
http://ccare.stanford.edu

Center for Mindful Self-Compassion
https://centerformsc.org

Center for Mindfulness (Basel, Suíça)
https://zentrum-fur-achtsamkeit.ch

Center for Mindfulness (Finlândia)
https://mindfulness.fi

Center for Mindfulness, University of California at San Diego
https://cih.ucsd.edu/mindfulness

Center for Mindfulness and Compassion, Cambridge Health Alliance, Harvard Medical School Teaching Hospital
https://chacmc.org

Compassion for Couples, Wise Compassion
https://wisecompassion.com

Compassion Cultivation Training (CCT), Compassion Institute
https://compassioninstitute.com

Compassion Focused Therapy, Compassionate Mind Foundation (Reino Unido)
https://compassionatemind.co.uk

Compassion It
https://compassionit.com

The Couples Institute Counseling Services (região da baía de San Francisco)
https://couplesinstitutecounseling.com

The Gottman Institute
https://gottman.com

Greater Good Magazine, Greater Good Science Center at UC Berkeley
https://greatergood.berkeley.edu

Institute for Meditation and Psychotherapy
https://meditationandpsychotherapy.org

The Mindfulness Network (Islândia)
https://home.mindfulness-network.org/tag/iceland

The Mindfulness Project (Reino Unido)
https://londonmindful.com

Notas

Apresentação

Página xii: **O curioso paradoxo:** ROGERS, Carl R. *On becoming a person*: A therapist's view of psychotherapy. New York: Houghton Mifflin, 1995. (Trabalho original publicado em 1961.)

Página xiii: **Todo casamento é um erro:** PITTMAN, Frank S.; WAGERS, Tina. The relationship, if any, between marriage and infidelity. *Journal of Couple and Relationship Therapy*, v. 4, p. 135-148, 2005.

CAPÍTULO 1. Todos precisam ser amados

Página 17: **O papel da oxitocina e a conexão nas relações pais-filho:** SWAIN, James E. *et al*. Approaching the biology of human parental attachment: Brain imaging, oxytocin and coordinated assessments of mothers and fathers. *Brain Research*, v. 1580, p. 78-101, 2014.

Página 19: **O papel do cuidar de uma planta na saúde de idosos:** NICKLETT, Emily J.; ANDERSON, Lynda A.; YEN, Irene H. Gardening activities and physical health among older adults: A review of the evidence. *Journal of Applied Gerontology*, v. 35, n. 6, p. 678-690, 2016.

Página 19: **Aliança terapêutica e desfechos positivos na psicoterapia:** NORCROSS, John C. *Psychotherapy relationships that work: Evidence-based responsiveness*. New York: Oxford University Press, 2011.

Página 19: **Toque e redução da dor:** GOLDSTEIN, Pavel; WEISSMAN-FOGEL, Irit; SHAMAY-TSOORY, SIMONE G. The role of touch in regulating inter-partner physiological coupling during empathy for pain. *Scientific Reports*, v. 7, n. 3252, 2017.

Página 20: **Poesia de Naomi Shihab Nye:** NYE, Naomi S. *Words under the words*: Selected poems. Portland: Far Corner Books, 1995.

Página 22: **A importância de "voltar-se" ao relacionamento:** GOTTMAN, John M.; SILVER, Nan. *The seven principles for making marriage work*: A practical guide from the country's foremost relationship expert. New York: Crown, 2015.

Página 23: **Autocompaixão e relacionamentos:** NEFF, Kristin D.; BERETVAS, S. Natasha. The role of self-compassion in romantic relationships. *Self and identity*, v. 12, n. 1, p. 78-98, 2013.

Página 23: **Apego seguro nas famílias:** HONG, Yoo R.; PARK, Jae S., Impact of attachment, temperament and parenting on human development. *Korean Journal of Pediatrics*, v. 55, n. 12, p. 449-454, 2012.

Página 23: **Os benefícios de um vínculo seguro se espalham:** JOHNSON, Sue. *Hold me tight*: Seven conversations for a lifetime of love. New York: Hachette, 2008.

Página 24: **Compaixão nas equipes de trabalho:** *Understand team effectiveness*. Project Aristotle. Available at *https://rework.withgoogle.com/print/guides/5721312655835136*.

Página 24: **O papel de costas fortes e uma frente suave:** HALIFAX, Roshi J. *Being with dying*: Cultivating compassion and fearlessness in the presence of death. Boston: Shambhala, 2008. p. 18.

Páginas 22-27: **Sobrevivência dos mais cooperativos:** PENNISI, Elizabeth. How did cooperative behavior evolve? *Science*, v. 309, n. 5731, p. 93, 2005.

CAPÍTULO 2. "Por que você não pode estar aqui por mim?": Compreendendo o que atrapalha

Página 32: **As emoções negativas restringem nosso foco:** FREDRICKSON, Barbara L. The role of positive emotions in positive psychology: The broaden-and-build theory of positive emotions. *American Psychologist*, v. 56, n. 3, p. 218-226, 2001.

Página 32:	**Velcro para emoções negativas, Teflon para emoções positivas:** HANSON, Rick. *Neurodharma*: New science, ancient wisdom, and seven practices of the highest happiness. New York: Harmony Books, 2020.
Páginas 32-33:	**Sistemas de regulação do afeto:** GILBERT, Paul; CHODEN, Kunzang. *Mindful compassion*: Using the power of mindfulness and compassion to transform our lives. London: Constable & Robinson, 2015.

CAPÍTULO 3. "Queria poder consertar isso!":
Como resistir à dor tentando resolver os problemas

Páginas 42-43:	**Contágio emocional, empatia e compaixão:** SINGER, Tania; KLIMECKI, Olga M. Empathy and compassion. *Current Biology*, v. 24, n. 18, R875-R878, 2014.
Páginas 43-44:	**Sistema de impulso:** GILBERT, Paul; CHODEN, Kunzang. *Mindful compassion*: Using the power of mindfulness and compassion to transform our lives. London: Constable & Robinson, 2015.

CAPÍTULO 4. "Você se importa?":
Como encontrar uma conexão confiável

Páginas 61-63, 72-75, 77-78:	**Sistema de cuidado, calma e afiliação:** GILBERT, Paul; CHODEN, Kunzang Choden. *Mindful compassion*: Using the power of mindfulness and compassion to transform our lives. London: Constable & Robinson, 2015.
Página 63:	**Vias para a conexão:** STELLER, Jennifer E.; COHEN, Adam; OVEIS, Christopher; KELTNER, Dacher. Affective and physiological responses to the suffering of others: Compassion and vagal activity. *Journal of Personality and Social Psychology*, v. 108, n. 4, p. 572-585, 2015.
Páginas 63-64:	**Toque e redução da dor:** GOLDSTEIN, Pavel; WEISSMAN-FOGEL, Irit; DUMAS, Guillaume; SHAMAY-TSOORY, Simone G. Brain-to-brain coupling during handholding is associated with pain reduction. *PNAS*, v. 115, n. 11, E2528-E2537, 2018.

Página 64:	**Presença e aliança terapêutica na psicoterapia:** GELLER, Shari M. *A practical guide to cultivating therapeutic presence*. Washington, DC: American Psychological Association, 2017.
Páginas 64-68:	**Costas fortes e frente suave:** NEFF, Kristin; GERMER, Christopher. *The mindful self-compassion workbook*: A proven way to accept yourself, build inner strength, and thrive. New York: Guilford Press, 2018. NEFF, Kristin. *Fierce self-compassion*: How women can harness kindness to speak up, claim their power, and thrive. New York: Harper-Collins, 2021.
Página 69:	**A importância de "voltar-se" ao relacionamento:** GOTTMAN, J. Gottman; SILVER, N. *The seven principles for making marriage work*: A practical guide from the country's foremost relationship expert. New York: Crown, 2015.
Páginas 68-69:	**Sobre a coragem da vulnerabilidade e os relacionamentos:** BROWN, Brené. *Daring greatly*: How the courage to be vulnerable transforms the way we live, love, parent, and lead. New York: Penguin Random House, 2015.

CAPÍTULO 5. "Quem vai me amar?":
Garantindo que a compaixão esteja sempre disponível para si

Páginas 84, 96:	**Pesquisa sobre autocompaixão e como tratamos os outros:** GERMER, Christopher; NEFF, Kristin Neff *Teaching the mindful self-compassion program*: A guide for professionals. New York: Guilford Press, 2019.
Páginas 84-85, 87-88, 90:	**Três componentes da autocompaixão:** NEFF, Kristin; GERMER, Christopher *The mindful self-compassion workbook*: A proven way to accept yourself, build inner strength, and thrive. New York: Guilford Press, 2018.
Páginas 92-94, 96:	**Autocompaixão consciente:** GERMER, Christopher. *The mindful path to self-compassion*: Freeing yourself from destructive thoughts and emotions. New York: Guilford Press, 2009. NEFF, Kristin. *Self-compassion*: The proven power of being kind to yourself. New York: William Morrow, 2011.

Páginas 94-95: **Atenção plena e a janela de tolerância:** TRELEAVEN, David. *Trauma-sensitive mindfulness*: Practices for safe and transformative healing. New York: Norton, 2018.

CAPÍTULO 6. Estando presente: Habilidades de atenção plena para ver com clareza e reagir com calma

Página 101: **Atenção plena e os três componentes da autocompaixão:** Kristin Neff & Christopher Germer. (2018). *The mindful self-compassion workbook: A proven way to accept yourself, build inner strength, and thrive*. New York: Guilford Press.

Páginas 104, 107-115: **Práticas de atenção plena:** ZINN-KABAT, Jon. *Full catastrophe living*: Using the wisdom of your body and mind to face stress, pain, and illness. New York: Bantam Books, 2013.

Página 110: **Atenção plena e a janela de tolerância:** TRELEAVEN, David. *Trauma-sensitive mindfulness*: Practices for safe and transformative healing. New York: Norton, 2018.

Página 114: **A atitude de generosidade:** BROWN, Brené. *Daring greatly*: How the courage to be vulnerable transforms the way we live, love, parent, and lead. New York: Penguin Random House, 2015.

Páginas 115-116: **Sobre a coragem da vulnerabilidade e os relacionamentos:** BROWN, Brené. *Daring greatly*: How the courage to be vulnerable transforms the way we live, love, parent, and lead. New York: Penguin Random House, 2015.

CAPÍTULO 7. Cultivando conexão: Força na humanidade compartilhada

Páginas 125-126: **Humanidade compartilhada e os três componentes da autocompaixão:** NEFF, Kristin; GERMER, Christopher. *The mindful self-compassion workbook*: A proven way to accept yourself, build inner strength, and thrive. New York: Guilford Press, 2018.

Página 128: **A história de Procusto:** BOLEN, Jean Shinoda. *Gods in everyman*: Archetypes that shape men's lives. New York: HarperCollins, 2014.

Páginas 136-137: **Ubuntu:** OPPENHEIM, Claire E. Nelson Mandela and the power of ubuntu. *Religions*, v. 3, p. 369-388, 2012.

CAPÍTULO 8. Conseguindo o que precisamos: Gentileza em três direções

Páginas 149-150, 152, 155-156, 158-161, 169:
Força do cuidado, o espectro da autogentileza e os componentes da compaixão: NEFF, Kristin; GERMER, Christopher. *The mindful self-compassion workbook*: A proven way to accept yourself, build inner strength, and thrive. New York: Guilford Press, 2018.

NEFF, Kristin; GERMER, Christopher. *Teaching the mindful self-compassion program*: A guide for professionals. New York: Guilford Press, 2019.

GERMER, Christopher. *The mindful path to self-compassion*: Freeing yourself from destructive thoughts and emotions. New York: Guilford Press, 2009.

NEFF, Kristin. *Self-compassion*: The proven power of being kind to yourself. New York: HarperCollins, 2011.

CAPÍTULO 9. "O que é realmente importante para nós?": Enraizando o relacionamento em seus valores

Página 176: **Valores *versus* metas:** HAYES, Steven. C. et al. *Acceptance and commitment therapy*: An experiential approach to behavior change. New York: Guilford Press, 1999.

Páginas 187-188: **O papel dos valores fundamentais:** HARRIS, R.; HAYES, S. *The happiness trap*: How to stop struggling and start living. Boston: Trumpeter Books, 2008.

CAPÍTULO 10. "Como podemos realmente nos dar bem?": Usando habilidades de comunicação compassiva

Página 189:	**Comunicação não violenta:** ROSENBERG, Marshall B. *Nonviolent communication*: A language of life. Encinitas: Puddle Dancer Press, 2015.
Páginas 192-193:	**Contágio emocional, empatia e compaixão:** SINGER, Tania; KLIMECKI, Olga M. Empathy and compassion. *Current Biology*, v. 24, n. 18, R875-R878, 2014.
Página 194:	**Problemas de relacionamento insolúveis:** FULWILER, Michael. Managing conflict: Solvable vs. perpetual problems. *The Gottman Institute*. Seattle, 2012. Blogue. Disponível em: www.gottman.com/blog/managing-conflict-solvable-vs-perpetual-problems. Acesso em: 21 jul. 2024.
Páginas 197-198:	**Trecho de Mark Nepo:** NEPO, Mark. *The book of awakening*. 20th anniv. ed. Newburyport: Red Wheel Publishers, 2020.

CAPÍTULO 11. "Podemos curar nossas feridas?": Cultivando as condições para o perdão

Página 217, 219-220:	**Sobre o perdão:** Desmond Tutu & Mpho Tutu. (2014). *The book of forgiving: The fourfold path for healing ourselves and our world*. New York: HarperCollins.
Página 220:	**"Perdoar não é esquecer":** Cullen, Margaret. *Mindfulness-based emotional balance workbook*: An eight-week program for improved emotional regulation and resilience. Oakland: New Harbinger, 2015.
Página 221:	**Podcast Well Connected Relationships:** FORGIVENESS with Margaret Cullen. Entrevistadora: BECKER, M. Entrevistada: Margaret Cullen. [S. l.]: nº 7, 30 nov. 2020. Podcast. In: Well Connected Relationships. Disponível em: https://wisecompassion.com/podcast. Acesso em: 21 jul. 2024.

CAPÍTULO 12. "Como manter nosso amor vivo?": Celebrando juntos experiências positivas

Página 238:	**A proporção mágica:** GOTTMAN, John; SILVER, Nan. *The seven principles for making marriage work*: A practical guide from the country's foremost relationship expert. New York: Crown, 2015.
Páginas 239-240:	**Aproveitando o que há de bom:** HANSON, Rick. *Hardwiring happiness*: The new brain science of contentment, calm, and confidence. New York: Harmony Books, 2016.
Páginas 241, 245, 248:	**Ressonância positiva:** FREDRICKSON, Barbara L. *Love 2.0*: Finding happiness and health in moments of connection. New York: Plume, 2013.
Página 252:	**"Estenda sua mão":** FEHRENBACHER, Julia. *Staying in love*. New York: CCB Publishing, 2021.

Índice

A

Abuso, 96-97
Abuso físico, 96-97
Abuso verbal, 96-97
Acalmar, 63-64, 108-109
Aceitação
    comunicação e, 197-198
    estratégia de criticar e, 57-58
    exemplos que ilustram, 101-108,
        118, 191-192, 194-199
    fases do relacionamento e, 3-5
    resistência à gentileza e, 163-165
    ver a nós mesmos, 117-120
    ver o parceiro, 120-122
    visão geral, 9, 14-15, 116-117
Aconselhamento, 7-8, 19-20, 65-66
Admiração, 245-246
Afiliação. *Ver* Sistema de cuidado
Agir, 18-19, 24-26, 224-226
Agressão, 49-50
Ajuda profissional, 7-8, 19-20, 65-66
Alegria, 246-249
Amígdala, 73-74. *Ver também* Processos cerebrais
Amizade nos relacionamentos, 23-24
Amor. *Ver também* Celebrando e mantendo o amor; Conexão; Intimidade
    atividades e práticas para experimentar, 25-27
    autocompaixão e, 81-83
    autogentileza e, 151-152
    comunicação e, 195, 197-198
    cultivando a compaixão e, 15-18
    em momentos difíceis, 14-16
    estratégia de tentar consertar e, 50-51
    exemplo que ilustra, 14-16, 55-56
    necessidade de, 13-15
    visão geral, 17-20
Amor-gentileza. *Ver também* Gentileza
    atividades e práticas para experimentar, 143-146
    comunicação e, 196-198
    exemplos que ilustram, 196-198
    segurança e, 95-96
Apego, 23-24, 75-77, 96-97
Apreciação, 242-245
Assumir responsabilidades, 225-226
Atenção. *Ver* Atenção focada; Atenção plena
Atenção focada. *Ver também* Atenção plena; Consciência atenta
    atenção focada e, 107-112
    atitude e, 115-117
    atividades e práticas para experimentar, 107-114
    monitoramento aberto e, 111-115
    ver o parceiro, 120
    visão geral, 107-112
Atenção plena. *Ver também* Presença
    atenção focada, 107-112

atitude e, 115-117
atividades e práticas para experimentar, 87-88, 107-114, 119-125, 238-239
autocompaixão e, 85, 86-88
autogentileza e, 150-151, 163-164
comunicação e, 195-198
equilíbrio e, 106-115
estratégia de tentar consertar e, 50-51
exemplos que ilustram, 195-196
fases do relacionamento e, 3-5
monitoramento aberto e, 111-115
padrões de interação no relacionamento e, 121-125
perdão e, 219-223
saborear e, 236-241
ver a nós mesmos, 117-120
ver o parceiro, 120-122
visão clara e, 105-107, 111-115
visão geral, 5-6, 103-106, 117, 168-169
Atitude de curiosidade, comunicação compassiva e, 205-208
ver a nós mesmos, 117-120
ver nossos padrões de interação no relacionamento, 121-125
ver o parceiro, 120-122
visão geral, 116
Atitude de não julgamento
ver a nós mesmos, 117-120
ver nossos padrões de interação no relacionamento, 121-125
visão geral, 115-116
Autocompaixão. *Ver também* Compaixão
atividades e práticas para experimentar, 68, 83-85, 87-94, 153-156, 159-163
autogentileza e, 150-161
características da, 92-93
componentes da, 85-92
comunicação compassiva e, 201-202
efeitos relacionais da, 149-151
encontrando a voz autocompassiva, 153-156

espectro da humanidade compartilhada e, 132-140
exemplos que ilustram, 191-199
frente suave e costas fortes, 156-159
gentileza nos relacionamentos e, 161-169
necessidades e, 82-85
perdão e, 224-226
praticando a, 92-97
segurança e, 76-77, 94-97
sistema de cuidado e, 65-66
visão geral, 3-6, 23-24, 80-85, 149-150, 168-169
Autocrítica. *Ver também* Crítica
autogentileza e, 90-92, 150-153
encontrando a voz autocompassiva, 153-156
visão geral, 57-58
Autodefesa, 24-26
Autoexclusão, 132-140
Autogentileza. *Ver também* Gentileza
atividades e práticas para experimentar, 90-92, 153-163
autocompaixão e, 85, 90-92
espectro completo da, 156-161
frente suave e costas fortes, 156-159
nos relacionamentos, 161-169
perdão e, 224-226
visão geral, 148-164
Autoindulgência, 150-153
Autoisolamento, 132-140. *Ver também* Isolamento
Autojulgamento, 90-92, 150-153. *Ver também* Atitude de não julgamento
Autoproteção. *Ver* Estratégias de proteção

B

Brincar/brincadeira, 246-249

C

Capacidade de responder
atenção plena e, 117
autocompaixão e, 149-150
comunicação compassiva e, 201-202
Casais, trabalhando com, 4-7

Celebrando e mantendo o amor.
  Ver também Amor; Cura
    admiração e, 245-246
    atenção plena e saborear e,
      236-241
    atividades e práticas para
      experimentar, 238-245
    brincadeira e alegria e, 246-249
    exemplo que ilustra, 233-235
    gratidão e apreço e, 240-245
    sistema de cuidado e, 235-236
Centrar, 205-208
"Cérebro pensante", 76-77.
  Ver também Processos cerebrais
Compaixão. Ver também Autocompaixão
    admiração e, 245-246
    atividades e práticas para
      experimentar, 68, 202-210
    comunicação e, 195-201, 205-208
    conexão e, 20-21, 200-211
    contágio emocional e, 193-195
    cultivando a, 15-18
    escuta compassiva, 206-211
    espectro da humanidade
      compartilhada e, 132-140
    exemplos que ilustram, 191-199
    força e suavidade da, 24-27
    quatro C da escuta compassiva,
      206-208
    quatro C da fala compassiva,
      205-207
    relacionamentos além do
      relacionamento conjugal/principal
      e, 23-25
    segurança e, 76-77
    sistema de cuidado e, 65-72
    visão geral, 3-5, 20-24, 80-83,
      168-169, 193-195
"Complexo de Cinderela", 80-82
Comportamentos
    agindo para corrigir e reparar e,
      225-232
    autocompaixão e, 96-97
    do parceiro, 40-41
    estratégia de controlar, 51-56
    sistema de ameaça/defesa e, 37-40

Compreensão
    aceitação e, 117
    atenção plena e, 117
    atividades e práticas para
      experimentar, 119-125, 139-140,
      143-146, 207-210
    escuta compassiva e, 207-211
    espectro da humanidade
      compartilhada e, 134-136
    estratégia de controlar e, 54-56
    estratégia de tentar consertar e,
      49-50
    monitoramento aberto e, 112-113
    padrões de interação no
      relacionamento e, 121-125
    pedir desculpas e, 225-226
    perdão e, 224-226
    ver a nós mesmos, 117-120
    ver o parceiro, 120-122
Comunicação. Ver também Escuta
    além das palavras e do tom de voz,
      190-192
    atividades e práticas para
      experimentar, 202-205,
      207-214
    brincar e, 246-247
    comunicação compassiva, 195-201,
      205-208
    conexão e, 200-211
    desafios da, 198-201
    exemplos que ilustram, 195-199
    perdão e, 220-223
    respondendo com compaixão e,
      200-211
    unindo o falar e o escutar, 210-214
    visão geral, 189-190, 213-214
Comunicação compassiva. Ver
    Comunicação
Comunicação não verbal, 190-192.
    Ver também Comunicação
Comunicação não violenta, 189-190.
    Ver também Comunicação
Conceito da proporção mágica, 236
Conexão. Ver também Amor; Humanidade
    compartilhada; Intimidade; Sistema de
    cuidado

além do relacionamento conjugal/
principal, 23-25
atenção focada e, 107-108
atividades e práticas para
experimentar, 202-205
bloqueios à comunicação
compassiva, 199
ciclo de reatividade e, 2-4
compaixão e, 20-24, 82-83, 135
comunicação e, 196-198, 200-211,
213-214
dor e, 44-45
encontrando valores relacionais
compartilhados, 182-187
estratégia de tentar consertar e,
49-52
exemplos que ilustram, 14-16,
29-33, 55-57, 61-63, 127-129,
196-198, 233-235
florescer e, 77-79
força e vulnerabilidade e, 26-27
gentileza e, 164-169
incompatibilidades e, 128-130
necessidade de, 17-19
potência da, 19-21
questionando a falta de, 127-129
segurança e, 75-77
sistema de ameaça/defesa e, 36-38
sistema de cuidado e, 77-79
ver nossos padrões de interação no
relacionamento, 121-125
visão geral, 126-128
Confiança, 23-24, 83-84, 117
Conflito. *Ver também* Dificuldades
brincar e, 246-247
cultivando a compaixão e, 16-17
exemplo que ilustra o, 29-33, 55-57
fases do relacionamento e, 2-4
sistema de ameaça/defesa e, 74
Confortar
atividades e práticas para
experimentar, 165-167
autocompaixão e, 82-83
comunicação e, 197-198
gentileza para com o parceiro e,
164-165

sistema de cuidado e, 68-72
Consciência atenta. *Ver também* Atenção
focada; Atenção plena
atividades e práticas para
experimentar, 238-242
consciência equilibrada e, 105-115
gratidão e apreço e, 240-245
visão geral, 236-241
Consciência equilibrada, 105-115
Contágio emocional
compaixão e, 193-195
comunicação e, 191
empatia e, 193
exemplo que ilustra, 192
visão geral, 42-44, 192
Contentamento, 65-66
Cooperação, 27
Córtex frontal, 73-77. *Ver também*
Processos cerebrais
Córtex pré-frontal, 33-34, 48-49, 55-56.
Ver também Processos cerebrais
Costas fortes da compaixão, 66-68.
Ver também Compaixão
Crianças, conexão e, 23-25
Crítica. *Ver também* Estratégia de criticar
atividades e práticas para
experimentar, 58-60
autogentileza no lugar da, 90-92
compaixão e, 198-200, 206-207
efeitos da, 56-58
estratégia de controlar e, 53-55
exemplos que ilustram, 29-37, 55-57
Cuidar, 50-51. *Ver também* Sistema de
cuidado
Culpa, 43-44, 206-207
Cura. *Ver também* Celebrando e mantendo
o amor; Perdão
condições para o perdão e, 219-226
parte da ação da, 225-232
poder da, 231-232
visão geral, 215-218

D

Dependência, 81-83, 161-162
Desafios. *Ver* Dificuldades
Desconexão, 29-35. *Ver também* Conexão

Desentendimentos, 16-17, 74.
Ver também Conflito
Desvalorização, 130-131
Dificuldades. *Ver também* Conflito
   compaixão e, 16-17, 20-26
   exemplos que ilustram, 72-73
   praticando a autocompaixão e, 94-97
   visão geral, 2-4, 28-33
Dificuldades na vida. *Ver* Dificuldades
Diversão, 246-249
Diversidade, 9
Dopamina, 44-45. *Ver também* Processos cerebrais
Dor
   atividades e práticas para experimentar, 49-51
   contágio emocional e, 42-44
   do parceiro, 40-41
   estratégia de controlar, 51-56
   estratégia de criticar, 55-60
   estratégia de tentar consertar, 45-52
   exemplos que ilustram, 45-54
   perdão e, 219-223
   sistema de cuidado e, 64-70, 75-77
   sistema de impulso e, 44-45, 74-75
Dor emocional. *Ver* Dor

E

Elogios, 242-245
Empatia
   contágio emocional e, 42-44, 193
   estratégia de tentar consertar e, 48-49
   exemplo que ilustra, 193
   visão geral, 193
Empoderamento
   atenção plena e, 104-106
   autogentileza e, 161-162
   ver a nós mesmos, 117-120
Encorajamento, 67, 151-152
Endorfinas, 64-65
Enfrentar o mal, 24-26
Erros, 223-225
Escolha
   atenção plena e, 117
   compaixão e, 24-26
   cultivando a compaixão e, 15-16
   valores *versus* metas e, 176-177
Escuta. *Ver também* Comunicação
   atividades e práticas para experimentar, 207-214
   compassiva, 206-214
   estratégia de tentar consertar e, 45-52
   exemplo que ilustra, 45-52
   perdão e, 221-223
   solidão, 30-33, 127-129.
      Ver também Isolamento
   unindo o falar e o escutar e, 210-214
Esperança/desesperança, 219-221
Estabelecer limites
   aceitação e, 116-117
   autogentileza e, 163-164
   compaixão e, 24-26
Estabilidade, 7-8
Estagnação, 105-106
Estratégia de controlar, 51-56, 59-60, 75.
   Ver também Resolução de problemas; Sistema de impulso
Estratégia de criticar. *Ver também* Crítica; Resolução de problemas; Sistema de impulso
   atividades e práticas para experimentar, 58-60
   usar no momento adequado, 75
   visão geral, 55-60
Estratégia de tentar consertar.
   Ver também Resolução de problemas; Sistema de impulso
   atividades e práticas para experimentar, 49-51
   cultivando a compaixão e, 16-17
   exemplos que ilustram, 45-52, 72-73
   usar no momento adequado, 75
   visão geral, 45-52, 59-60
Estratégias de defesa. *Ver também* Sistema de ameaça/defesa
   bloqueios à comunicação compassiva, 198-200
   explorando nos relacionamentos, 36-40

visão geral, 33-35
Estratégias de proteção. *Ver também*
  Segurança; Sistema de ameaça/defesa
  exemplo que ilustra, 34-36
  sistema de cuidado e, 67
  visão geral, 33-40
Estressores, vida. *Ver* Dificuldades
Evitação
  atenção plena e, 103-105
  bloqueios à comunicação
    compassiva, 199-201
  perdão e, 219-221
  visão clara e, 105-107
Exclusão, 132-140
Expectativas dos outros, 176-178

F

Fala compassiva. *Ver* Comunicação
Falha
  crítica e, 57-58
  cultivando a compaixão e, 16-17
  exemplo que ilustra sentimentos de,
    29-33, 55-57
Fase de "amor maduro" de um
  relacionamento, 2-5
Fase de "apaixonar-se" de um
  relacionamento, 2
Fases do relacionamento, 2-5. *Ver também*
  Padrões relacionais
Fatores de saúde, conexão e, 19-20
Felicidade
  contágio emocional e, 42-44
  cultivando a, 32-33
  sistema de cuidado e, 76-77
  valores e, 175-176
  visão geral, 28-29
Ferido, sentir-se, 224-225
Flexibilidade psicológica, 158-159
Florescer, 77-79
Força
  apreciação e, 242-243
  atividades e práticas para
    experimentar, 25-27
  autocompaixão e, 156-159
  compaixão e, 24-27, 66-68

conexão e, 26-27
estratégia de criticar e, 57-60
estratégia de tentar consertar e,
  48-49
gentileza no relacionamento e,
  167-169
Frente suave da compaixão, 68-72.
  Ver também Compaixão

G

Gênero, 80-82
Generosidade, 116
Gentileza. *Ver também* Amor-gentileza;
  Autogentileza
  atividades e práticas para
    experimentar, 90-92, 165-167
  compaixão e, 20-24, 153-156
  comunicação e, 153-156, 196-198
  estratégia de tentar consertar e,
    50-51
  exemplos que ilustram, 196-198
  nos relacionamentos, 161-169
  para com o parceiro, 163-167
  parte da ação da, 225-232
  perdão e, 224-226
  quatro C da escuta compassiva,
    206-208
  quatro C da fala compassiva,
    205-207
  sistema de cuidado e, 65-66
  visão geral, 3-5, 148-150
Gratidão, 240-242

H

Habilidades de compaixão, 8-9
Hábitos, 37-40, 198-201
Hiperexcitação, 94-96
Hipoexcitação, 94-96, 115
Hormônios, 44-45, 64-65.
  Ver também Processos cerebrais
Humanidade. *Ver* Humanidade
  compartilhada
Humanidade compartilhada.
  Ver também Conexão; Sofrimento
  apreciação e, 242-243

atividades e práticas para experimentar, 88-90, 131-132, 139-140, 143-146
autocompaixão e, 85, 87-90
autogentileza e, 150-151, 163-164
compaixão e, 22-24
comunicação e, 196-198
contágio emocional e, 192-195
espectro da, 132-140
estratégia de tentar consertar e, 49-51
exemplos que ilustram, 196-198
gentileza para com o parceiro e, 164-165
perdão e, 217-218, 222-225
quatro C da escuta compassiva, 206-208
relacionamentos e, 139-146
visão geral, 126-132, 168-169

I

Imperfeição, 116
Importância. *Ver também* Pertencimento
autogentileza e, 148-150
espectro da humanidade compartilhada e, 132-140
exemplo que ilustra, 127-129
gentileza para com o parceiro e, 163-165
humanidade compartilhada e, 130-131. *Ver também* Pertencimento
para si mesmo, 148-150
questionando a falta de pertencimento e, 127-129
relacionamentos e, 139-146
Inclusão, 9
Incompatibilidades, 128-130
Indivíduos no relacionamento, 173-175, 186-188. *Ver também* Necessidades; Relacionamento como a terceira entidade; Valores
Infelicidade, 175-176
Infidelidade, 7-8
Interações positivas, 236-238

Interconexão, 137-138. *Ver também* Conexão
Intimidade. *Ver também* Amor; Conexão
atenção plena e, 117
autogentileza e, 163-164
considerando os valores do parceiro e, 181-182
interações positivas e, 236
perdão e, 221-222
sistema de cuidado e, 68-72
unindo o falar e o escutar e, 210-214
ver a nós mesmos, 118
vulnerabilidade e, 4-5
Invisível, sensação de ser, 101-106
Isolamento
atividades e práticas para experimentar, 131-132
espectro da humanidade compartilhada e, 132-140
estar presente para o parceiro, 141-143
exemplo que ilustra, 127-129
humanidade compartilhada e, 130-131
questionando a falta de pertencimento e, 127-129
solidão, 30-33, 127-129
visão geral, 127-128, 141-143

J

Janela de tolerância, 94-96
Julgamento, 90-92. *Ver também* Atitude sem julgamento

L

Limites
aceitação e, 116-117
autogentileza e, 163-164
compaixão e, 24-26
gentileza no relacionamento e, 167-169
perdão e, 218-219
Luta. *Ver* Conflito; Desentendimentos; Modo luta

M

Mantendo os ganhos. *Ver* Celebrando e mantendo o amor

Marginalização, 130-140.
Ver também Pertencimento

Medo
atividades e práticas para experimentar, 58-60, 68
estratégia de criticar e, 57-60
exemplo que ilustra, 72-73

Metas, 151-153, 176-177

Modo congelamento.
Ver também Sistema de ameaça/defesa
autogentileza e, 158-159
exemplo que ilustra, 35-37
explorando nos relacionamentos, 37-38
visão geral, 33-34, 74

Modo fuga. *Ver também* Sistema de ameaça/defesa
autogentileza e, 158-159
comunicação e, 190
exemplo que ilustra, 34-36
explorando nos relacionamentos, 37-38
visão geral, 33-34, 74

Modo luta. *Ver também* Sistema de ameaça/defesa
autogentileza e, 158-159
comunicação e, 190
exemplo que ilustra, 34-35
explorando nos relacionamentos, 37-38
visão geral, 33-34, 74

Monitoramento aberto
atividades e práticas para experimentar, 112-114
ver a nós mesmos e, 118-119
ver o parceiro, 120
visão geral, 111-115

Motivação
atividades e práticas para experimentar, 153-156
autogentileza e, 151-153
compaixão e, 67

Mudar o parceiro, 56-57, 101-104.
Ver também Estratégia de tentar corrigir

N

Necessidades *Ver também* Sistema de impulso; Visto, ser
atividades e práticas para experimentar, 161-167
autocompaixão e, 82-85
autogentileza e, 161-162
compaixão e, 66-68
comparadas a valores, 175-176
conexão e, 17-19
dependência e, 81-82
do relacionamento, 174-175
encontrando valores relacionais compartilhados e, 182-187
exemplos que ilustram, 17-19, 183-186
honrando a si mesmo, 148-149
humanidade compartilhada e, 129-131
pedir desculpas e, 225-226
visão clara e, 105-106
visão geral, 43-45

Neurotransmissores, 44-45.
Ver também Processos cerebrais

Normas sociais, 176-178

O

Oxitocina, 17-18, 64-65

P

Padrões, 53-54

Padrões relacionais. *Ver também* Reatividade
atenção plena e, 117
atividades e práticas para experimentar, 122-125, 143-146
autocompaixão e, 149-151
brincar, 246-247
conexão e, 118, 121-125
cuidando do relacionamento, 142-144

estar presente para o parceiro,
140-143
gentileza e, 166-169
humanidade compartilhada e,
139-146
obter do parceiro o cuidado que
desejamos, 140-141
visão geral, 2-5, 8-9
Pedir desculpas, 225-226.
Ver também Perdão
Perceber (consciência atenta).
Ver também Atenção plena
atividades e práticas para
experimentar, 238-242
gratidão e apreço e, 240-245
visão geral, 236-241
Perda, 43-44
Perdão. *Ver também* Cura
atenção plena e, 219-223
atividades e práticas para
experimentar, 228-232
bloqueios ao, 217-219
buscando o, do parceiro, 221-223
condições para o, 219-226
gentileza e, 224-226
humanidade compartilhada e,
222-225
parte da ação da, 225-232
perdoando o parceiro, 220-222
poder do, 231-232
visão geral, 215-218
Pertencimento. *Ver também* Conexão;
Importância
atividades e práticas para
experimentar, 131-132, 139-140,
143-146
exemplo que ilustra, 127-129
humanidade compartilhada e,
129-132
incompatibilidades e, 128-130
questionando a falta de, 127-129
relacionamentos e, 139-146
visão geral, 126-128
Poema "Gentileza" (Nye), 20-23
Poema "Oração antes da oração"
(Tutu e Tutu), 227-229

Presença. *Ver também* Atenção plena
atenção focada e, 107-112
atitude e, 115-117
comunicação e, 195-198
consciência atenta e, 236-241
estratégia de tentar consertar e,
49-51
exemplos que ilustram, 72-73,
101-108, 118
monitoramento aberto e, 111-115
perdão e, 219-223
sistema de cuidado e, 68-69
visão geral, 103-106
Problemas financeiros. *Ver* Dificuldades
Processos cerebrais
conexão e, 17-18
estratégia de controlar e, 55-56
estratégia de tentar consertar e,
48-49
sistema de ameaça/defesa e, 33-34,
73-74
sistema de cuidado e, 64-66, 76-77
sistema de impulso e, 44-45
Programa Compaixão para Casais, 5-8
Programa de Autocompaixão Consciente
/ Programa Mindful Self Compassion
(MSC), 5-8, 92-93
Prosperidade, 26-27
Psicoterapia, 7-8, 19-20, 65-66

Q

Quatro C da escuta compassiva, 206-210.
Ver também Comunicação; Escuta
Quatro C da fala compassiva, 205-207.
Ver também Comunicação

R

Raiva. *Ver também* Perdão
comunicação e, 194
contágio emocional e, 42-44,
192, 194
exemplos que ilustram, 29-37,
55-57, 101-108, 118, 191-199
livrar-se da, 218-219
perdão e, 226-229

sistema de ameaça/defesa e, 74
visão geral, 216-220
Reatividade. *Ver também* Comunicação; Padrões relacionais; Sistema de ameaça/defesa
    atenção plena e, 3-4, 117
    autocompaixão e, 92-93, 149-150
    ciclo de, 2-4
    compaixão e, 16-18, 201-202, 206-207
    estar presente para o parceiro, 141-142
    sistema de ameaça/defesa e, 73-74
    visão geral, 8-9, 141-142
Rejeição, 127-129
Relacionamento como a terceira entidade, 173-175, 186-188. *Ver também* Indivíduos no relacionamento; Valores
Relacionamentos além do relacionamento conjugal/principal, 23-25
Relações familiares
    conexão e, 23-25
    incompatibilidades e, 128-130
Reparo. *Ver* Cura; Perdão
Resiliência, 27, 55-56
Resistência
    apreciação e, 242-244
    autocompaixão e, 81-83
    estar presente para o parceiro, 141-142
    gentileza para com o parceiro e, 163-165
    perdão e, 217-219
    visão clara e, 105-107
    visão geral, 141-142
Resolução de problemas
    atividades e práticas para experimentar, 49-60
    dor e, 44-45
    estratégia de controlar, 51-56
    estratégia de criticar, 55-60
    estratégia de tentar consertar, 45-52
    exemplos que ilustram, 45-54
    sistema de cuidado e, 62-64
    sistema de impulso e, 43-45
Respeito, 30-32
Ressentimento
    dependência e, 81-82
    perdão e, 218-220, 226-229
Ressonância positiva
    admiração e, 245-246
    atenção plena e saborear e, 236-241
    brincadeira e alegria e, 246-249
    gratidão e apreço e, 240-245
Retirada. *Ver também* Estratégias de proteção
    atividades e práticas para experimentar, 122-124
    bloqueios à comunicação compassiva, 199-201
    ver nossos padrões de interação no relacionamento, 121-125
    visão geral, 34-36
Rituais, 19-20
Ruminação, 86, 103-106

S

Saborear, 236-241
Segurança, 26-27. *Ver também* Estratégias de proteção
    ajuda profissional e, 7-8
    apreciação e, 242-244
    atenção focada e, 107-109, 112
    atenção plena e, 104-106, 117, 124-125
    atividades e práticas para experimentar, 63-65
    autocompaixão e, 82-83, 94-97
    bloqueios à comunicação compassiva, 198-201
    comunicação e, 213-214
    conexão e, 26-27
    dor e, 44-45
    estratégia de controlar, 51-56
    exemplos que ilustram a falta de, 29-33, 55-57, 233-235
    florescer e, 77-79
    gentileza e, 164-168
    perdão e, 218-219, 226-227
    sistema de ameaça/defesa e, 33-34, 36-37, 73-74

sistema de cuidado e, 63-66, 68-72,
    75-79
  visão geral, 216-218
  vulnerabilidade e, 4-5
Segurança psicológica, 24-25
Sentidos, 112-115, 238-239
Sentimentos, 42-44
Separados, indivíduos 173-175,
    186-188. *Ver também* Indivíduos no
    relacionamento; Relacionamento como
    a terceira entidade; Valores
Ser visto, 101-106. *Ver também*
    Necessidades
Significado, 175-176
Sistema de ameaça/defesa.
    Ver também Modo congelamento;
    Modo fuga; Modo luta; Reatividade
  atividades e práticas para
    experimentar, 38-39
  autocompaixão e, 81-82
  comunicação e, 190, 195
  cultivando compaixão e, 16-18
  do parceiro, 40-41
  estratégia de tentar consertar e,
    47-49
  exemplos que ilustram, 29-37,
    47-49, 55-57, 72-73, 233-235
  explorando nos relacionamentos,
    36-40
  gentileza para com o parceiro e,
    164-165
  processos cerebrais e, 76-77
  sistema de cuidado e, 64-65
  usar no momento adequado, 73-74,
    77-78
  visão geral, 32-37, 77-78
Sistema de calma e de afiliação.
  Ver Sistema de cuidado
Sistema de cuidado. *Ver também* Conexão
  atividades e práticas para
    experimentar, 63-65, 68-71, 76-78
  autogentileza e, 151-152
  compaixão e, 66-72
  comunicação e, 194
  encontrando o, 235-236
  escuta compassiva e, 206-207

exemplos que ilustram, 61-63,
    72-73, 233-235
  florescer e, 77-79
  gentileza no relacionamento e,
    166-169
  perdão e, 224-226
  segurança e, 77-79
  usar no momento adequado, 75-78
  visão geral, 62-66, 71-72, 77-78
Sistema de impulso. *Ver também*
    Necessidades
  atividades e práticas para
    experimentar, 49-51, 53-56,
    58-60, 76-78
  autogentileza e, 151-152
  comunicação e, 195
  estratégia de controlar, 51-56
  estratégia de criticar, 55-60
  estratégia de tentar consertar, 45-52
  exemplos que ilustram, 45-54, 72-73
  sistema de cuidado e, 62-65
  usar no momento adequado, 74-75,
    77-78
  visão geral, 43-45, 59-60, 77-78
Sistemas de regulação emocional.
    Ver também Sistema de ameaça/defesa;
    Sistema de cuidado;
    Sistema de impulso
  atenção focada e, 108-109
  usar no momento adequado, 73-78
  visão geral, 8-9, 77-78
Sobrevivência, 26-27, 74
Sofrimento. *Ver também* Humanidade
    compartilhada
  autocompaixão e, 87-90
  compaixão e, 20-24, 66
  espectro da humanidade
    compartilhada e, 132-140
  perdão e, 217-219
  ruminação e, 103-104
  visão geral, 130-131
Som, 112-115, 120
Suavidade. *Ver também* Vulnerabilidade
  atividades e práticas para
    experimentar, 25-27, 158-161
  autocompaixão e, 156-159

compaixão e, 24-27, 68-72
conexão e, 26-27
estratégia de tentar consertar e, 48-49
gentileza no relacionamento e, 167-169
sistema de cuidado e, 68-72
Suavizar
    atividades e práticas para experimentar, 158-161, 165-167
    autocompaixão e, 82-83
    gentileza para com o parceiro e, 164-165
    sistema de cuidado e, 68-72
    toque, 92-95
Superidentificação, 103-104

T

Temperamento, incompatibilidades e, 129-130
Tentando consertar um ao outro, 56, 101-104. *Ver também* Estratégia de tentar consertar
Terapia, 7-8, 19-20, 65-66
Ternura, 223-225
Toque
    atividades e práticas para experimentar, 93-94, 122-124
    autocompaixão e, 92-95
    dor e, 64-66
Toque de apoio, 92-95. *Ver também* Toque
Toque físico, 64-66, 92-95. *Ver também* Toque
Tranquilização, 68-72
Tristeza, 82-83

U

Ubuntu, 137-138
Uso abusivo de substâncias, 7-8

V

Validação
    estratégia de tentar consertar e, 48-50
    gentileza para com o parceiro e, 164-165
    sistema de cuidado e, 68-72
Valores
    atividades e práticas para experimentar, 178-183, 185-187
    considerando os valores do parceiro, 180-182
    encontrando seus valores fundamentais pessoais, 178-181
    encontrando valores relacionais compartilhados, 182-187
    exemplo que ilustra, 183-186
    honrando, 186-188
    metas e, 176-177
    necessidades e, 175-176
    normas sociais e, 176-178
    visão geral, 177-178
Valores fundamentais. *Ver* Valores; Valores fundamentais pessoais; Valores fundamentais relacionais
Valores fundamentais pessoais. *Ver também* Valores
    atividades e práticas para experimentar, 178-182, 185-187
    considerando os valores do parceiro, 180-182
    encontrando seus valores fundamentais pessoais, 178-181
    exemplo que ilustra, 183-186
    honrando, 186-188
    visão geral, 177-179
Valores fundamentais relacionais. *Ver também* Valores
    atividades e práticas para experimentar, 178-183, 185-187
    encontrando valores relacionais compartilhados, 182-187
    exemplo que ilustra, 183-186
    honrando, 186-188
    visão geral, 177-179
Valorizar um ao outro, 30-32
Ver a nós mesmos, 117-120
Ver nossos padrões de interação no relacionamento, 121-125. *Ver também* Padrões relacionais

Ver o parceiro, 120-122
Vergonha
    contágio emocional e, 43-44
    isolamento e, 127-128
    perdão e, 219-221
    sistema de ameaça/defesa e, 33-34
Vício. *Ver* Dificuldades
Vida profissional, conexão e, 23-25
Viés de negatividade, 32-33, 236, 240-242
Violência doméstica, 7-8
Visão clara, 105-107, 111-115
Visto, ser, 101-106. *Ver também* Necessidades
Voltar-se um para o outro, 22-24
Vulnerabilidade. *Ver também* Suavidade
    aceitação e, 116
    atenção plena e, 104-106
    atividades e práticas para experimentar, 58-60
    autocompaixão e, 83-84, 155-159
    autogentileza e, 163-164
    bloqueios à comunicação compassiva, 198-201
    compaixão e, 3-5, 24-26
    comunicação e, 189-190, 201-202
    conexão e, 26-27
    cultivando compaixão e, 16-18
    estratégia de controlar e, 53-56
    estratégia de criticar e, 57-60
    estratégia de tentar consertar e, 47-49
    exemplos que ilustram, 30-32, 47-49, 55-57
    paradoxo da, 69-70
    perdão e, 220-221
    sistema de cuidado e, 63-66, 68-72
    ver a nós mesmos, 118

LISTA DE ÁUDIOS (disponíveis em inglês)

n°	Título	Duração
1	Encontrando força e suavidade	5:25
2	Descobrindo suas estratégias de sobrevivência	5:52
	Como suas estratégias de sobrevivência afetam seu parceiro	
3	Detectando nossa tendência de tentar corrigir	4:57
4	Descobrindo o que está por trás da necessidade de controle	3:29
	O que seu parceiro sente quando você tenta controlá-lo	
	Falando a partir de uma posição de vulnerabilidade	
	Detectando a vulnerabilidade por trás das críticas	
5	Encontrando as costas fortes da compaixão	3:57
6	Encontrando a frente suave da compaixão	4:31
7	Descobrindo como tratamos a nós mesmos e aos outros	5:35
8	Colocando a autocompaixão em prática, Parte I — Atenção plena	8:54
	Colocando a autocompaixão em prática, Parte II — Humanidade compartilhada	
	Colocando a autocompaixão em prática, Parte III — Gentileza	
9	Encontrando apoio por meio do toque	4:31
10	Planta dos pés	4:10
11	Consciência da respiração	7:41
12	Consciência dos sons	5:38
13	STOP	5:35
14	Toque de mãos	5:06
15	Descobrindo a humanidade compartilhada	5:57
16	Pertencendo	6:48
17	Amor-gentileza para casais	9:13
18	Motivando-se com compaixão	12:22
19	Suavizar, acalmar e permitir	8:42
20	Atendendo às nossas necessidades	4:47
21	Descobrindo seus valores fundamentais pessoais	5:16
22	STOP e LOVE	13:43
23	Perdoando os outros	7:48
24	Perdoando a si mesmo	7:22
25	Gratidão pelo parceiro	3:51

TERMOS DE USO

A editora concede aos compradores individuais de *Compaixão para casais* permissão intransferível para transmitir e baixar os arquivos de áudio encontrados em www.guilford.com/becker2-materials e https://wisecompassion.com/cfcbookaudios. Esta licença é limitada a você, o comprador individual, para uso pessoal ou com clientes. Esta licença não concede o direito de reproduzir esses materiais para revenda, redistribuição, transmissão ou quaisquer outros fins (incluindo, entre outros, livros, panfletos, artigos, gravações de vídeo ou áudio, blogues, *sites* de compartilhamento de arquivos, *sites* da internet ou intranet e apostilas ou *slides* para palestras, *workshops* ou *webinars*, independentemente de cobrança de taxa ou não) em formato de áudio ou transcrição. A permissão para reproduzir estes materiais para estes e quaisquer outros fins deve ser obtida por escrito do Permissions Department of Guilford Publications.